Irenäus Eibl-Eibesfeldt:
Der vorprogrammierte Mensch
Das Ererbte als bestimmender Faktor
im menschlichen Verhalten

Deutscher
Taschenbuch
Verlag

dtv

Prof. Dr. Dr. Konrad Lorenz
zum 70. Geburtstag gewidmet

Januar 1976
Deutscher Taschenbuch Verlag GmbH & Co. KG,
München

Umschlaggestaltung: Celestino Piatti
Gesamtherstellung: C. H. Beck'sche Buchdruckerei,
Nördlingen
Printed in Germany · ISBN 3-423-4177-3

Inhalt

Vorwort

Vielen Wissenschaften vom Menschen liegt heute noch die Annahme zugrunde, der Mensch würde als unbeschriebenes Blatt zur Welt kommen und erst über Lernprozesse die für ihn typischen Verhaltensweisen erwerben. Dieser milieutheoretische Ansatz liegt u. a. der Pädagogik, den politischen Wissenschaften, einer Reihe von Psychologen- und Anthropologenschulen und der Soziologie zugrunde. So schreibt Karl Dieter Opp in seiner 1972 bei Rowohlt erschienenen ›Verhaltenstheoretischen Soziologie‹: »Die Behauptung, daß menschliches Verhalten überwiegend gelernt wird, ist heute eine weitgehend akzeptierte These. Probleme treten erst auf, wenn man erklären will, unter welchen Bedingungen genau welches Verhalten gelernt und wann gelerntes Verhalten ausgeführt wird.«

Viele der politischen Utopien gehen von dieser Annahme aus, und da es angeblich keine »Natur« des Menschen im Sinne ihm biologisch vorgegebener Verhaltensnormen gibt, liegt es nur daran, den Menschen durch Erziehung »richtig« zu programmieren. Und was richtig ist, das bestimmten häufig die Ideologen.

Es gibt aber auch weit ernster zu nehmende milieutheoretisch ausgerichtete Erforscher menschlichen Verhaltens. Einer der wohl Prominentesten ist der amerikanische Psychologe B. F. Skinner (1971), der überzeugend die Notwendigkeit begründet, den Menschen für sein Überleben zu formen (»We must shape man for his survival«), und dafür die Verhaltenstechnik des Konditionierens anbietet, eine Technik, die über Strafreiz und Belohnung unerwünschte Verhaltensweisen abdressiert und erwünschte bekräftigt. Die dabei führenden Normen leitet Skinner funktionell ab. Er orientiert sich am Überlebenswert der Kultur (»The survival of the culture functions as a value«).

Sucht man nach Leitlinien für eine Therapie, dann ist dies in der Tat ein wichtiger Gesichtspunkt. Skinner geht jedoch bei seiner Verhaltenstechnik davon aus, daß nur die Umwelt den Menschen forme und kontrolliere und nicht umgekehrt der autonome Mensch seine Umwelt, obgleich er natürlich als Bestandteil dieser Umwelt auch diese und sich selbst »gestaltet«. Skinner spricht dem Menschen ausdrücklich jede Autonomie ab: »Die wissenschaftliche Analyse des Verhaltens entthront den autonomen Menschen und gibt die Kontrolle, die er angeblich über die Umwelt ausübt, an diese ab ... Er muß also von nun an durch seine Umwelt und im besonderen durch seine Mitmenschen kontrolliert werden« (SKINNER 1971, S. 196).

Nun hat die vergleichende Verhaltensforschung an Tieren entdeckt, daß es Vorprogrammierungen in genau feststellbaren Bereichen des Verhaltens gibt; Anpassungen, die sich im Laufe der Stammesgeschichte entwickelten. Tiere kommen mit einem Repertoire an Bewegungen ausgerüstet zur Welt. Sie reagieren auf bestimmte Schlüsselreize bei der ersten Konfrontation in arterhaltend sinnvoller Weise mit bestimmten Verhaltensweisen. Sie sind mit physiologischen Maschinerien ausgerüstet, die als Antriebe das Tier in Bewegung setzen, und sie bringen schließlich angeborene Lernbegabungen mit, die sichern, daß das Tier das Rechte zur richtigen Zeit lernt, kurz, daß es sein Verhalten adaptiv modifiziert.

Diese Erkenntnisse haben für die Menschenforschung eine besondere Bedeutung, da sich die Frage aufdrängt, ob nicht auch menschliches Verhalten in bestimmten Bereichen durch stammesgeschichtliche Anpassungen vorprogrammiert ist. Gibt es nicht etwa doch den »autonomen Menschen«, den Menschen als stammesgeschichtliche Konstruktion vorprogrammiert und daher nach vorgegebenen Normen handelnd, angetrieben und gesteuert von ererbten Programmen und so den formenden Kräften der Umwelt als autonomes System gegenübertretend? Gewiß hat auch in diesem Fall letztlich die Umwelt den Menschen geformt, allerdings im stammesgeschichtlichen Anpassungsprozeß der Artentwicklung und nicht erst im Laufe des individuellen Heranwachsens. Das würde bedeuten, daß er von den Umwelteinflüssen nicht in jeder Richtung gleich leicht zu verformen ist, sondern aus seiner Konstruktion heraus der Modifikabilität auch gewisse Widerstände entgegensetzt. Sind ihm z. B. gewisse ethische Normen vorgegeben (S. 63), dann müßte man diese wohl mitberücksichtigen und nicht leichtfertig aus rein funktionellen Erwägungen den Menschen gegen die ihm angeborenen ethischen Normen erziehen, es sei denn, diese hätten sich als historische Belastungen (S. 70) erwiesen, die den Anforderungen der heutigen Zeit nicht mehr gerecht werden. Einzig an Ideologien ausgerichtete Erziehungsprogramme, die blind für die menschliche Natur sind, können – wie B. HASSENSTEIN (1973) bemerkte – recht unmenschlich sein, weil sie den Menschen fortwährend überfordern.

Der Verdacht, daß Vorprogrammierungen menschliches Verhalten mitbestimmen, liegt nahe, zeigt er doch in seinem Sozialverhalten allen Erfahrungen der Geschichte zum Trotz eine oft erstaunliche Unbelehrbarkeit. Bereits LORENZ wies auf das Mißverhältnis hin, das zwischen den ungeheuren Erfolgen des Menschen in der Beherrschung der außerartlichen Umwelt und in seiner niederschmetternden Unfähigkeit, die innerartlichen Probleme zu lösen, besteht. Er legte diese Tatsache dahingehend aus, daß wohl das Verhalten zum Mitmenschen in höherem Maße von angeborenen Komponenten und weit weniger von Lernleistungen bestimmt wird als sein Verhalten zur außerartlichen Umwelt.

Diese Annahme steht den eingangs genannten Thesen entgegen. Ihre Prüfung ist aus leicht einzusehenden Gründen für die Wissenschaften vom Menschen von ganz ausschlaggebender Bedeutung. Sollte der Mensch in seinem Verhalten nicht ausschließlich von seiner Umwelt bestimmt werden, sondern Entscheidendes bereits als Vorprogramm angelegt mitbekommen – sollte es also in diesem Sinne doch den autonomen Menschen geben –, dann müßten die Erziehungswissenschaften darauf Rücksicht nehmen. Jedoch notwendigerweise nicht in fatalistischer Duldung und Hinnahme alles Angeborenen, wohl aber in der Entwicklung der Erziehungsstrategien (S. 73).

In den folgenden Kapiteln werde ich nachweisen, daß der Mensch in seinem Sozialverhalten in der Tat mit Vorprogrammierungen ausgerüstet zur Welt kommt. Untersuchungen an Taubblinden sowie kulturenvergleichende Interaktionsforschungen liefern dafür reichlich Belege.

Das Buch ist in vier Abschnitte gegliedert. Der einführende Beitrag setzt sich mit den Konzepten der Ethologie und ihrer Bedeutung für uns Menschen sowie mit der Methodik und Wichtigkeit des Tier-Mensch-Vergleiches auseinander. Wir diskutieren die Wege, auf denen die am Tier erarbeiteten Hypothesen auf ihre Tragfähigkeit, den Menschen betreffend, geprüft werden können, und belegen die Existenz stammesgeschichtlicher Anpassungen als Determinanten menschlichen Verhaltens.

Der zweite Abschnitt untersucht das in den letzten Jahren viel diskutierte Aggressionsproblem aus biologischer Sicht und räumt gleichzeitig mit einigen falschen Vorstellungen über das Sozialverhalten von Naturvölkern auf.

Die natürlichen Gegenspieler der Aggression behandelt der folgende Abschnitt. Anstelle eines Übersichtsreferates werden beispielhaft Spezialbeiträge über das Grußverhalten, über ein Werberitual in Neu-Guinea und ein Indianerfest vorgestellt. In der Diskussion dazu wird dann ausgeführt, welche allgemeinen Grußstrukturen den äußerlich recht verschiedenartigen Binderitualen gemeinsam sind. Ein vierter Abschnitt belegt schließlich am Beispiel balinesischer Wächterfiguren und japanischer Amulette, wie selbst das Gestalten kultischer Gegenstände von stammesgeschichtlichen Anpassungen mitbestimmt wird. Die Beispiele illustrieren zugleich die breite Auffächerung der Humanethologie.

Die Auswahl der Beiträge erfolgte unter dem Gesichtspunkt, eine breitere Öffentlichkeit mit der Technik der Datenerhebung, Auswertung und Argumentationsweise eines heute im Brennpunkt der Diskussion stehenden Faches vertraut zu machen.

Der vorprogrammierte Mensch ist unser Problem und unsere Hoffnung zugleich. Problem, weil viel von dem, was wir mitbekamen, nicht mehr für unser Leben in der modernen Massengesellschaft paßt, ja manches sich heute sogar als störend erweist. Anderseits finden wir im Ererbten eine uns Menschen verbindende Bezugsbasis. Kulturell sind wir Menschen voneinander oft so getrennt, als wären wir verschiedene Arten, biologisch dagegen verkörpern wir eine Einheit. Wir teilen gewisse universelle Verhaltensweisen ebenso wie bestimmte ethische Normen. Wir gleichen einander über die Kulturen hinweg in wesentlichen Punkten unserer Motivationsstruktur und handeln nach ähnlichen »Vorurteilen«. Nur deshalb können wir uns verständigen *und* verstehen und über die trennende kulturelle Pseudospeziation hinweg eine universelle Zusammengehörigkeit empfinden. Wir schöpfen ferner Sicherheit aus diesem Fundus des Angeborenen, der unserem Verhalten gewisse verbindliche Leitlinien bietet.

Sicher hat bei uns Menschen die kulturelle Evolution die stammesgeschichtliche abgelöst. SKINNER bezeichnete sie ganz richtig als einen gigantischen Akt der Selbstkontrolle (»The evolution of culture is a gigantic exercise of self control«, S. 205). Auch die kulturelle Evolution tastete sich zunächst in blindem Probieren nach dem Prinzip des Lernens am Erfolg voran, wobei die Selektion die Richtung bestimmte. Ansätze zu einer vorausplanenden, aus Einsicht gesteuerten kulturellen Evolution zeichnen sich heute ab. Über eine vernunftgesteuerte kulturelle Evolution würde sich der Mensch zum souveränen Wesen entwickeln. Einsicht in die Zusammenhänge ist dafür Voraussetzung.

Die Ethologie beleuchtet durch ihre besondere Fragestellung wenig beachtete Facetten menschlichen Verhaltens und möchte damit einen Beitrag zum Selbstverständnis des Menschen leisten. Interdisziplinär ausgerichtet, bemüht sie sich damit auch um das Gespräch mit den anderen Wissenschaften vom Menschen.

I. Buch: Vorprogrammierung im menschlichen Sozialverhalten

Bereits sehr früh erkannten Biologen, daß Tiere mit bestimmten Fertigkeiten ausgerüstet zur Welt kommen. Ein Falter erhebt sich kurz nach dem Schlüpfen aus der Puppe in die Luft. Eine Kreuzspinne versteht es, in einem bestimmten Entwicklungsstadium ohne langes Probieren und ohne dazu einer Unterweisung zu bedürfen, ein Netz zu bauen. Jede Tierart verfügt über ein Inventar angeborener Verhaltensweisen, ein Verhaltensprogramm, das sie mitbekommt.

Die Biologen befassen sich seit vielen Jahren mit der systematischen Erforschung der angeborenen Verhaltensweisen. Der Berliner Zoologe Oskar HEINROTH entdeckte beim Studium der Balzbewegungen verschiedener Entenarten, daß sich Verhaltensweisen ähnlich wie körperliche Strukturen vergleichen lassen. Aus der abgestuften Ähnlichkeit konnte er auf Verwandtschaftsbeziehungen rückschließen und über Abwandlungsreihen Ursprung und Stammesgeschichte bestimmter Balzbewegungen rekonstruieren. Jakob von UEXKÜLL entdeckte, daß Tiere auf bestimmte Umweltreize geeicht sind. Sie nehmen mit ihren Detektoren nur bestimmte Ausschnitte der Umwelt wahr, die für ihr Leben von Bedeutung sind. Auf solche »Bedeutungsträger« reagieren sie mit ganz bestimmten Handlungen nach starr vorgezeichnetem Muster. Begrifflich herrschte allerdings zunächst noch große Verwirrung.

Erst die Forschungen von Konrad LORENZ und Niko TINBERGEN führten zu einer begrifflichen Klärung. Die Genannten zeigten, daß Tiere in genau definierbaren Bereichen ihres Verhaltens durch stammesgeschichtlich erworbene Anpassung gewissermaßen vorprogrammiert sind. Tiere kommen mit einem angeborenen Bewegungskönnen zur Welt. Sie sind ferner in der Lage, auf bestimmte Schlüsselreize in arterhaltend sinnvoller Weise zu reagieren, ohne dies erst lernen zu müssen. Außerdem sind ihnen physiologische Maschinerien angeboren, die als Antriebsmechanismen wirken: Tiere warten nicht passiv auf Ereignisse, sondern suchen in jeweils verschiedener »Stimmung« nach Reizsituationen, die den Ablauf bestimmter Verhaltensweisen erlauben. Schließlich ist auch das Lernen so programmiert, daß Tiere ihr Verhalten adaptiv im Sinne der Arterhaltung ändern. Tiere lernen keineswegs alles zu jeder Zeit gleich gut, sondern aufgrund angeborener Lerndispositionen bestimmte Dinge bevorzugt.

Alle diese Begabungen entwickelten sich im Laufe der Stammesgeschichte, weshalb man von stammesgeschichtlichen Anpassungen im Verhalten spricht. Da wir nun um unser stammesgeschichtliches Gewordensein wissen, ist es vernünftig, die Frage zu stellen, ob nicht auch menschliches Verhalten in ähnlicher Weise vorprogrammiert ist. Sollte es sich herausstellen, daß auch wir durch stammesgeschichtliche Anpassungen in bestimmten Bereichen unseres Verhaltens nach uns vorgezeichneten Normen reagieren, dann ist das aus leicht einzusehenden Gründen für alle Wissenschaften vom Menschen, insbesondere aber für die Pädagogik und die Soziologie, von entscheidender Bedeutung. Wir wollen diese Frage im folgenden untersuchen und gehen dabei so vor, daß wir die Konzepte der Tierverhaltensforschung an Beispielen darstellen und jeweils danach mögliche Entsprechungen beim Menschen diskutieren. Wir schließen dabei nicht vom Tier auf den Menschen, sondern stellen zunächst nur Ähnlichkeiten fest: Wie diese zu deuten sind, bedarf sorgfältiger Untersuchungen. Bemerkenswert sind sie auch dann, wenn sie als reine Analogien, also unabhängig von irgendeinem genetischen Zusammenhang parallel im Laufe der Stammesgeschichte entwickelt wurden. Wir erfahren aus ihrem Studium Wesentliches über Konstruktionsprinzipien und über die Selektionsfaktoren, die jene Ähnlichkeiten hervorbrachten. (Zum Tier-Mensch-Vergleich siehe auch das S. 80 Gesagte.) Grundsätzlich gilt, daß wir aus dem Studium tierischen Verhaltens Arbeitshypothesen gewinnen, deren Tragfähigkeit für uns Menschen natürlich nur durch Forschungen am Menschen geprüft werden kann.

1. Das angeborene Können

Ein frischgeschlüpftes Entlein kann mit wohlgeordneten Bewegungen laufen und schwimmen. Es seiht mit komplizierten Schnabelbewegungen den Schlamm nach Nahrung durch, versteht es, sein Gefieder zu säubern und einzufetten, bei Gefahr unterzutauchen und noch manch anderes mehr. Wollte man einen Apparat bauen, der all die Verhaltensweisen eines frischgeschlüpften Entleins zeigt, dann wäre dieser schon sehr kompliziert verdrahtet. Ein einfacher Versuch belegt, daß das Entlein sein Verhalten keineswegs erst der Mutter absehen muß: Wir lassen das Entlein von einer Hühnerglukke ausbrüten. Dennoch wird es Entenverhalten zeigen. Entgegen den Bemühungen der Mutter, es vom Wasser wegzulocken, strebt es dem Wasser zu und grundelt im Schlamm. Nie wird es ihm einfallen, dem Vorbild der Mutter folgend nach Körnchen zu picken. Offenbar sind ihm die Verhaltensweisen angeboren. Sie werden im Erbgang weitergegeben, und man spricht daher auch von »Erbkoordinationen«. Will man sich präziser ausdrücken, dann darf man nicht sagen, daß die Verhaltensweisen als solche angeboren sind. Sie, oder noch genauer die ihnen zugrunde liegenden organischen Strukturen (Nervenzellen, Sinnesorgane, Erfolgsorgane und deren Schaltungen), entwickeln sich aufgrund der im genetischen Kode festgelegten Entwicklungsanweisungen, und zwar in einem Prozeß der Selbstdifferenzierung wie jedes Organ. Wenn wir im folgenden von angeboren oder stammesgeschichtlich angepaßt reden, dann meinen wir genau dies. Die Kurzbeschreibung erleichtert die Verständigung. Zahlreiche Versuche der Verhaltensforscher haben gezeigt, daß Erbkoordinationen nicht bereits bei der Geburt oder beim Schlüpfen voll entwickelt vorliegen müssen. Ein frischgeschlüpfter Stockerpel kann noch nicht balzen. Muß er die Balzbewegungen erst lernen? Man kann leicht nachweisen, daß dies nicht der Fall ist. Wir ziehen dazu den Erpel isoliert auf, so daß er niemandem die Bewegungen absehen kann. Dennoch zeigt er bei Eintritt der Geschlechtsreife die arttypischen Verhaltensweisen der Balz. In ähnlicher Weise kann man durch schallisolierte Aufzucht nachweisen, daß einigen Vögeln die arttypischen Gesangsstrophen angeboren sind. Da es sich in beiden Fällen um sehr komplizierte Verhaltensmuster handelt, ist es unwahrscheinlich, daß sie auf dem Wege der Selbstdressur erworben wurden. Wäre dies so, dann müßte man besondere angeborene Lerndispositionen annehmen. Im übrigen haben Versuche an künstlich ertaubten Vögeln gezeigt, daß einige Arten nicht einmal sich selbst zu hören brauchen, um den Artgesang zu entwickeln. Auch von frühester Jugend an völlig taube Hähne entwickeln die arttypischen Lautäußerungen.

Von lernpsychologischer Seite wurde immer wieder der Einwand erhoben, solche Isolierversuche seien nicht beweisend, da man ja nie ein Tier völlig erfahrungslos aufziehen könne, eine Umwelt wirke immer ein. Dem stimmen wir durchaus zu, die Folgerung allerdings, daß man daher auch nie Angeborenes von Erworbenem trennen könne, ist falsch. Beobachten wir, daß zwei Vögel den gleichen Gesang singen, dann ist es schon recht unwahrscheinlich, daß die Übereinstimmung eine zufällige ist. Höre ich gar, daß alle Mitglieder einer Art gleich singen, dann ist Zufall mit Sicherheit auszuschließen. Ich muß in einem solchen Falle annehmen, daß die gleich Singenden irgendwann Information über das arttypische Gesangsmuster erwarben. Sie könnten etwa den Gesang gehört und danach gelernt haben. Die Informationen, das Gesangsmuster betreffend, können aber auch bereits im Erbgut der Tiere kodifiziert sein. In diesem Fall hat die Art im Laufe ihrer Stammesgeschichte auf dem Wege der Mutation, Rekombination und Selektion »Informationen« gesammelt, und es liegt demnach eine stammesgeschichtliche Anpassung vor. Die Aufzucht unter Erfahrungsentzug erlaubt es, die Frage nach der Herkunft der Angepaßtheit zu klären. Singt zum Beispiel ein Vogel auch bei schallisolierter Aufzucht den arttypischen Gesang, dann weiß man, daß die Information, das Gesangsmuster betreffend, im Genom steckte und im Laufe der Ontogenese entschlüsselt wurde. Natürlich spielen dabei Einflüsse des Milieus eine Rolle. Wichtig ist jedoch der Nachweis, daß in diesem Falle während der Jugendentwicklung kein dem Gesang entsprechendes Informationsmuster zugeführt werden muß.

Was hier am Beispiel des Vogelgesangs ausgeführt wurde, gilt für jede andere Anpassung ebenso. Anpassungen formen Umweltgegebenheiten ab, und es muß daher stets irgendwann eine Auseinandersetzung des angepaßten Systems mit jener Umweltgegebenheit, an die es sich als angepaßt erweist, stattgefunden haben. Dieser Anpassungsprozeß kann durch individuelles Lernen im Laufe der Jugendentwicklung oder im Laufe der Stammesgeschichte stattgefunden haben. Es ist das Verdienst von Lorenz (1961), diese Zusammenhänge zum erstenmal klar dargestellt zu haben.

Säuger sind ebenfalls mit Erbkoordinationen ausgerüstet. Meist handelt es sich bei diesen sehr lernbegabten Wesen nur um kurze vorprogrammierte Abläufe, die durch Lernen zu größeren funktionellen Einheiten zusammengefaßt werden. Ratten zum Beispiel verfügen über eine Reihe von angeborenen Nestbaubewegungen, müssen aber die zweckmäßige Reihenfolge des Einsatzes dieser Bewegungen durch eigenes Probieren erlernen. Gelegentlich sind aber selbst bei Säugern komplizierte Verhaltensabläufe angeboren. Das mitteleuropäische Eichhörnchen versteckt bekanntlich im Herbst Nüsse, Eicheln und dergleichen als Wintervorräte. Es pflückt die Nuß, klettert zu Boden, sucht, bis es an einen Baumstrunk, Felsblock oder eine andere markante Umweltstruktur kommt, scharrt dort mit den Vorderbeinen ein Loch, legt die Nuß ab, stößt sie mit einigen schnellen Bewegungen der Schnauze fest, scharrt mit den Vorderpfoten das losgegrabene Erdreich über die Nuß und drückt es schließlich fest. Neugeborene Eichhörnchen können das alles nicht. Sie kommen ja als »Nesthocker« blind und nackt zur Welt. Man kann sie in sozialer Isolierung aufziehen und ihnen auch die Möglichkeit vorenthalten, durch Selbstdressur das Verhalten zu lernen, indem man sie mit flüssiger Kost in Gitterkäfigen ohne Einstreu aufzieht, so daß sie nicht graben und mit festen Objekten umgehen können. Dennoch werden solche Eichhörnchen die Technik des Futterversteckens beherrschen, wenn sie erwachsen sind. Bietet man ihnen dann Nüsse an, verzehren sie die ersten zunächst einmal. Nach Sättigung werden sie weiter angebotene Nüsse nicht einfach fallen lassen. Vielmehr beginnen sie, mit der Nuß im Maul den Boden des Versuchsraumes abzusuchen. Dabei zeigen sie sich an vertikalen Hindernissen besonders interessiert. An der Basis von Stuhlbeinen oder in einer Zimmerecke beginnen sie zu scharren. Nach einigen Scharrbewegungen legen sie die Nuß ab, rammen sie mit Schnauzenstößen fest, und obgleich sie auf dem festen Boden nichts aufgraben konnten, machen die Tiere danach in der Luft die Zuscharr- und Festdrückbewegungen mit den Vorderbeinen. Ein starres Verhaltensprogramm schnurrt ab, das den Tieren als stammesgeschichtliche Anpassung angeboren ist. Übrigens kennt jeder Hundehalter ähnlich starre Verhaltensweisen von seinen Pfleglingen. Vor dem Schlafengehen drehen sich viele Hunde im Kreis, als wollten sie Gras niedertreten, und viele Hunde versuchen auch, auf dem festen Boden ihren Knochen zu vergraben und mit der Schnauze »Erdreich« darüber zu schieben. Die Beispiele zeigen, wie konservativ solche Verhaltensweisen im Erbgang weitergegeben werden, auch wenn man sie nicht mehr braucht. Sie laufen vielfach blindlings ab, ohne Einsicht in die Zusammenhänge.

Gibt es beim Menschen Entsprechendes? Ist auch er mit angeborenen Bewegungsweisen ausgerüstet?

Am Neugeborenen kann man diese Frage leicht studieren, und man muß feststellen, daß ihm sicher eine Reihe von Bewegungen angeboren sind. Müßte es z. B. erst das Zusammenspiel von Atmen und Schlucken beim Trinken an der Brust lernen, es würde sich unentwegt verschlucken und wahrscheinlich Hungers sterben. Das Neugeborene macht Schreitbewegungen, wenn man es aufrecht über die Unterlage führt. Legt man wenige Wochen alte Säuglinge bäuchlings in eine Wanne und stützt man nur ihr Kinn, dann machen sie »Schwimmbewegungen« in Kreuzgangkoordination. Neugeborene können sich dank ihres stark ausgeprägten Handgreifreflexes an einer Leine festhalten. Sie suchen mit einer automatischen Pendelbewegung des Kopfes nach der Brust der Mutter; sie lächeln und schreiweinen, um nur einige der angeborenen Verhaltensweisen anzuführen.

Schwieriger ist die Frage zu beantworten, ob darüber hinaus auch kompliziertere Verhaltensweisen heranreifen, die im Leben des Erwachsenen eine größere Rolle spielen. Das hat man – wie gesagt –

lange Zeit in Abrede gestellt, zu Unrecht, wie neuere Untersuchungen an taubblinden Kindern ergaben.

Über das Ausdrucksverhalten taub und blind Geborener gibt es nur wenige Untersuchungen. Die meisten Publikationen über Taubblinde beschreiben das Verhalten der Personen nur in sehr allgemeinen Zügen (WADE 1904, SALMON 1950, MYKLEBUST 1956). Eine Ausnahme bildet die Publikation von GOODENOUGH (1932), in der das Ausdrucksverhalten eines taubblind geborenen zehn Jahre alten Mädchens sehr genau beschrieben wird. Das Mädchen konnte herzlich lachen, wenn es seine Puppe fand; verärgert drehte es den Kopf weg und machte den Schmollmund; bei Wut schüttelte es den Kopf und zeigte die zusammengebissenen Zähne.

Da Taubblinde unter genau beschreibbaren Bedingungen des Erfahrungsentzuges heranwachsen – sie können niemandem absehen, wie man sich verhält, noch können sie Unterweisungen hören –, ist ihr Verhalten für den aufschlußreich, der sich mit der Frage der stammesgeschichtlichen Anpassungen im menschlichen Verhalten befaßt. Nach Ansicht einiger milieutheoretisch ausgerichteter Forscher wird selbst die menschliche Mimik gelernt, obgleich DARWIN genügend Angaben und Gründe für die Annahme des Gegenteils brachte. Diese Ansicht vertreten zum Beispiel LABARRE (1947), BIRDWHISTELL (1970) und MONTAGU (1968), ohne allerdings einen Beweis für ihre Lernhypothese anzubieten. Seit 1966 verfolgt der Verfasser die Entwicklung taub und blind geborener Kinder zuerst im Landesblindenheim Hannover und danach im Taubblindenzentrum Hannover[1]. Die ausführliche Filmdokumentation beweist, daß stammesgeschichtliche Anpassungen das Muster der Gesichtsbewegungen determinieren.

Diese Kinder, die in ewiger Nacht und Stille heranwachsen, lachen und weinen wie wir, obgleich sie das niemandem absehen konnten (Abb. 1–3). Bei Ärger zeigen sie die senkrechten Zornfalten und stampfen mit dem Fuß auf den Boden, kurz, die komplizierten Gesichtsbewegungen reifen in diesen Kindern heran.

Die aus einem Film entnommenen Bildserien zeigen ein neunjähriges taubblind geborenes Mädchen; sie belegen grundsätzliche Gesichtsbewegungen, wie Lächeln, Weinen sowie den Ausdruck des Ärgers, ferner Verhaltensweisen der Kontaktablehnung und der Kontaktsuche (Abb. 4–8).

[1] Während der Drucklegung dieses Buches erscheint eine Abhandlung über das Ausdrucksverhalten taubblind Geborener *The Expressive Behaviour Of The Deaf and Blind Born* in dem von CRANACH und VINE herausgegebenen Sammelband *Nonverbal Behaviour and Expressive Movements.*

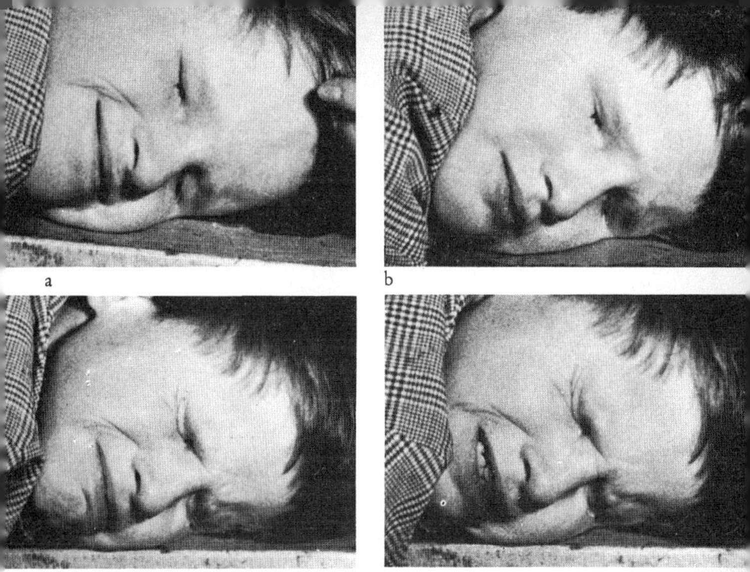

a b c d

Abb. 1. Verschiedene Gesichtsausdrücke der taubblind geborenen neunjährigen Sabine: (a) lächelnd, (b–d) weinerlich bis weinend.

In Diskussionen wurde vorgebracht, die taubblind Geborenen könnten sich mit Hilfe ihres Tastsinns über die Mimik ihrer Mitmenschen orientiert und daraus gelernt haben. Ich habe taubblind geborene Contergan Kinder untersucht, die sich mit ihren Stummelhänden gewiß nicht über das Verhalten der Mitmenschen orientieren konnten. Sie zeigten dennoch die für unsere Art typischen Gesichtsbewegungen (Abb. 9). Schließlich muß man mit der Mög-

Abb. 2. Sabine lachend.

a

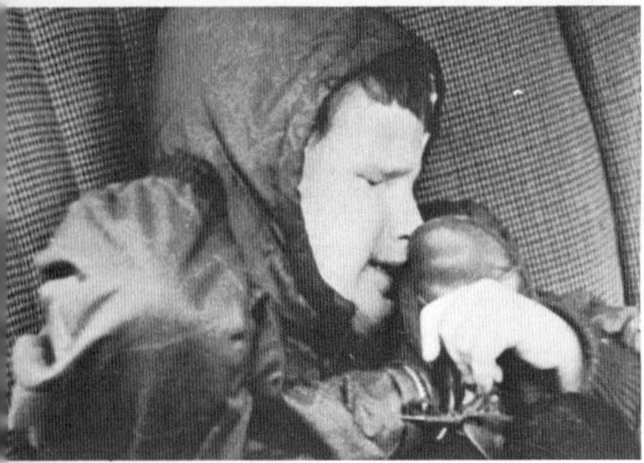

b

Abb. 3. Sabine weinend. Ausdruck großer Verzweiflung. Sie blieb allein zurück und umklammert zuletzt ihren Fuß. Normalerweise würde sie ihre Bezugsperson umklammern. Sich-selbst-Umklammern kann man auch bei allein gelassenen nichtmenschlichen Primatenkindern beobachten.

lichkeit rechnen, daß Mitmenschen das Verhalten der Taubblinden durch ihre Antworten formen. Wird ein bestimmtes Verhalten belohnt, dann wird es verstärkt. Wir wissen aus den SKINNERschen Versuchen, daß sich durchaus so schrittweise recht komplizierte Verhaltensmuster formen lassen. Bei den Taubblinden aber gibt sich niemand diese Mühe. Bliebe also unbeabsichtigtes »Shaping«.

Es läßt sich ohne weiteres vorstellen, daß ein Lächeln durch die freundlichen Antworten, die es auslöst, bekräftigt wird. Allerdings muß es zunächst einmal als solches erkennbar auftreten. Schwer vorstellbar ist, wie man auf diese Weise Wutmimik und dergleichen erwirbt, Verhaltensweisen, die oft sogar Bestrafung zur Folge haben. Schließlich sei noch erwähnt, daß selbst schwer hirngeschädigte Kinder, denen man mit aller Mühe kaum beibringt, einen Löffel selbst zum Munde zu führen, die komplizierten Gesichtsbewegungen beherrschen.

Im Juli 1972 konnte ich im Blindeninstitut bei Taipeh einen zehnjährigen taubblind geborenen Chinesenjungen beobachten und filmen. Die Aufnahmen, die im Humanethologischen Filmarchiv der Max-Planck-Gesellschaft archiviert sind, zeigen, daß die Mimik des Chinesenjungen im wesentlichen mit der seiner europäischen Leidensgefährten übereinstimmt.

Die Hypothese, die menschliche Mimik würde gelernt, kann durch die Untersuchungen an den Taubblinden als widerlegt gelten, deshalb sind sie von großem theoretischem Interesse. Manch komplexeres Ausdrucksmuster konnte ich nicht feststellen, z. B. Verlegenheit. Das beweist jedoch nicht, daß diese Muster erlernt werden müßten. Um solche Verhaltensweisen auszulösen, bedarf es komplizierter optischer und akustischer Signale, die von Taubblinden nie empfangen werden können. Bei Blindgeborenen kann man verbal bereits so komplizierte Ausdrücke, wie den der Verlegenheit, auslösen. Ausführlichere Diskussionen zu diesem Thema und ein Inventar der Verhaltensweisen taubblind Geborener findet man bei EIBL-EIBESFELDT 1972a und 1973.

Man kann ferner bei Taubblinden auch feststellen, daß gewisse soziale Grundeinstellungen heranreifen, und zwar gegen die Bemühungen der Erzieher. So versucht jedermann, diesen Kindern Sicherheit zu geben, indem er freundlich ist. Dennoch unterscheiden die Kinder mit Hilfe ihres Geruchssinnes fremde von bekannten Personen, und sie entwickeln – wohlgemerkt ohne je schlechte Erfahrungen mit Fremden gesammelt zu haben – auch die für jedes Kind typische Fremdenfurcht. Die Fremdenablehnung, die man in den verschiedensten Kulturen beobachten kann (siehe S. 127), liegt wohl in dieser Disposition begründet.

Die sorgfältige Untersuchung Taubblinder kann auch dazu beitragen, die Frage zu klaren, ob gewisse ethische Normen angeboren sind (siehe dazu auch S. 63). Ich möchte in diesem Zusammenhang auf einige Beobachtungen hinweisen, die ich an einem dreizehnjähri-

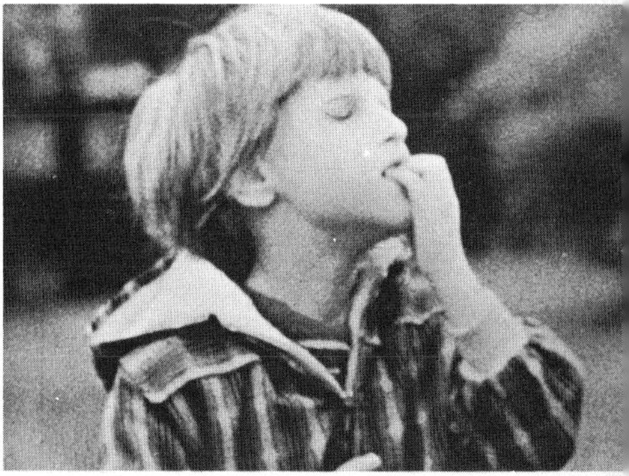

Abb. 4. Sabine ärgerlich.

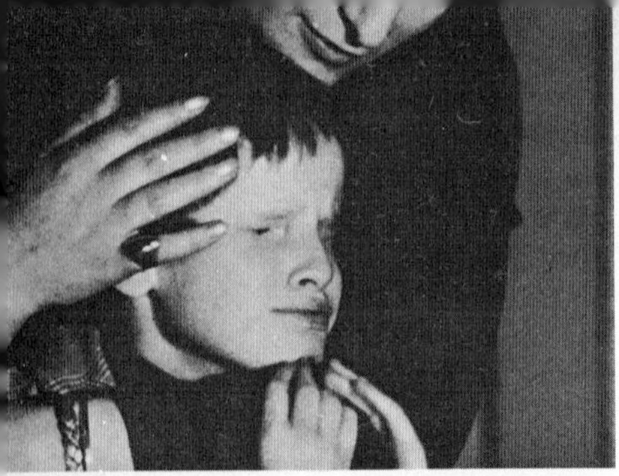

Abb. 5. Trost bei der Mutter suchend.

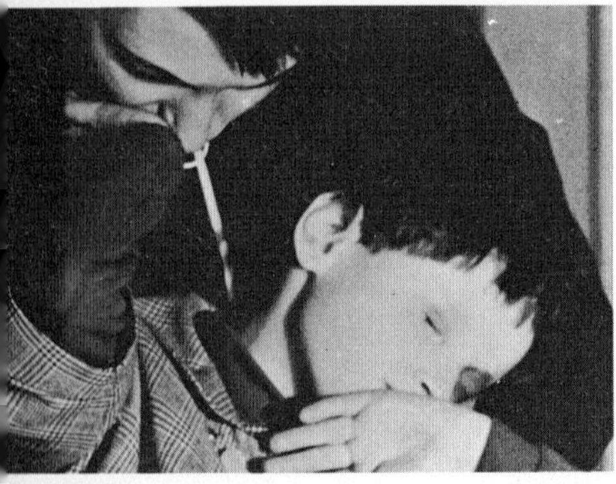

Abb. 6. Aktive Kontaktaufnahme mit der Mutter.

gen, mit 18 Monaten erblindeten und ertaubten Jungen machen konnte[2]. Dieser Junge bekam gelegentlich Wutanfälle. Im Anschluß an solche verhielt er sich so, als hätte er ein schlechtes Gewissen, obgleich man ihn nicht durch körperliche Züchtigung bestrafte. Er stand nach solchen Wutanfällen ruhig da, saugte an seinem Daumen und streckte nach einer Weile die offene Hand aus, eine Bewegung, die er stets benützte, wenn er Kontakt suchte. Er beherrschte bereits einige Worte im Tastalphabet und entspannte sich sofort, wenn man Kontakt gewährte. Einmal hatte er die Lehrerin gebissen. Am folgenden Tag berührte er beim Spielen die frische Narbe an deren Arm. Bis dahin hatte er gelacht. Nun verstummte er unmittelbar und signalisierte in der Tastzeichensprache »weh« (tut es weh?). Seine Bewegungen waren bemerkenswert langsam, als wäre er traurig. Als

[2] Frau U. Sigmund, die als Taubblindenlehrerin diesen Jungen im Landesblindenheim Hannover betreut, möchte ich an dieser Stelle herzlich für ihre Mitarbeit an der Datenerhebung danken. Ich danke ferner dem Taubblindenlehrer K. H. Baaske, der das Taubblindenheim leitet, für die Unterstützung meiner Arbeit.

die Lehrerin mit der Gegenfrage antwortete: »Wer hat es getan?«, antwortete er mit seinem Namen: »Harald.« Nun signalisierte die Lehrerin: »Morgen wird es wieder gut«, worauf Harald sofort wieder fröhlich wurde, lachte und ein Spiel begann, das er nur bei besonders guter Laune machte: Er packte die Pflegerin und rieb seine Stirne gegen ihren Kopf.

Angesichts der Tatsache, daß Harald zu diesem Zeitpunkt noch nicht in der Lage war, sich mit Mitmenschen über kompliziertere Themen und abstrakte Begriffe zu unterhalten, ist sein differenziertes Verhalten doch sehr bemerkenswert. Er zeigte offensichtlich »Gewissen«. Wie er das gelernt haben soll, ist schwer vorzustellen. Zwar versucht man ihm die Worte »gut« und »böse« beizubringen, indem man ihm zum Beispiel, nachdem er jemanden biß, in die Hand schreibt: »Harald ist böse, beißt Sabine.« Über die sachliche Mitteilung hinaus erfährt Harald vorübergehend eine Unterbrechung des freundlichen Kontaktes, wenn er aggressiv ist. Solche Kontaktabrisse gibt es aber viele Male am Tage, auch in anderen Situationen, und sie sind meist abrupt, da er ja vorbereitende Signale, die ankünden, daß ein Partner im Begriffe ist sich zu entfernen, nicht wahrnimmt.

a

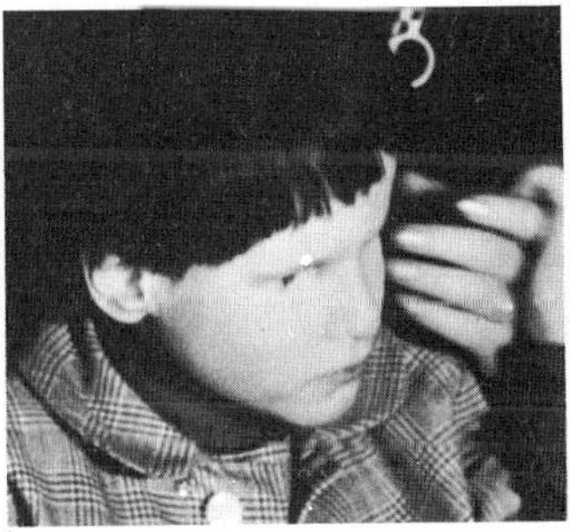

b

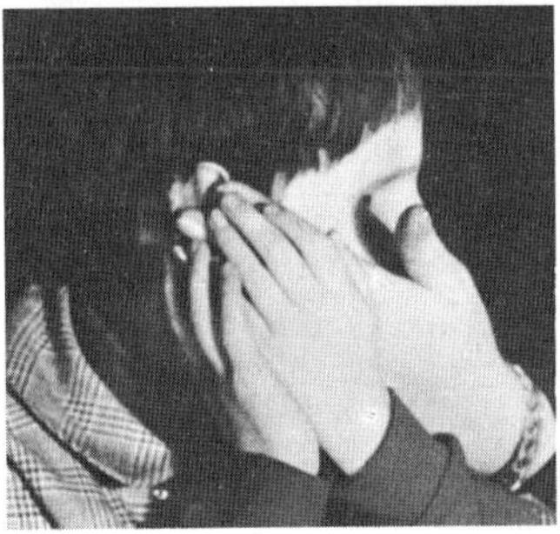

c

Abb. 7. Sabine fordert die Mutter auf, sie zu streicheln. Sie holt dabei die Hand der Mutter aktiv herbei.

Diese Kontaktabrisse führen zu keiner Depression. Die Fähigkeit, sein Verhalten anschließend zu bedauern und schlechtes Gewissen zu zeigen, könnte durchaus Ausdruck einer angeborenen Disposition sein. Noch eine andere Beobachtung an Harald ist in Zusammenhang mit dem noch zu besprechenden Inzesttabu (S. 69) von Bedeutung. Harald zeigt keinerlei sexuelles Interesse an jenen Mädchen, mit denen er aufwuchs, wohl aber an Erwachsenen des anderen Geschlechtes, die er erst später in seinem Leben kennengelernt hat.

Nun darf man nicht außer acht lassen, daß die Information, die man aus dem Studium Taubblinder gewinnen kann, eher begrenzt ist. Viele der komplizierteren zwischenmenschlichen Verhaltensweisen werden, wie gesagt, durch optische oder akustische Signale ausgelöst. Wir lächeln unseren Mitmenschen zu, flirten mit bestimmten Augenbewegungen, machen Komplimente, indem wir nette Dinge reden, und bekommen darauf die erwarteten Antworten. Will man wissen, was in solchen komplizierteren Verhaltens-

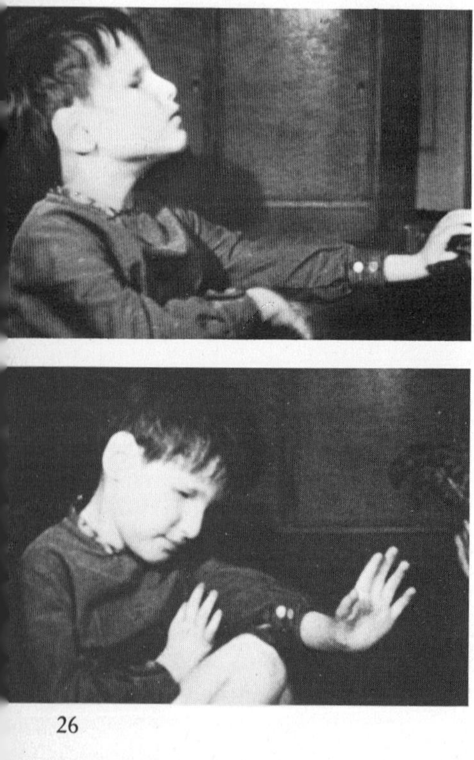

a

b

Abb. 8. Sabine lehnt eine Schildkröte ab. Man beachte die abweisende Gebärde mit der Hand.

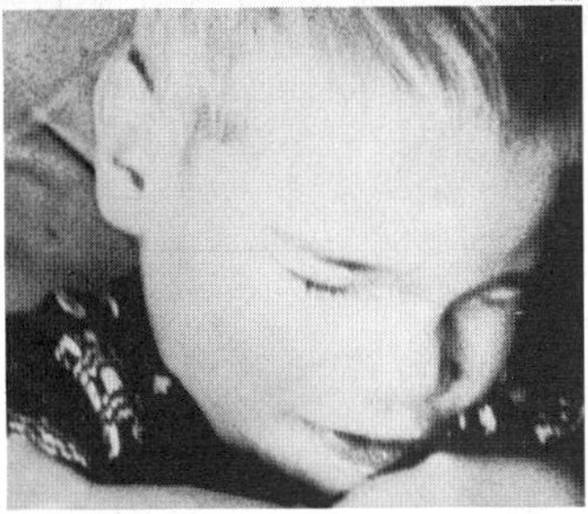

a

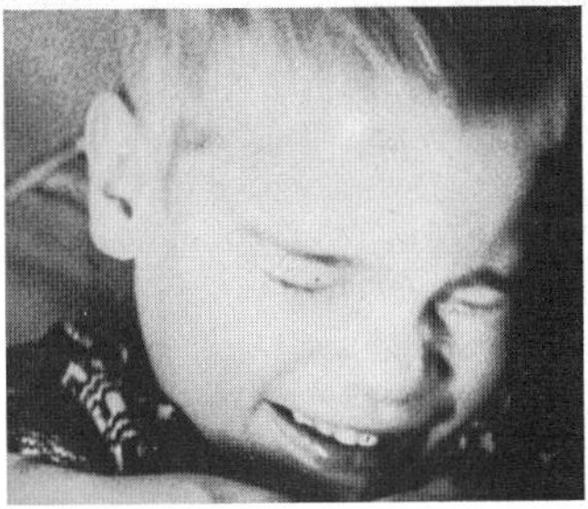

b

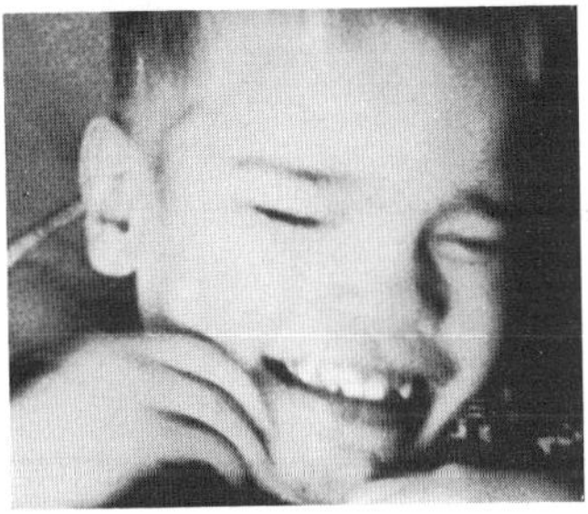

c

Abb. 9. Fünf Jahre alter taubblinder Junge (Contergan-Fall) lachend. Das Kind hat nur ganz kurze Stummelhändchen und konnte keinerlei Informationen über die Mimik seiner Mitmenschen ertasten.

weisen an Angeborenem steckt, muß man andere Wege beschreiten. Zunächst einmal kann man mit Blindgeborenen experimentieren. Sie reagieren sehr fein auf das gesprochene Wort. Ein zehnjähriges Mädchen, dem ich zu seinem schönen Klavierspiel gratulierte, fixierte mich kurz mit den toten Augen, wobei die unruhigen Augenbewegungen, die man sonst bei ihm beobachtete, aufhörten, dann senkte es den Kopf, errötete, lächelte »verlegen« und schaute wieder zu mir her, genauso wie das sehende Mädchen tun, wenn sie verlegen sind. Wir haben uns auch von Blindgeborenen bestimmte Situationen vorspielen lassen und den dabei auftretenden Ausdruck mit dem sehender Kinder in gleichen Situationen verglichen. Auch dabei fällt auf, daß viele der feinen Details unserer Mimik und Gestik bei Blindgeborenen und Sehenden in gleicher Weise auftreten.

Noch weiter führt uns der Kulturenvergleich. Man kann davon ausgehen, daß Menschen dazu neigen, ihre Verhaltensmuster kulturell abzuwandeln. Die vielfältigen kulturellen Bräuche und die schnelle Sprachentwicklung belegen diese Veranlagung. Allein auf Neu-Guinea werden mehrere hundert Sprachen gesprochen. Man spricht von der kulturellen Evolution geradezu als »Pseudospeziation« (Quasi-Artentwicklung). Andererseits findet man ganz gegen diese Tendenz Verhaltensweisen, die über die Kulturen hinweg gleichbleiben. Die Annahme, solche Universalien wären einst durch Kulturkontakt tradiert worden, ist unbefriedigend und erklärt vor allem nicht das konservative Festhalten an einem Muster.

Hingegen muß man mit der Möglichkeit unabhängiger Erfindung rechnen. Es gibt sicher Fälle, in denen sich die Universalien funktionell erklären lassen. So wie sich die Form einer Beilklinge aus ihrer Funktion ableitet und Beile daher überall eine ähnliche Klingenform zeigen, so erklären sich auch Ähnlichkeiten etwa im Abwehrverhalten aus der Funktion des Abwehrens. Auch muß man damit rechnen, daß bestimmte formende Umwelteinflüsse der frühen Jugend über die Kulturen hinweg identisch sind und daher ein Verhalten in gleicher Weise in den verschiedenen Kulturen formen können. Keineswegs jedoch lassen sich alle Universalien auf diese Weise erklären. Unser Mienenspiel und unsere Gesten entwickelten sich zum Beispiel ähnlich wie unser Wortschatz im Dienst der Verständigung, wobei das spezielle Bewegungsmuster nur bei wenigen abbildenden Gesten funktionell erklärbar ist. Vielmehr liegt der besonderen Form des Signals eine »Übereinkunft« zwischen Signalsender und Signalempfänger zugrunde. Das starre Festhalten an dem einmal entwickelten Kode im Falle der Universalien spricht dafür, daß es sich in diesen Fällen um stammesgeschichtliche Anpassungen handelt. Ferner darf man auf eine angeborene Grundlage schließen, wenn sich bestimmte Neigungen in bestimmten Kulturen gegen die Bemühungen der Erziehung und in den verschiedenartigsten Umwelten entwickeln.

Nun würde man meinen, daß es relativ leicht sei, die Gemeinsamkeiten, die über kulturelle Unterschiede hinweg Menschen verbinden, herauszuarbeiten. Der Mensch ist sicher das meistgefilmte Wesen der Erde, und so erwartet man, in den großen Filmarchiven der Welt genügend viele Aufnahmen sich Begrüßender, Flirtender, Wütender und dergleichen mehr aus verschiedenen Kulturen zu finden, und zwar nicht mit geschauspielertem Ausdruck, sondern natürlichem. Versucht man solche Aufnahmen zu lokalisieren, wird man schnell feststellen, daß es an ungestellten Dokumenten menschlichen Sozialverhaltens mangelt. Man wird zahlreiche über das Brotbacken, Mattenweben, Bootebauen, Feuermachen und dergleichen finden, aber wie eine Papua-Mutter, eine Samoanerin, eine Waika-Indianerin und eine Eskimofrau ihre Kinder herzen, wie sie sich verhalten, wenn sie ärgerlich oder schüchtern sind, das alles hat man nicht aufgenommen. Das ist um so bedauerlicher, als solche Verhaltensweisen meist keine Fossilspuren zu hinterlassen pflegen. Während man die Mattenwebtechnik später notfalls anhand des Gewebes rekonstruieren kann, ist es nicht möglich, soziale Verhaltensweisen zu rekonstruieren, wenn die Träger einer Kultur ausstarben oder akkulturiert wurden. Ich suche seit langem z. B. Filmaufnahmen vom Verhalten Eingeborener bei Erstkontakten mit Europäern und fand bisher kaum etwas. Hat man versäumt, solches Verhalten zu filmen, dann hat man die Gelegenheit dazu für immer verloren. Aus diesem Grund bemühen wir uns seit einigen Jahren um die Dokumentation menschlichen Sozialverhaltens in ungestellten Film- und Tonbandaufnahmen, und zwar vor allem bei den sich rasch ändernden Naturvölkern.

Wir lernten dabei bald, daß Menschen ungemein scheu und daher schwer unbemerkt aufzunehmen sind. Wir haben mit Teleobjektiven und aus Verstecken gearbeitet, und es gelang wohl gelegentlich ein guter Schnappschuß. Aber allzu schnell merkten die Aufgenommenen unser Vorhaben, und dann veränderten sie ihr Verhalten. Wie scheu Menschen sind, davon kann sich jeder leicht überzeugen, indem er einzeln essende Personen beobachtet. Immer wenn sie einen Bissen zum Munde führen, heben sie wie geistesabwesend den Blick, und die Augen tasten einmal den Horizont ab, um dann wieder auf die Speise zu schauen. So automatisch der Vorgang ist, so wirkungsvoll ist dieses Sichern. Zwar scheint die Person nicht bewußt aufmerksam, ändert sich jedoch etwas in ihrer Umwelt, dann nimmt sie diese Änderung sogleich wahr. Beim Filmen von Naturvölkern merkten wir schließlich, daß das direkt auf die Person

a b

Abb. 10. Kamera mit Spiegelobjektiv. (a) Die Kamera mit dem Objektiv. (b) Objektiv vergrößert.

Abb. 11. Der Verfasser mit dem Spiegelobjektiv vor einer Buschmannhütte filmend. (Foto: Dieter HEUNEMANN.)

zielende Objektiv Angst auslöst, und zwar auch bei Leuten, die das Filmen nicht kennen. Mein langjähriger Freund Hans HASS, mit dem ich am Projekt der Dokumentation menschlichen Sozialverhaltens oft zusammenarbeitete, löste das Problem durch einen technischen Kniff: Er entwickelte Objektivattrappen, die man der Kameralinse vorschaltet. Sie haben ein seitliches Fenster, und ein der Linse vorgesetztes Prisma lenkt den Strahlengang um 90 Grad ab, so daß man nach der Seite filmen kann (Abb. 10 und 11). Diese Methode hat HASS gemeinsam mit dem Verfasser in verschiedenen Erdteilen erprobt (EIBL-EIBESFELDT und HASS 1967). Mit dieser Technik kann man Menschen auch über größere Entfernungen unbemerkt aufnehmen. Schnelle Bewegungsabläufe filmen wir in Zeitlupe 48 B/S. Will man die so erhaltenen Dokumente später auswerten, dann ist es unerläßlich, an Ort und Stelle genau Protokoll zu führen. Wir müssen wissen, was der Mensch tat, bevor er aufgenommen wurde, was danach folgte und in welchem Zusammenhang ein Verhalten auftrat. Ohne diese Form ethologischer Motivationsanalyse läuft man Gefahr, subjektiven Deutungen zu unterliegen.

Selbst in Mitteleuropa konnten wir mit diesen Objektiven unbemerkt aufnehmen, und zwar auch aus unmittelbarer Nähe. Die Aufgenommenen bemerken zwar den Kameramann und sehen ihm auch interessiert zu, verlieren aber bald ihr Interesse und setzen dann ihr ursprüngliches Tun fort. Setzt man das Spiegelobjektiv vor ein

Teleobjektiv, dann kann man über große Distanzen aufnehmen, ohne beachtet zu werden. Selbst bei Naturvölkern, die nichts vom Filmen wissen, nützen die Spiegelobjektive. Ein direktes Zielen mit der Kamera ängstigt die Menschen. Wir haben oft nach einer Spiegelaufnahme die Kamera so geschwenkt, daß sie direkt auf die aufgenommene Person oder Gruppe wies. Regelmäßig änderte sich dann das Verhalten der Betreffenden.

Überrascht uns ein Ereignis, dann filmen wir wohl direkt im Schnappschuß. Auch dann, wenn Menschen in Tänze oder andere Tätigkeiten gerade sehr vertieft sind, glücken direkte Aufnahmen. Wir ziehen jedoch Spiegelaufnahmen vor und beobachten mit der Kamera. Die Verhaltensweisen nehmen wir so auf, wie sie sich im natürlichen Ablauf entwickeln. Manche lösen wir auch aus; so lassen wir durch Dolmetscher Fragen stellen, wenn wir unbemerkt Bejahung oder Verneinung filmen wollen, oder wir lassen Personen Verschiedenes kosten, um etwa den Ausdruck des Ekels zu bekommen. Es gibt eine Reihe standardisierter Testsituationen, die es erlauben, bei verschiedenen Kulturen bestimmte Verhaltensweisen (Erschrecken, Lachen usw.) abzurufen. In den zuletzt genannten Fällen wählt man bereits gezielt bestimmte Verhaltensweisen für die Aufnahme aus, während die Beobachtung mit der Kamera weniger selektiv und damit vom Vorurteil des Beobachters weitgehend frei ist. Wir filmen bei diesem Vorgehen jede soziale Interaktion, und zwar tunlichst bereits dann, wenn die Situation eine soziale Bezugnahme erwarten läßt, ohne daß wir im voraus wissen, was sich im einzelnen abspielen wird. Wir filmen z. B., wenn zwei Personen sich aufeinander zubewegen, wenn sie sich einander zuwenden, wenn eine Mutter ihr Kind ergreift, immer also, wenn eine Kontaktaufnahme erfolgt. Wir hören zu filmen auf, wenn keine Bezugnahme erfolgt, wenn das Verhalten wiederholt wird und wir den Vorgang bereits ausführlich dokumentierten und schließlich, wenn uns technische Gründe (Kameraauslauf) dazu zwingen.

Die Notwendigkeit, Dokumente zu schaffen, die auch von anderen Forschern mit anderen Fragestellungen ausgewertet werden können, stellt besondere Ansprüche an die zusätzliche Datenerhebung.

Zunächst muß ersichtlich sein, in welchem Zusammenhang die gefilmte Verhaltensweise steht. Oft wird das aus dem Filmstreifen selbst ersichtlich, aber keineswegs immer. Man muß also niederschreiben, in welchem *sozialen Kontext* das Verhalten auftrat und auch, was die Person, bevor und nachdem sie aufgenommen wurde, tat.

Diese Protokolle über *Ablauffolge* und *Kontext* erlauben eine spätere korrelationsanalytische Auswertung. Es wäre falsch, allein vom Filmbild her zu interpretieren. Wenn wir tierisches Verhalten untersuchen, dann gehen wir ja auch nicht vom subjektiven Eindruck aus. Wir sagen nicht, dies ist eine Drohstellung und jenes eine Balzstellung, weil uns dies so vorkommt. Vielmehr wissen wir, daß auf diese Stellung regelmäßig ein Angriff, auf jene dagegen eine Paarung erfolgt, und erst diese statistisch gesicherte Erfahrung erlaubt dann den Schluß auf eine unterliegende Funktion. Genauso müssen wir bei der Erforschung des Verhaltens von Menschen vorgehen.

Es ist ferner wichtig, daß man neben Ort und Datum auch allgemeine Angaben zur Situationsbeschreibung liefert. Wie wurde der Forscher in die betreffende Personengruppe eingeführt? Wie spielte sich der erste Kontakt ab? Was tat er, um die Personen an seine Anwesenheit zu gewöhnen? Gab es in der unmittelbaren Vergangenheit besondere Ereignisse (Trauerfälle, Kriege)? Welche Kontakte hat die Gruppe mit Weißen und anderen stammesfremden Personen? Welcher Art sind die Interaktionen zwischen Beobachter und Beobachteten? Werden Höflichkeiten ausgetauscht? Geschenke? Lebte er in der Gruppe? Und dergleichen mehr.

Wir filmen auf 16-mm-Material. Da Farbaufnahmen weniger beständig sind, ziehen wir Schwarzweißmaterial vor. Die Aufnahmegeschwindigkeit wechselt. Die meisten Geschehnisse filmen wir in Zeitlupe (50 Bilder/Sekunde) und Normalfrequenz (25 B/S). Die Zeitlupe ziehen wir vor, da sie auch rasche Bewegungsabläufe der Analyse zugänglich macht. Gilt es längere Interaktionen festzuhalten, dann nützen wir schließlich auch die Zeitraffertechnik. Sie erlaubt es, Protokolle über länger dauernde Verhaltensabläufe festzuhalten und das Gesamtmuster etwa eines Tanzablaufes festzuhalten. Es werden mit dieser Technik Regelmäßigkeiten sichtbar, die dem Auge normalerweise entgehen. Das bereits erwähnte Sichern fiel uns erst bei der Durchsicht von Zeitrafferaufnahmen essender Menschen auf. Hans HASS (1968), der diese Methode entwickelte, bringt in seinem Buch eine Reihe von Belegen für den Vorteil dieser Methode.

Hand in Hand mit den Filmdokumenten sammeln wir unbemerkte Tonaufnahmen. Wenn möglich filmen wir tonsynchron. Zur Archivierung, Veröffentlichung und Auswertung der Filmaufnahmen siehe EIBL-EIBESFELDT (1971 b).

Sammelt man auf diese Weise Dokumente menschlichen Sozialverhaltens, wird man auf eine Reihe von bemerkenswerten Gemeinsamkeiten stoßen, die bis in die Einzelheiten gehen. So fanden wir, daß Menschen in allen Kulturen beim freundlichen Grüßen lächeln, nicken und mit einer schnellen Bewegung für etwa ein Sechstel einer Sekunde die Augenbrauen heben. Diesen Augengruß filmte ich bei Urwaldindianern am oberen Orinoko, Papuas, Samoanern, Balinesen, Europäern und noch einigen anderen mehr (Abb. 12–14). Kulturelle Unterschiede sind festzustellen, doch betreffen sie nur die Leichtigkeit, mit der das Verhalten ausgelöst werden kann. Japaner halten es für unschicklich, Samoaner dagegen grüßen jedermann auf diese Weise und verwenden das Zeichen auch, um eine Bejahung zu bekräftigen. Wir Europäer stehen etwa in der Mitte. Wir grüßen nicht jedermann so, aber freimütig unsere guten Freunde. Wir verwenden den Augengruß ferner beim Flirten und wenn wir sehr freudig zustimmen. Es ist in seiner allgemeinsten Bedeutung ein Ja zu einem sozialen Kontakt. Die Bedeutung, die dieses Zeichen im zwischenmenschlichen Zusammenleben als wortloses Kommunikationsmittel spielt, geht unter anderem aus der Tatsache hervor, daß Frauen ihren Augenbrauen so viel Liebe und Aufmerksamkeit schenken; sie färben oft auch ihr oberes Augenlid und die Partie unter den Brauen, die dann beim Brauenheben exponiert wird. Und dennoch war dieser Augengruß der Wissenschaft bis vor kurzem unbekannt. Dichter erwähnen ihn als Aufleuchten der Augen, aber in den Werken über die menschliche Mimik wird man vergebens nach seiner Erwähnung suchen. Das erklärt sich aus der Besonderheit, daß wir ganz unbewußt auf dieses Zeichen reagieren, beinahe reflektorisch. Wir nehmen es wahr, aber nicht bewußt.

Einen Hinweis auf die stammesgeschichtliche Entwicklung erhält man, wenn man untersucht, in welchen anderen Situationen wir Menschen die Brauen heben. Wir tun es, wenn wir etwas Neues neugierig betrachten, wenn wir über etwas überrascht sind und wenn wir nach einer Frage auf Antwort warten. Gemeinsam ist allen diesen Situationen, daß wir die Sinnespforten öffnen, um besser wahrnehmen zu können. Das Heben der Brauen ist dabei wohl eine Begleitbewegung des Augenöffnens. Es wurde jedoch zur Ausdrucksbewegung der Überraschung ritualisiert.

Das schnelle Brauenheben (Augengruß) ist als weitere Differenzierung von diesem Ausdruck abzuleiten. Es handelt sich um einen Ausdruck freudiger Überraschung, der durch das zusätzliche Lächeln in diesem Sinne unmißverständlich wird. Es gibt übrigens noch weitere Ausgestaltungen der »Augensprache«. So heben wir die Brauen bei Unmut, etwa wenn wir über das schlechte Betragen eines Mitmenschen entrüstet sind. Die Brauen bleiben dann gehoben, und der Blick bekommt dadurch etwas Drohendes (siehe dazu auch die Beobachtungen über das Drohstarren S. 133). Wir heben ferner die Brauen, wenn wir uns hochmütig von einem Mitmenschen abwenden. Der Kopf wird dabei in Rückwärtsbewegung angehoben und die Augenlider gesenkt. Es handelt sich um einen symbolischen Abschluß gegen die vom verachteten Mitmenschen ausgehenden Sinnesreize. Manche Personen atmen dabei in betonter Weise aus, als wollten sie ausdrücken, daß sie ihren Mitmenschen nicht riechen können. Die Griechen haben übrigens diese Geste der sozialen Ablehnung zur Begleitbewegung bei sachlicher Verneinung verallgemeinert (siehe S. 40).

Die Übersicht auf S. 35 faßt die Verhältnisse anschaulich zusammen.

Auch andere Verhaltensweisen des freundlichen Kontaktes und der Zärtlichkeit sind über die Kulturen hinweg zu finden, so die Umarmung und der Kuß, die man überdies bei Schimpansen beobachten kann und die folglich stammesgeschichtlich recht alt sein dürften (Abb. 15). Schimpansen umarmen einander bei Begrüßungen und nehmen dabei mit den Lippen Kontakt auf. Gelegentlich füttern sie einander bei dieser Gelegenheit von Mund zu Mund, wie das auch Schimpansenmütter – und übrigens vielfach auch Menschenmütter – tun, wenn sie nach dem Abstillen ihre Kleinen füttern. Man nimmt an, daß der Kuß bei Schimpansen und Menschen ein ritualisiertes Füttern ist, und zu dieser Deutung paßt, daß man beim Küssen in der Tat Futterübergabe- und Übernahmebewegungen mit Lippe und Zunge beobachten kann und gar nicht selten auch Nahrung (Süßigkeiten, Wein) übertragen wird.

Wir haben in den letzten Jahren eine Fülle ungestellter Aufnahmen sozialer Verhaltensabläufe gesammelt, zuletzt vor allem bei den Waika-Indianern und bei den Buschleuten der Kalahari (Eibl-Eibesfeldt 1971 c, d, e, 1972 b, c), und bauen nunmehr innerhalb der Max-Planck-Gesellschaft ein humanethologisches Filmarchiv auf. Das kulturenvergleichende Studium zeigt, daß es im menschlichen Verhalten eine Fülle von Universalien gibt (Abb. 15–18). Manche mögen, wie erwähnt, durch ähnliche Bedingungen der Jugendentwicklung zustande kommen. So verneint man in sehr vielen Kulturen durch Kopfschütteln, aber keineswegs in allen. Die weite Verbreitung des Kopfschüttelns könnte sich aus einer Ablehnbewegung des Säuglings entwickelt haben, der, wenn er satt ist, seinen Kopf von der Brust wendet. Bietet man dem Kind weiterhin die Brust an, dann bewegt es abweisend den Kopf nach beiden Seiten. Es ist nicht schwer, sich vorzustellen, daß sich aus diesem Ur-Nein unsere

Brauenheben beim
Fragen

Ausdruck der Neugier

↑

Augenöffnen bei
Aufmerksamkeit
(Neugier) mit
Brauenheben als
Begleiterscheinung

↓

Brauenheben bei
Überraschung

↙ ↘

schnelles Brauenheben (Augengruß) als Ausdruck freudiger Überraschung und des »Ja« zum Sozialkontakt	Brauenheben bei ärgerlicher Überraschung
Grüßen	als Ausdruck von
Flirten	Unmut
Schäkern mit Kleinkindern	Arroganz
Zustimmen → sachliches Ja (Samoa)	Ablehnung → sachliches Nein (Griechenland)
Danken	
Betonen	

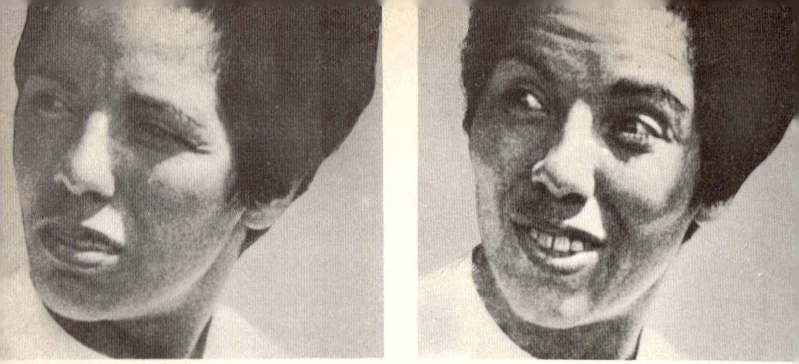

Abb. 12. Französin. a b

Abb. 13. !Kung-Buschmannfrau. a b

Abb. 14. Papua-Mann. a b

Abb. 12–14. Beispiele für den Augengruß in verschiedenen Kulturen. Lächeln bei Blickkontakt und anschließendes Brauenheben. (Abb. 12 aus einem 16-mm-Film von H. Hass, Abb. 13, 14 aus einem 16-mm-Film des Verfassers.)

a

b

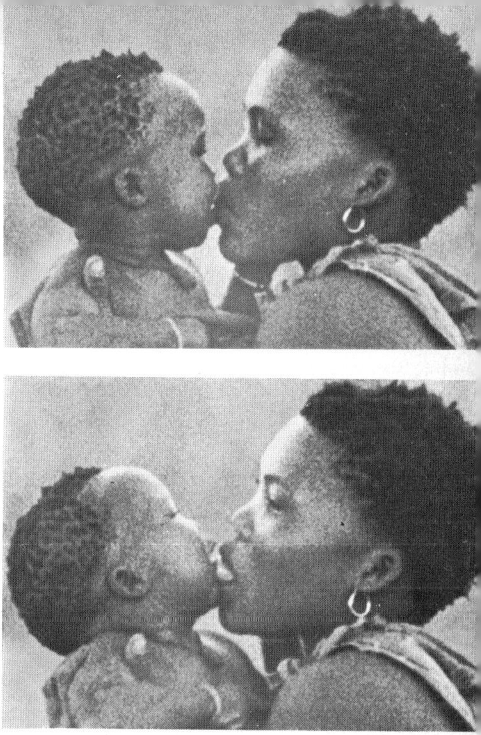

Abb. 15. Mund-zu-Mund-Fütterung (Kußfütterung) bei den !Ko-Buschleuten. Das Mädchen hat die Lippen auf den Mund des Säuglings aufgesetzt und schiebt ihm mit der Zunge Nahrung in den Mund. (Aus einem 16-mm-Film des Verfassers.)

Begleitbewegung zur Verneinung entwickelte. Man verneint aber, wie gesagt, keineswegs überall in gleicher Weise. So erwähnten wir bereits, daß die Griechen mit einem der Ausdrucksbewegung der Entrüstung gleichen Verhalten verneinen (Abb. 19). Bei den Ayoréo-Indianern Paraguays wird bei Verneinung der Mund zu einer Schnute gespitzt, die Augen werden geschlossen und die Nase gerümpft (Abb. 20).

Gemeinsam ist allen diesen Begleitbewegungen der Verneinung, daß sie auf bereits vorhandene Ausdrucksbewegungen der Ablehnung zurückgreifen: das Kopfschütteln auf das Abschütteln – man schüttelt auch im übertragenen Sinne Unangenehmes ab –, das griechische Nein auf eine soziale Ablehngebärde und das Nein der Ayoréo auf das funktionelle Sich-Abschließen gegen unerwünschte Sinneseindrücke. Krampfhafter Augenschluß und Nasenrümpfen kann man zum Beispiel auslösen, wenn man Personen mit starken unangenehmen Gerüchen belästigt oder wenn man sie überraschend taktil reizt. Dann zeigen schließlich auch taubblind Geborene diesen

a

b

c

Abb. 16. Verschiedene Formen des Küssens bei den !Ko-Buschleuten. (Aus einem 16-mm-Film des Verfassers.) (a) Vater, seine Tochter auf die Wange küssend; (b) Buschfrau, einen Säugling mit einem Luftkuß bedenkend; (c) Handküssen bei der Übernahme eines Geschenkes.

Ausdruck (Abb. 21). Die kulturelle Leistung bei der Entwicklung verschiedener Ausdrucksbewegungen der Verneinung besteht demnach weniger darin, daß grundsätzlich neue Bewegungsmuster im Dienste der averbalen Kommunikation erfunden wurden, als vielmehr darin, daß durch Übereinkunft aus dem vorhandenen Repertoire der Verneinungsbewegungen eine bestimmte zum sachlichen Nein generalisiert wurde.

Eine interessante Parallele dazu gibt es in den Bejahungsbewegungen. In einer Streuverteilung finden wir das Nicken als die am weitesten verbreitete Begleitbewegung der Bejahung. In einigen Kulturen (Samoaner, Ayoréo-Indianer) hat man jedoch, wie erwähnt, das schnelle Brauenheben zur Begleitbewegung auch der sachlichen Bejahung erhoben, das, wie erinnerlich, ursprünglich eine im sozialen Kontext gebrauchte Bejahungsbewegung ist. Auf eine sehr interessante Bejahungsform wieder anderen Ursprungs wies mich Harald Sioli (briefliche Mitteilung) hin. Ihm fiel auf, daß die Mundurucú-Indianer am Rio Cururú Bejahung nicht nur durch

a

b

c

Abb. 17. Ritualisierte Ausweichbewegungen beim Flirten: Reaktion eines Samburu-Mädchens auf Blickkontakt. (Aus einem 16-mm-Film des Verfassers.)

a

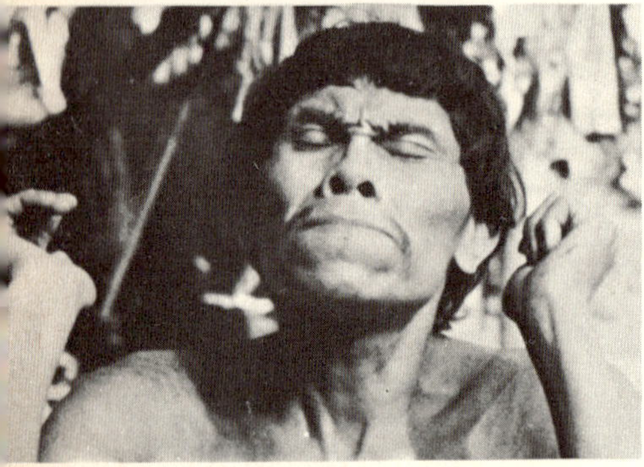

b

Abb. 18. Ablehnung eines Blickkontaktes durch einen Waika. Wir waren als Besucher willkommen, und mein Versuch, durch ein freundliches Lächeln Kontakt aufzunehmen, wurde mit Augenschluß und Zurückwerfen des Kopfes beantwortet. In unserer Hochmutgebärde sind Elemente dieser Abkehr enthalten. (Aus einem 16-mm-Film des Verfassers.)

a

Abb. 19. Grieche verneinend: Abweisendes Heben der Hand, Blickabkehr, Rückwärtsbewegung des Kopfes und schließlich Augenschluß. (Aus einem 16-mm-Film des Verfassers.)

b

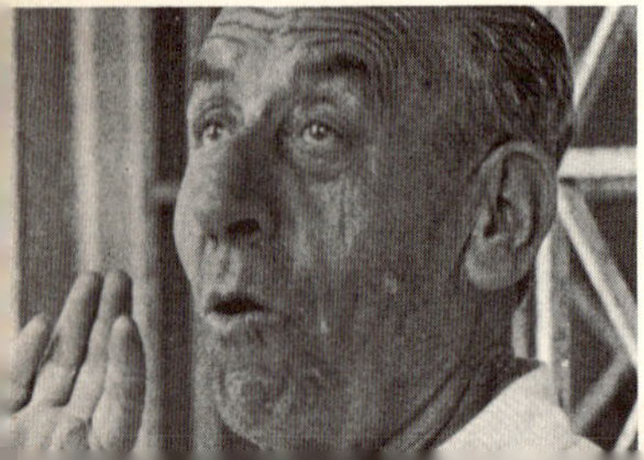

c

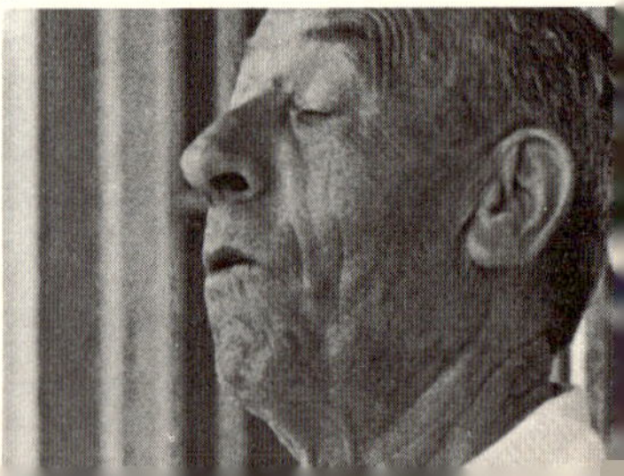

a

b

Abb. 20. Ayoréo-Frau verneinend: Augenschluß und Schnute. (Aus einem 16-mm-Film des Verfassers.)

das recht weit verbreitete »m – m« ausdrückten, sondern auch durch ein vernehmliches zweimaliges Einatmen durch den offenen Mund. Nun wird betontes Einatmen (ritualisiertes Riechen) oft als Ausdruck der Sympathiebezeugung gebraucht – als Antithese wird bei Antipathie oft ausgeatmet. Ich nehme an, daß sich das Einatmen als Begleitbewegung der Bejahung von einer solchen Sympathiebezeugung ableitet.

Wir erwähnten die Möglichkeit, daß ähnliche Bewegungen unter ähnlichen Bedingungen auch in verschiedenen Kulturen unabhängig voneinander gelernt werden könnten. So verstecken Kinder bei Verlegenheit ihr Gesicht hinter der Hand, und ich konnte bei sehr vielen Völkern beobachten, daß Erwachsene sich in gleicher Weise verhalten. Man kann sich durchaus vorstellen, daß die Ritualisierung im Laufe der Jugendentwicklung selbst angelernt wird. Gibt man die Hände vor das Gesicht, dann sieht man nichts mehr und ist gewissermaßen versteckt. Tatsächlich spielen kleine Kinder Verstecken, in-

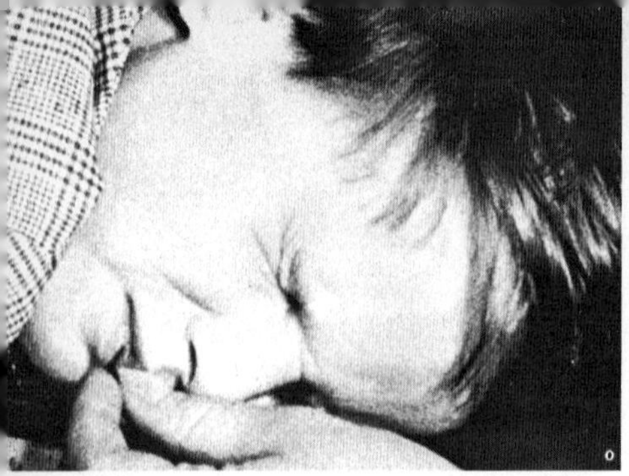

Abb. 21. Ablehnende taubblind Geborene: Man beachte den krampfhaften Augenschluß und vergleiche dazu Abb. 18 b und 20 b.

dem sie sich nur durch das Augenzuhalten verbergen. Der durchaus plausiblen Deutung steht jedoch entgegen, daß Blindgeborene bei großer Verlegenheit ebenfalls ihr Gesicht verbergen (Abb. 22, 23, 24, 25).

Zu vielen der menschlichen Ausdrucksbewegungen fand man homologe Verhaltensweisen bei nicht-menschlichen Primaten (Abb. 26, 27, 28). In der Tabelle auf den Seiten 44 und 45, die wir einer Arbeit von Jolly (1972) entnehmen, sind verwandte Ausdrucksbewegungen verschiedener Primaten übersichtlich zusammengestellt.

2. *Das angeborene Erkennen*

Tiere sind nicht allein mit bestimmten Bewegungsweisen ausgerüstet, sie sind auch in der Lage, auf bestimmte Reize oder Reizkombinationen zu reagieren, selbst wenn sie diese zum erstenmal in ihrem Leben wahrnehmen.

Ein Frosch, der frischverwandelt ans Ufer steigt, muß nicht erst lernen, mit Zungenschlag Insekten zu erbeuten. Obgleich er bis dahin als Kaulquappe von Algen lebte, die er mit Hornkiefern von der Unterlage schabte, versteht er es, nunmehr durch sicheren Zungenschlag kleine Beutetiere aufzunehmen. Attrappenversuche ergaben, daß er nach allem schnappt, was sich bewegt, auch nach kleinen Blättchen oder Steinchen. Er lernt aber schnell, Ungenießbares zu vermeiden, und so führt ihn die unselektive Reaktion auf bewegtes Gut, denn meistens bewegen sich Beutetiere im Gesichtsfeld des Frosches. Die Fähigkeit, angeborenermaßen auf einfache Schlüsselreize – hier bewegte Objekte – zu reagieren, setzt einen Apparat voraus, der wie ein Reizfilter auf bestimmte Umweltreize anspricht und erst bei ihrem Eintreffen bestimmte Verhaltensweisen freigibt.

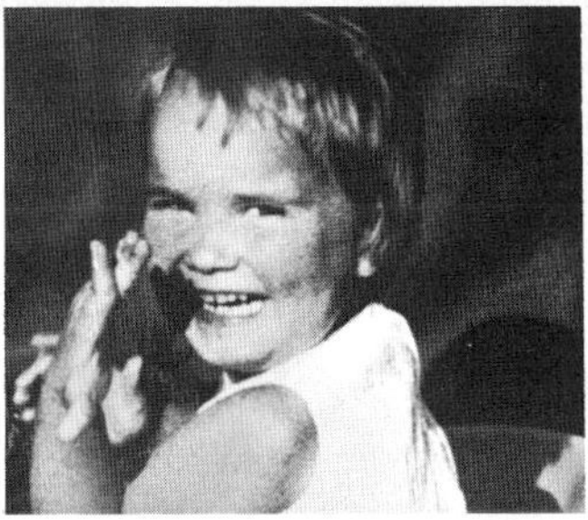

a

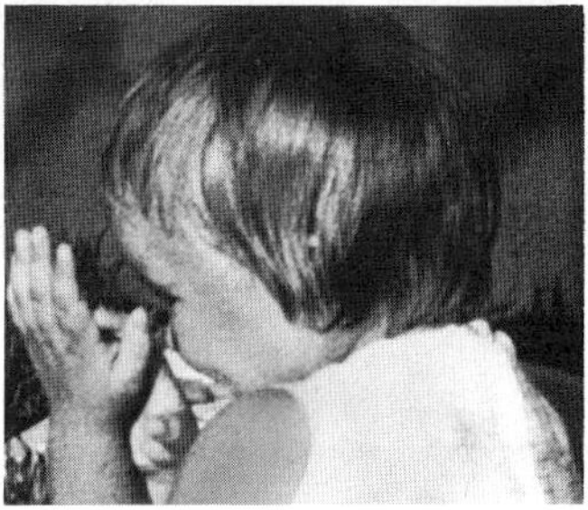

b

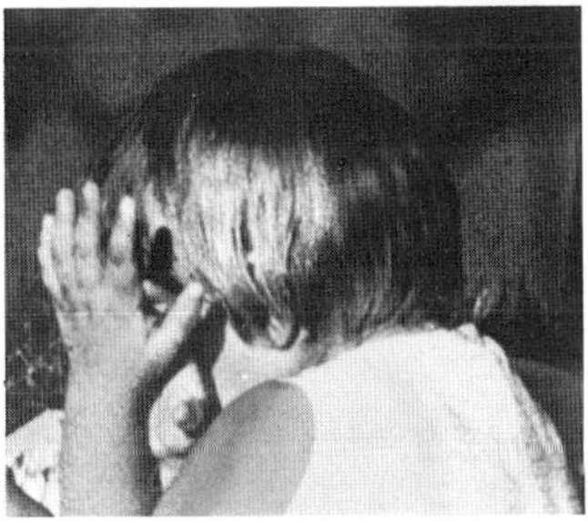

c

d

Abb. 22 (a–c). Dreijähriges Mädchen, verlegen sein Gesicht verbergend. Die Kleine hatte ihre Hände gewaschen, ich fragte: »Sind sie sauber? Zeig sie mir!«, worauf sie kokett »Nein« sagte; dann aber zeigte sie ihre Hände und verbarg anschließend ihr Gesicht. Man beachte auch das Hochziehen der Schulter als Versteckhaltung. (Aus einem 16-mm-Film des Verfassers.)
(d–f) Sechsjähriges Mädchen (Deutschamerikanerin), verlegen sein Gesicht verbergend. (Aus einem 16-mm-Film des Verfassers.)

e

f

Verwandte Ausdrucksbewegungen verschiedener Primaten

Name	*Gesicht*	*Situation*	*Galago*	*Lemur*
Entspanntes Gesicht			Ja	Ja
Aufmerksamkeitsgesicht	Augen weit, Lippen können offen sein	Neuartigkeit, usw.	Ja	Ja
Gespanntes Gesicht	Augen weit, Mund eng, schlitzartig	Zuversichtliches Drohen oder Angreifen	Nein	Nein
Starren mit offenem Mund	Augen weit, Mund offen, Lippen über die Zähne gezogen	Gehemmtes Drohen oder Hetzen eines Raubtieres	Ja, intendierter Biß	Ja
Starren und Zähnezeigen	Augen weit, Mund an den Ecken zurückgezogen, Zähne und Gaumen sind sichtbar	Schrecken, Flucht, Wutanfälle	Ja	Ja
Brauenrunzeln und Zähnezeigen	Augen eng, Brauen herabgezogen, Mund an den Ecken zurückgezogen Zähne sind sichtbar	Völliges Unterwerfen, Jungtier in Not	Nein	Nein
Stummes Zähnezeigen	Augen starrend oder ausweichend, Brauen entspannt oder hoch, Mund an den Ecken zurückgezogen, Zähne sichtbar	Soziale Furcht, oder Unterwerfen, oder freundliche Annäherung, oder schlechter Geruch	Ja, bei Schutzreaktionen, nicht sozial	Ja
Geckergesicht mit Zähnezeigen	Dasselbe mit schnellen Lautäußerungen	Unterwürfiger Flucht-Annäherungskonflikt, Unbehagen eines Jungtiers	Ja, bei Abwehrdrohlauten, oder Schnalzlauten des Jungtiers	Ja
Lippenschmatzen	Saugende Gebißbewegungen und Zungenausstrecken, Augen weit	Grüßen, sexuale Hautpflege	Nein	Selten
Lippenspitzen	Augen weit, Mund an den Ecken nach vorn geschoben, »O-Mund«	Bei Stimmfühlungslauten und besonders am Jungtier beim Betteln	Nein	Ja

Verwandte Ausdrucksbewegungen verschiedener Primaten

Kapuziner	*Klammeraffe*	*Pavian*	*Meerkatze*	*Schimpanse*	*Mensch*	*Bezeichnung beim Menschen*
Ja	Ja	Ja	Ja	Ja	Ja	
Ja	Ja	Ja	Ja	Ja	Ja	
Ja, Brauen herab-gezogen	?	Ja, Brauen herab-gezogen	Ja, Brauen normal	Ja, Brauen gerunzelt	Ja, Brauen gerunzelt	Stummer, durchbohrender Blick
Ja, Brauen herab-gezogen	Ja	Brauen hoch	Brauen normal	Brauen gerunzelt	Brauen gerunzelt	Zorniges Rufen oder Schimpfen
Ja	Ja	Brauen hoch	Brauen normal	Brauen hoch	Brauen hoch	Schreien
?	?	Ja	Selten	Ja	Ja, Augen eng	Intensives Weinen
Ja	Ja, aber auch beim Angreifen	Ja	Ja	Ja, oft beim Grüßen	Ja, Augen eng	Höfliches Lächeln
Ja, bei Abwehrdrohlauten und am Jungtier beim Quietschen	?	Ja	Ja	Ja	Ja	Bettelndes Schreien, nervöses Lachen
Ja	Nein	Ja, Brauen hoch	Selten	Selten	Nein	
?	Ja, Brauen hoch	Ja	Nur beim Jungtier?	Ja	Hauptsächlich beim Säugling	Schmollen, Betteln

Verwandte Ausdrucksbewegungen verschiedener Primaten

Name	*Gesicht*	*Situation*	*Galago*	*Lemur*
Hootgesicht	Mund an den Ecken weit nach vorn geschoben, »Trompetenmund«	Bei Lautäußerungen über größere Entfernungen	Nein	Ja
Entspanntes Mund-offen-Gesicht	Augen normal oder eng, Mund weit mit Ecken hoch, Brauen normal	Spiel, bes. Spielbalgerei	Nein	Nein

Man nennt diesen Mechanismus den angeborenen Auslösemechanismus. Man könnte auch von angeborenen Detektoren sprechen.

Über solche angeborenen Auslösemechanismen werden viele der sozialen Reaktionen der Tiere, wie Balz, Kampf, Folgereaktionen, Unterwerfung usw. ausgelöst. Im Falle eines partnerschaftlichen Verhaltens hat der Partner meist besondere, ihm ebenfalls angeborene Signale (Farbflecken, Federzeichnungen, Ausdrucksbewegungen, Düfte, Lautäußerungen u. dergl.) entwickelt, auf die die angeborenen Auslösemechanismen der Empfänger abgestimmt sind. Man nennt solche im Dienste der Signalgebung entwickelte Merkmale »Auslöser«. Die meisten Korallenfische sehen als Jungtiere ihre Eltern nie. Sie wachsen ja im Plankton der See heran. Erst nach Beendigung ihres Larvenstadiums besiedeln sie das Riff, und bei Eintritt der Geschlechtsreife müssen sie »wissen«, woran sie einen Rivalen oder Geschlechtspartner erkennen. Diese Kenntnis kann ihnen nur angeboren sein.

Experimentell hat man das für eine Reihe von Tieren nachgewiesen. Stichlingsmännchen besetzen zur Fortpflanzungszeit ein Revier. Sie bekommen zur gleichen Zeit einen roten Bauch und vertreiben Rivalen. Weibchen, die ein silbrig aufgetriebener Bauch kennzeichnet, werden dagegen umworben. Hält man nun einem Stichlingsmännchen eine Nachahmung eines Stichlings als naturgetreue Attrappe vor, die jedoch keinen roten oder silbrig aufgetriebenen Bauch aufweist, dann kümmert sich das Männchen nicht weiter um dieses Objekt. Eine einfache Wachswurst, die unterseits rot ist, greift es jedoch sogleich an; Wachswürste mit silbrig aufgetriebener Unterseite umwirbt es. Auch Stichlinge, die man isoliert aufzog, verhalten sich so (TINBERGEN 1951, CULLEN 1960).

Gelegentlich sind die auslösenden Reize gestaltet. So sendet das

Verwandte Ausdrucksbewegungen verschiedener Primaten

Kapuziner	*Klammeraffe*	*Pavian*	*Meerkatze*	*Schimpanse*	*Mensch*	*Bezeichnung beim Menschen*
? (auffällig beim brüllenden Brüllaffen)	Nein	?	?	Ja	Selten	Brüllen, Heulen
Nein	Ja	Ja	Ja	Ja, beim Hecheln mit Grunzen	Ja, beim Lachen, Augen eng	Lachen, Spielen

Weibchen eines unserer mitteleuropäischen Leuchtkäfer ein Leuchtmuster aus zwei Balken und zwei Punkten. Männchen dieser Art lassen sich beim Anblick dieses Musters fallen und landen so bei ihren Weibchen. Mit einer entsprechenden Schablone, die man vor eine Taschenlampe montiert, kann man Männchen dieser Art sammeln.

Zahlreiche Versuche haben ergeben, daß Verhaltensweisen oft über mehrere Reizschlüssel aktiviert werden können, deren jeder jedoch auch für sich allein geboten wirkt. Bietet man sie zusammen, dann summiert sich ihre Wirksamkeit. Man hat ferner gefunden, daß man künstlich Attrappen herstellen kann, die das natürliche auslösende Objekt an Wirksamkeit weit übertreffen. Bietet man einem Austernfischer ein linear viermal so großes Ei, dann verläßt er sein Gelege und versucht, sich auf diesem Riesenei niederzulassen.

In jüngster Zeit hat man selbst für Affen die Existenz angeborener Auslösemechanismen nachweisen können. SACKETT zog Rhesusaffen isoliert in Käfigen auf, aus denen sie weder heraussehen noch ihr Spiegelbild betrachten konnten. Ihre visuellen Erfahrungen sammelten sie beim Anblicken von Diapositiven, die man gegen ihre Käfigwand projizierte. Es handelte sich um Bilder von Äffchen, Landschaften, geometrischen Figuren und dergleichen mehr. Die Äffchen konnten sich jedes Bild, nachdem es ihnen projiziert worden war, durch Drücken eines Hebels selbst projizieren. Es leuchtete dann für 15 Sekunden auf, und während einer 5-Minuten-Periode konnten die Äffchen die Selbstprojektion wiederholen. Die Frequenz der Selbstdarbietung war Ausdruck für die Beliebtheit eines Bildes.

Es ergab sich, daß die Äffchen gerne die Bilder anderer Äffchen anschauten. Die Selbstdarbietungsfrequenz für solche Bilder ging schnell hoch, und die Äffchen äußerten bei ihrem Anblick Kontakt-

a

b

c

d

e

f

g

Abb. 23. Verlegenes Untergesichtverbergen eines !Ko-Buschmannmädchens. Reaktion auf das Kompliment »Du bist schön«. Man beachte auch die Augensprache: Lidsenken und Blickabkehr als Mittel vorübergehenden Kontaktabbruches und anschließendes Wiederaufnehmen des Blickkontaktes. (Aus einem 16-mm-Film des Verfassers. 1., 9., 13., 25., 30. und 38. Bild einer mit 50 Bildern/Sekunde aufgenommenen Sequenz.)

laute, näherten sich den Bildern und versuchten, auch mit ihnen zu spielen. Bilder, die keine Äffchen zeigten, erregten dagegen nur kurzes Interesse, und die Zahl der Selbstdarbietungen blieb gering.

Unter den Affenbildern war nun eines, das einen drohenden Rhesusaffen zeigte. Auch dieses Bild erfreute sich zunächst der Beliebtheit. Im Alter von zweieinhalb Monaten änderten die Äffchen jedoch ihr Verhalten. Auf einmal löste das Bild Zurückweichen, Sichselbstumklammern und Angstlaute aus. Die Rate der Selbstdarbietung sank rapide ab. Da die Tiere bis dahin keinerlei Sozialerfahrungen gesammelt hatten, kann man diesen Wechsel nur durch die Annahme erklären, daß ein angeborener Auslösemecha-

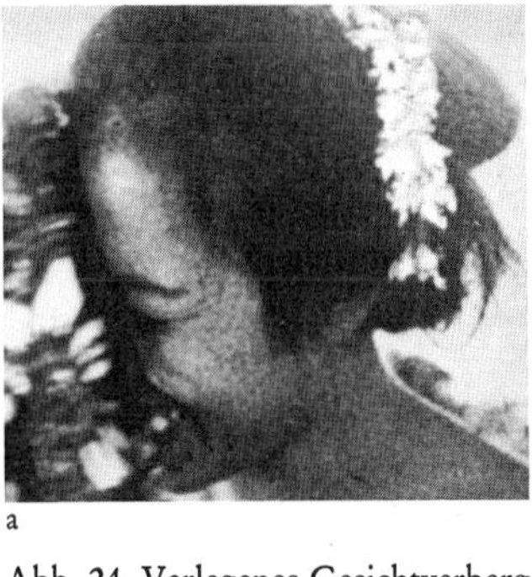

a

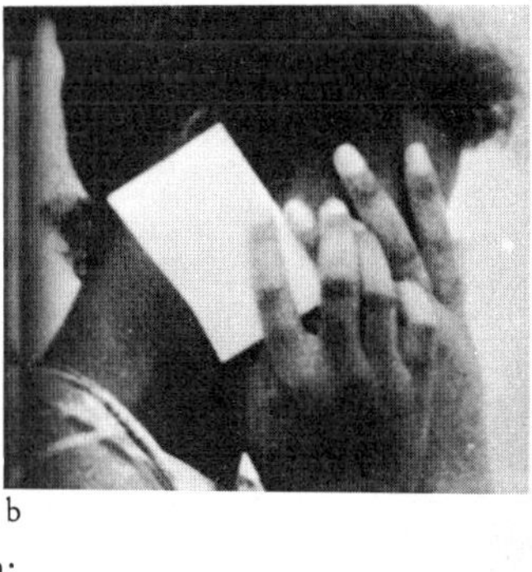

b

Abb. 24. Verlegenes Gesichtverbergen:
(a) Balinesin, Reaktion auf das Kompliment »Du gefällst mir«.
(b) Samoanerin (sie hatte eine Fotografie eines jungen Mannes angeschaut); Reaktion auf die Bemerkung: »Er gefällt dir wohl besonders.«

c d e f

Abb. 24. Verlegenes Gesichtverbergen:
(c) Papua-Mädchen vom Stamm der Woitapmin; Reaktion auf Zulächeln eines Europäers.
(d) !Ko-Buschmannmädchen, sie hatte mich verspottet, glaubte sich dabei unbemerkt, ich schaute sie daraufhin lächelnd an.
(e) Waika-Indianer; er hatte mit einem Mädchen geflirtet, seine Stammesgenossen hänselten ihn daraufhin.
(f) Turkana; Reaktion auf ein Kompliment.
(Aus einem 16-mm-Film des Verfassers.)

nismus für das Mimikerkennen in seiner Funktion heranreifte. Daß dies gerade zu diesem Zeitpunkt erfolgt, ist sinnvoll, denn mit zweieinhalb Monaten beginnen die Jungtiere normalerweise mit anderen Gruppenmitgliedern Kontakt aufzunehmen, und da ist es wichtig, daß sie einen drohenden Ausdruck auch gleich verstehen.

Signale (»Auslöser«) gibt es nicht nur im optischen Bereich. Auch die verschiedenartigen Froschrufe, das Zirpen der Grillen oder die Gesänge der Vögel sind Arterkennungsmerkmale – Hühner merken nur am Notruf ihrer Jungen, wenn eines in Bedrängnis ist. Stülpt

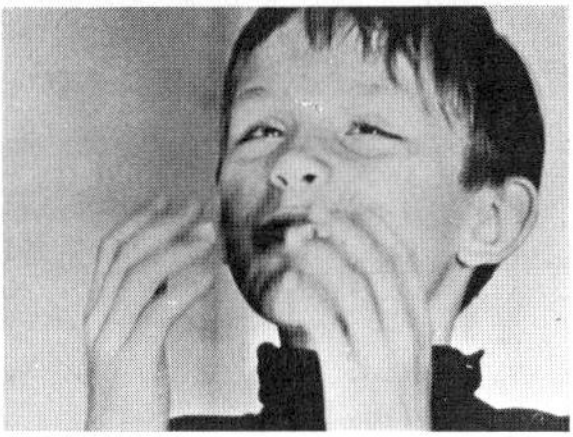

a

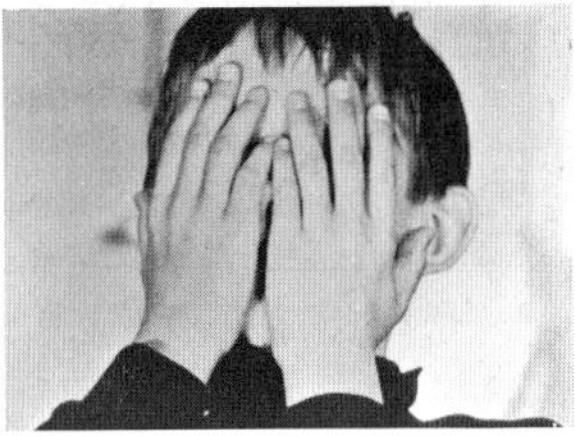

b

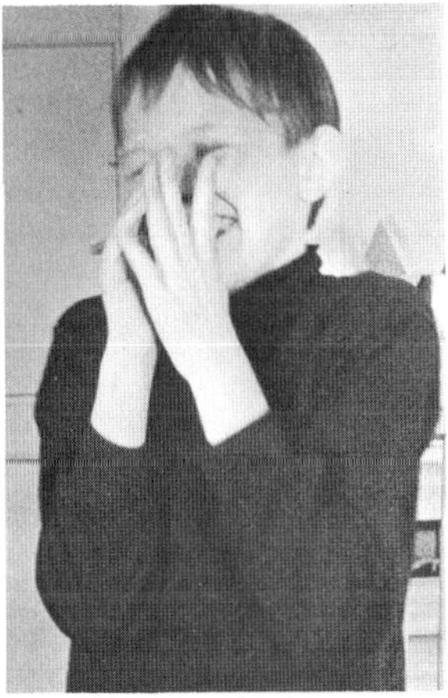

c

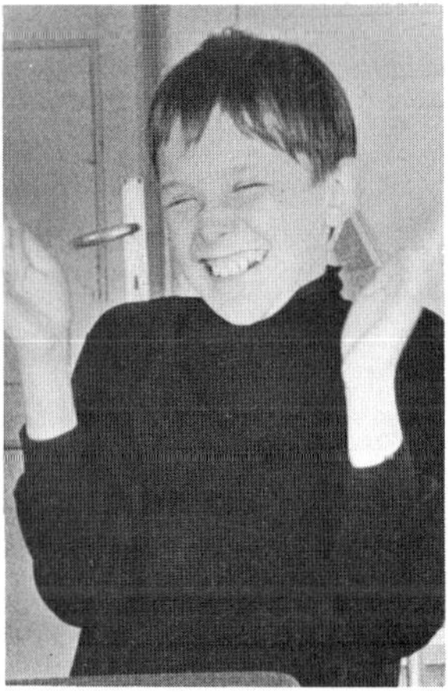

d

e

Abb. 25 (a–b). Reaktion eines blindgeborenen, etwa elfjährigen Knaben auf die Frage: »Hast du eine Freundin?« Er verdeckte sein Gesicht und sagte: »Nicht filmen!«
(c–d). Die Reaktion des Knaben, als er freudige Überraschung vorspielte und dabei recht verlegen war. (Aus einem 16-mm-Film des Verfassers.)

man einen Glassturz über ein Küken, so daß die Mutter es nicht hört, wohl aber deutlich sieht, dann kann das Kleine zappeln, wie es will, die Mutter wird sich mit der übrigen Kükenschar unbekümmert entfernen. Setzt man ein Küken dagegen hinter einen Bretterzaun, dann hört die Mutter die Notrufe des Jungen. Sie eilt herbei und bleibt lockend vor der Wand, obgleich sie das Küken nicht sehen kann.

Eine Pute betreut alles, was wie ein Küken ruft. Montiert man in einem Iltisbalg ein Mikrophon, über das man Kükenrufe ausstrahlt, dann wird sogar dieser einem Küken sonst recht unähnliche Gegenstand betreut. Eine taube Pute dagegen bringt selbst die eigenen Küken um, weil sie deren Rufe nicht hört, und diese allein sind die Signale, die Betreuung auslösen.

Im Leben sehr vieler Tiere spielen chemische Signale eine besondere Rolle. Verletzt man eine Elritze, dann sondert sie einen Stoff ab, der die anderen Schwarmmitglieder warnt.

Solche Schreckstoffe kennt man von vielen anderen Schwarmfischen, aber auch von den in Schwärmen ziehenden Kaulquappen der Erdkröten. Viele Schmetterlingsweibchen locken durch besondere Duftstoffe. Die Männchen des Seidenspinners sind so fein auf den Empfang dieser Stoffe abgestimmt, daß sie kilometerweit zu einem Weibchen finden. Viele Säugetiere verständigen sich durch die Sprache der Düfte, wie jeder Hundehalter weiß. Eine besondere Rolle spielen dabei Duftmarken, die von einem Tier in seinem Wohngebiet gewissermaßen als chemische Hausschilder abgesetzt werden.

Die Frage, ob auch wir Menschen bestimmte Umweltdaten aufgrund uns angeborener Detektoren vor diesbezüglicher Erfahrung verarbeiten, können wir heute bereits bejahen. So wiesen STEINER und HORNER (1972) nach, daß die Gesichtsausdrücke auf süßen, sauren und bitteren Geschmack bereits bei Neugeborenen verläßlich ausgelöst werden können. Selbst zwei ohne Großhirn geborene (anencephale) Säuglinge zeigten die typischen Reaktionen. Die Fähigkeit, auf bestimmte Geschmackseindrücke mit bestimmten Verhaltensweisen zu antworten, hängt demnach nicht von Lernprozessen ab.

Im Jahre 1971 erschien in der amerikanischen Zeitschrift ›Science‹ ein Aufsatz der Forscher BALL und TRONICK, die mit zwei bis elf Wochen alten Säuglingen experimentierten. Bereits in diesem frühen Alter reagierten die auf Stühlchen festgeschnallten Kinder auf symmetrisch sich ausdehnende Schatten so, als würde ein Objekt auf Kollisionskurs herannahen. Sie machten Abwehr- und Ausweichbewegungen und zeigten sich erregt. Dehnten sich die Schatten dagegen asymmetrisch aus, als würde sich ein Objekt vorbeibewegen, dann beobachtete man keine solchen Reaktionen. T. G. BOWER (1971 b) äußert sich zu diesen Versuchen folgendermaßen:

»Vom traditionellen Standpunkt ist die Frühreife dieser Reaktion recht überraschend. Es scheint mir in der Tat, daß diese Entdeckun-

Abb. 26. Zwischenartliches Spiel. Der Schimpanse in der aktiven Rolle zeigt das entspannte Mundoffen-Gesicht *(relaxed open mouth display)*, begleitet von ah-ah-Lauten. Der eher passive Junge lacht. Aus EIBL-EIBESFELDT (1972 a), nach J. A. VAN HOOFF (1971).

Abb. 27. Homologa zum menschlichen Lächeln und Lachen beim Schimpansen: (a) Mundoffen-Gesicht (Lächeln); (b) entspanntes Mundoffen-Gesicht (Lachen). Aus EIBL-EIBESFELDT (1972 a), nach J. A. VAN HOOFF (1971).

gen für die traditionellen Theorien über die menschliche Entwicklung verhängnisvoll sind. In unserer Kultur ist es ganz unwahrscheinlich, daß ein weniger als zwei Wochen altes Kind von einem sich nähernden Objekt im Gesicht getroffen wird, so daß keines der Kinder dieser Untersuchung die Angst vor einem sich nähernden Objekt gelernt haben kann und als Folge vom Objekt taktile Eigenschaften erwartet. Wir können annehmen, daß es beim Menschen eine ursprüngliche Einheit der Sinne gibt, wobei visuelle Variable taktile Konsequenzen spezifizieren, und daß diese ursprüngliche Einheit in der Struktur des menschlichen Nervensystems verankert ist.«

(»The precocity of this expectation is quite surprising from the traditional point of view. Indeed, it seems to me, that these findings are fatal to traditional theories of human development. In our culture it is unlikely that an infant less than two weeks old has been hit in the face by an approaching object, so that none of the infants in the study could have learned to fear an approaching object and expect it to have tactile qualities. We can only conclude that in man there is a primitive unity of sense, with visual variables specifying tactile consequences, and that this primitive unity is built into the structure of the human nervous system.«)

Die Fähigkeit, Gesichts- und Tasteindrücke vor aller Erfahrung zu verbinden, geht auch aus weiteren Versuchen BOWERS hervor. Bereits im Alter von zwei Wochen versuchen Säuglinge, allerdings schlecht orientiert, nach gesehenen Objekten zu greifen. Baut man nun mit einer besonderen Projektionstechnik die Illusion eines Objekts vor einem Säugling auf, dann ist der Säugling deutlich verstört, wenn er bei seinem Greifversuchen ins Leere faßt. Seine Pulsschlagfrequenz steigt an, und oft weint er. Bekommt er dagegen einen gesehenen Gegenstand auch zu fassen, dann bleibt er ruhig. Die Welt entspricht dann seinen Erwartungen und ist damit in Ordnung.

Legt man Säuglinge auf eine Glasplatte, die einen Abgrund über-

Abb. 28. Die stammesgeschichtliche Entwicklung von Lächeln und Lachen nach J. A. VAN HOOFF (1971). Links die Entwicklungslinie, die zum stummen Zähnezeigen *(silent bared-teeth display)* und zum Zähnezeigen mit Kreischen *(bared-teeth scream)* führt. Das stumme Zähnezeigen ist anfangs eine unterwürfige, später eine freundliche Reaktion. hbt = *horizontal silent bared-teeth display;* vbt = *vertical silent bared-teeth display;* obt = *open mouth silent bared-teeth display.* Rechte Seite: die Entwicklungslinie, die vom entspannten Mundoffen-Gesicht *(play face, relaxed open mouth face)* als Spielsignal zum Lachen führt. Aus EIBL-EIBESFELDT (1972 a), nach J. A. VAN HOOFF (1971).

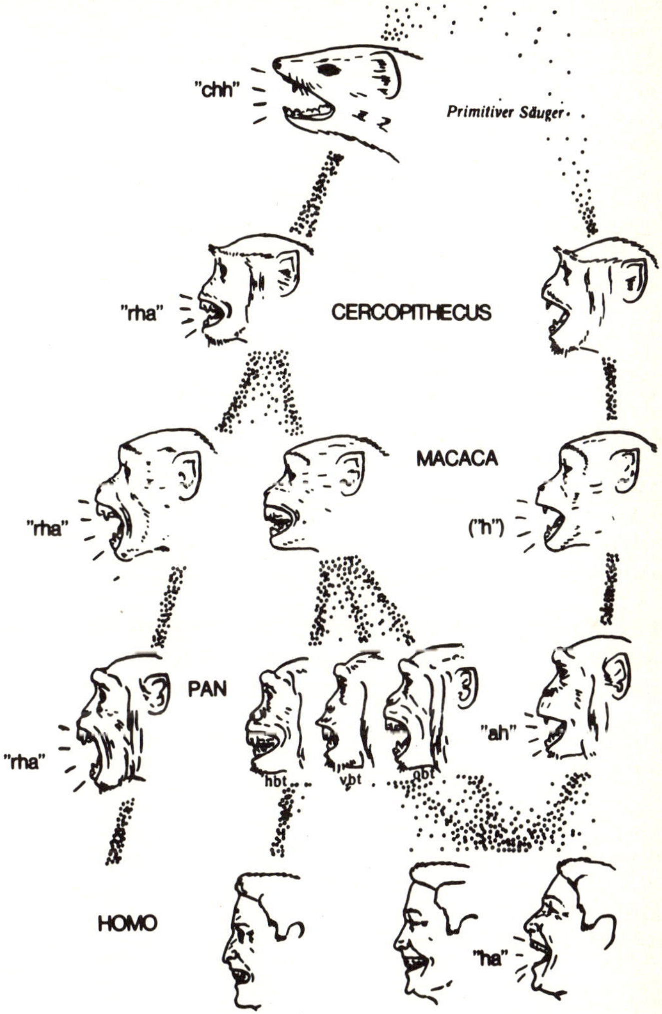
"chh"
Primitiver Säuger
"rha"
CERCOPITHECUS
MACACA
"rha"
("h")
PAN
"rha"
"ah"
hbt
vbt
gbt
HOMO
"ha"

brückt, dann erstarren die Kinder. Sie zeigen eine angeborene Absturzscheu. Diesbezügliche Erfahrungen hatten die am Versuch beteiligten Kinder nachweislich nicht gesammelt.

Verschiedene Erscheinungen der Konstanz-Wahrnehmung sind dem Menschen ebenfalls angeboren. Man dressierte Säuglinge darauf, beim Erscheinen eines in 1 m Entfernung gebotenen Würfels von 30 cm Kantenlänge durch Kopfbewegung einen Schalter in ihren Kopfstützen zu betätigen. Nachdem sie das gelernt hatten, bot man ihnen in 3 m Entfernung einen Würfel von 90 cm Kantenlänge und abwechselnd den Dressurwürfel. Auf den großen Würfel reagierten die Kinder bemerkenswerterweise nur selten, obgleich dieser in 3 m Entfernung ein gleich großes Netzhautbild entwirft wie der Dressurwürfel in 1 m Entfernung.

Rollt ein Objekt hinter einen Gegenstand, der es vor Sicht verdeckt, dann wissen wir dennoch, daß der Gegenstand noch da ist. Nach der klassischen Theorie lernen wir dies, indem wir als Kinder die entsprechenden Erfahrungen sammelten, als wir nach verschwundenen Gegenständen suchten. BOWER verdeckte vor Säuglingen Gegenstände mit einem Schirm. Nach kurzer Zeit nahm er den Schirm wieder weg. War das Objekt danach wieder sichtbar, dann zeigten die Kinder keinerlei Beunruhigung. Hatte er den Gegenstand jedoch heimlich entfernt, dann zeigten sich bereits 20 Tage alte Kinder deutlich beunruhigt. Sie erwarteten offensichtlich das Objekt wieder zu sehen. »Das frühe Alter der Kinder und die Neuartigkeit der Testsituation machen es unwahrscheinlich, daß diese Reaktion gelernt wurde« (BOWER 1971, S. 35).

Der Nachweis uns angeborener datenverarbeitender Mechanismen ist damit erbracht und die von Konrad LORENZ bereits vor vielen Jahren vertretene Ansicht, daß vielen unserer Denk- und Anschauungsformen angeborene Auslösungsmechanismen zugrunde liegen, bestätigt. Das Wirken erfahrungsunabhängiger Verrechnungsapparate kann man schließlich auch aus der Unbelehrbarkeit deduzieren, mit der wir regelmäßig gewissen optischen Täuschungen unterliegen. So nehmen wir immer wieder wahr, daß der Mond sich gegen die Wolken bewegt, obgleich wir durchaus wissen, daß dies keineswegs so ist.

Es ist für uns wichtig, daß wir ein Objekt, das sich bewegt, sogleich ansprechen können. Unser Wahrnehmungsapparat ist dementsprechend auf die Wahrnehmung von bewegten Objekten geeicht. Er verwertet dabei die wahrscheinlich im Laufe der Stammesgeschichte gesammelte »Erfahrung«, daß sich die Kulisse normalerweise nicht bewegt, sondern Objekte, das heißt nur ein kleiner prozentueller Anteil des Gesichtsfeldes, in ihr. Der Apparat, der die Umweltdaten verarbeitet, ist so gebaut, daß er bei einer wahrgenommenen Bewegung den größeren Teil des Gesichtsfeldes als ruhend interpretiert. Wenn wir an einem leicht bewölkten Tag den Mond betrachten, dann führt dies ebenso zu Fehlleistungen, wie dann, wenn wir von einer Brücke auf einen Fluß sehen und mit der Brücke gegen den Fluß zu schwimmen meinen. Die Tatsache, daß wir der Täuschung immer wieder unterliegen, zeigt, daß die zugrunde liegende Datenverarbeitung gegen Lernen abgesichert ist. Es ist offenbar vorteilhaft, den Apparat störungsfrei im Sinne einer nicht reflektierenden und damit schnellen Umweltinterpretation zu halten. Man könnte gegen diese Annahme vorbringen, daß wir ja täglich wahrnehmen, daß die Umwelt ruht, daß den geschilderten Situationen also Erfahrungen der Verrechnung und auch der Fehlinterpretation zugrunde liegen. Wir sammeln jedoch auch die Erfahrung, daß die Brücke nicht gegen den Strom schwimmt, und erleben dennoch regelmäßig die Täuschung. Das spricht nach meinem Dafürhalten für die Annahme, daß der Verrechnung ein stammesgeschichtlich geeichter Apparat zugrunde liegt. Das Beispiel ist übrigens gut dazu geeignet, die Tatsache zu illustrieren, daß die Lebewesen ihre Umwelt nicht nur nach artlich verschiedenen Rastern mehr oder weniger detailliert abbilden, sondern daß der Wahrnehmung auch Verrechnungsprozesse zugrunde liegen, die eine artspezifische Interpretation darstellen.

Wieweit nun angeborene Auslösemechanismen und darauf abgestimmte »Auslöser« im Sozialverhalten des Menschen ebenfalls eine größere Rolle spielen, kann heute noch nicht mit Sicherheit gesagt werden, doch ist das höchst wahrscheinlich. LORENZ hat untersucht, auf welche Merkmale des Kleinkindes wir mit Betreuungsreaktionen ansprechen, was wir an ihm als niedlich oder »herzig« empfinden. Es stellte sich dabei heraus, daß wir auf sehr einfache Reizkonfigurationen ansprechen, die im Attrappenversuch übertrieben werden können und die auch einzeln geboten wirksam sind (Abb. 29). Ein wichtiges Merkmal betrifft die Kopf-Rumpf-Proportion. Säuglinge und Kleinkinder haben einen verhältnismäßig großen Kopf und sehr kurze Extremitäten. Die Industrie bietet zahlreiche Püppchen und Tierfigürchen an, die einzig und allein aufgrund dieser Beziehungsmerkmale niedlich wirken. Die Kopfgröße wird dabei bis ins Groteske übertrieben. Auch in den Disney-Cartoons werden niedliche Geschöpfe mit übergroßem rundlichem Kopf und winzigem Rumpf dargestellt. Ein weiteres Merkmal betrifft die Hirnschädel-Gesichtsschädel-Relation. Säuglinge haben ein kleines Gesicht und einen relativ großen Hirnschädel. Die rundliche Stirn erscheint relativ hoch und vorgewölbt. Dieses Merkmal wird ebenfalls bei Puppen und in zeichnerischen Darstellungen übertrieben. Man denke etwa an das rundstirnige, kurzschnäuzige Gesicht des beliebten Bambi-Rehleins. Die Pausbacken sind ein weiteres, Betreuung auslösendes bzw. freundlich stimmendes Signal. Auch dieses Merkmal wird gern im Attrappenversuch der Industrie übertrieben. Die Deutung, daß es sich hier um angeborene Reaktionen auf uns angeborene Merkmale handelt, wird durch die Tatsache gestützt, daß die gleichen Signale in sehr verschiedenen Kulturen wirksam sind.

Die freundlich stimmende Wirkung der Kindchen-Signale nützt man in verschiedenen Kulturen dazu, Mitmenschen friedlich zu stimmen und freundliche Absichten zu demonstrieren. Suchten Australier den Kontakt mit Europäern, dann schoben sie ein Kind vor sich her und legten die Hände auf dessen Schultern. Waika-Krieger, die ein befreundetes Dorf besuchen, bringen Kinder mit. Beim Eintanz der Krieger tanzen sie mit und schwenken grüne Wedel, während die Männer kriegerisch prahlen (siehe S. 229). In den westlichen Nationen begrüßt man gern Staatsgäste über ein Kind.

Lorenz hat des weiteren gezeigt, daß wir auf sehr einfache Attrappen menschlicher Gesichtausdrücke hereinfallen. Ein Kreis mit zwei Punkten als Augen und einer beidseitig nach oben gekrümmten Linie als Mund wird sofort als freundlich verstanden. Drehen wir die gebogene Linie um 180 Grad, so daß die Mundwinkel nun nach unten gezogen sind, nehmen wir sogleich ein trauriges Gesicht wahr. Dieses Ansprechen auf sehr einfache Beziehungsmerkmale führt auch zu ganz unvernünftiger und fast unbelehrbarer Bewertung von Tierphysiognomien. Das Kamel kommt uns immer hochmütig und unsympathisch vor, weil seine Bogengänge so angeordnet sind, daß es in Normalhaltung seine Nase wie ein hochmütiger Mensch hochträgt. Die leicht herabgezogenen Mundwinkel verstärken den herablassenden hochnäsigen Eindruck. Der Adler dagegen trägt durch den Knochenbau seines Schädels immer den Ausdruck mutiger Entschlossenheit zur Schau und ist daher ein beliebtes Wappentier. Auch unser besseres Wissen darum, daß nichts in der Stimmungslage des Tieres diesem Ausdruck entspricht, vermag nicht, daß wir uns diesen falschen Eindrücken ganz entziehen (Abb. 30).

Ekman (1971) prüfte das Ausdrucksverständnis von Menschen verschiedener Kulturen und fand keine signifikanten Unterschiede. Steinzeitliche Papuas interpretierten Filmstreifen mit Gesichtsausdrücken von Japanern zu einem hohen Prozentsatz durchaus richtig. Das Ausdrucksverständnis ist demnach universell.

Abb. 29. Kindchenschema: Puppen und verniedlichte Tierdarstellungen. Man beachte die Kopf-Rumpf-Proportionen, die kurzen Extremitäten, rundlichen Körperformen, Pausbacken und bei den Tierdarstellungen auch übertrieben großen »Kulleraugen« (Aus EIBL-EIBESFELDT 1972a).

Beim Menschen scheinen angeborene Auslösemechanismen gelegentlich die Existenz der darauf abgestimmten Signale zu überdauern. LEYHAUSEN liefert dazu ein bemerkenswertes Beispiel. Ihm fiel auf, daß Männer gern ihre Schultern betonen, sei es durch Epauletten oder Watteeinsätze. Als er der Frage nachging, warum dies wohl so sei, fand er, daß wir Menschen am Rücken einen von unseren nächstverwandten Menschenaffen stark abweichenden Haarstrich aufweisen. An den Schulterblättern und am Oberarm läuft der Haarstrich aufwärts, so daß manche Personen an den Schultern noch richtige kleine Haarbüschel aufweisen. LEYHAUSEN vermutet, daß unsere noch behaarten Vorfahren im Zuge der Aufrichtung Haarbüschel an den Schultern als Imponierorgane entwickelten. Später

Abb. 30. Beim Anblick eines Kamels mißversteht ein auf die Ausdrucksbewegungen des Menschen gemünzter angeborener Auslösemechanismus die relative Höhenlage von Auge und Nase zueinander, die nur beim Menschen verächtliche Abwendung bedeutet. Wir empfinden daher das Kamel als hochmütig. Beim Steinadler fassen wir Knochenleisten über den Augen als Stirnrunzeln auf. Zusammen mit dem scharf nach hinten gezogenen Mundwinkel ergibt dies den Ausdruck »stolzer Entschlossenheit«. (Aus LORENZ 1965.)

wurde aus anderen Gründen das Haarkleid reduziert, nicht aber der darauf abgestimmte, angeborene Auslösemechanismus, der ein Vorurteil in unserem Geschmack bewirkt und damit – übrigens über die Kulturen hinweg – das modische Verhalten des Mannes leitet (Abb. 31, 32).

Unsere geruchliche Wahrnehmung ist in manchen Bereichen ebenfalls durch stammesgeschichtliche Anpassungen vorgezeichnet. LeMagnen wies zum Beispiel nach, daß Frauen auf bestimmte Moschussubstanzen (Exaltoide) empfindlicher reagieren als Männer. Sie nehmen diese Substanzen noch in Verdünnungen wahr, die

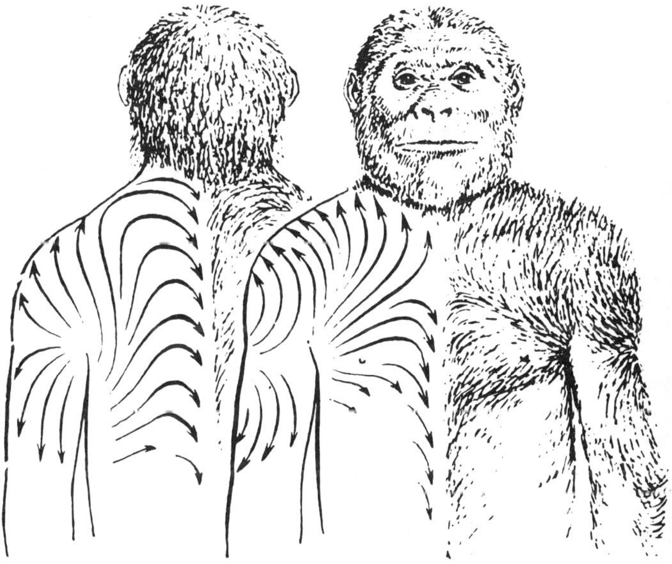

Abb. 31. Der Haarstrich des heutigen Menschen verläuft so, daß wir beim Haaresträuben vor allem den Schulterumriß vergrößern würden, hätten wir noch einen Pelz. Bei unseren Vorfahren war dies höchstwahrscheinlich der Fall, wie das eine Rekonstruktion nach P. Leyhausen hypothetisch darstellt. In der Rekonstruktion wird der Verlauf des Haarstriches des modernen Menschen an Vorderseite und Rückseite auf einen hypothetischen Vorfahren übertragen und dessen vermutliches Aussehen beim Haaresträuben gezeigt. Stark behaarte Menschen haben noch heute Haarbüschel an den Schultern. Auch nach dem Abbau des Haarkleides blieb beim Menschenmann die Neigung erhalten, seine Schultern zu betonen. (Aus Eibl-Eibesfeldt 1972a.)

ein Mann nicht riechen kann. Frauen erreichen diese Fähigkeit allerdings erst beim Eintritt der Geschlechtsreife, und sie erlischt mit der Menopause. Außerdem zeigt die Riechschwelle zyklische Schwankungen: Zum Zeitpunkt des Follikelsprunges ist die Wahrnehmungsfähigkeit der Frau besonders geschärft. Das weist darauf hin,

Abb. 32. In den verschiedensten Kulturen neigt der Menschenmann dazu, seine Schultern modisch zu betonen. Oben: Waika-Indianer; Mitte: Kabuki-Schauspieler (Japan; beide nach Aufnahmen des Verfassers); darunter: Alexander II. von Rußland (nach einem zeitgenössischen Porträt). Zeichnung H. Kacher. (Aus Eibl-Eibesfeldt 1972a.)

daß Hormone eine entscheidende Rolle spielen, und in der Tat kann man die Riechschwelle der Männer für Exaltoide senken, wenn man ihnen das weibliche Hormon Östrogen injiziert.

Schließlich weisen Universalien in der zärtlichen, traurigen oder ärgerlichen Sprachmelodie darauf hin, daß in der Sprechweise Schlüssel vorliegen, auf die wir angeborenermaßen ansprechen. Auf einige bemerkenswerte Universalien in der Musik wies KNEUTGEN (1970) hin.

So liegt nach seinen Untersuchungen z. B. den Wiegenliedern sehr verschiedener Völker eine gemeinsame Struktur zugrunde. Dementsprechend wirkt ein chinesisches Wiegenlied auch auf ein deutsches Kind einschläfernd und beruhigend. Der Bau des Wiegenliedes entspricht der flachen, regelmäßig fließenden Atmungsform des Schlafenden. Wird ein Wiegenlied auf Tonband vorgespielt, dann paßt sich die Atmung des Zuhörenden der Melodie an: Die Atemzüge werden ebenso lange wie eine Periode des Liedes. Die Einatmungsphase fällt mit dem langsamen Ansteigen der Melodie zusammen, die Ausatmungsphase mit dem Absteigen am Ende jeder Periode. Der geringe Tonumfang einer Wiegenliedmelodie entspricht der Oberflächlichkeit der Atmung. Man kann gewissermaßen sagen, der Eingeschläferte atme die Melodie mit.

LORENZ hat schließlich darauf aufmerksam gemacht, daß es auslösende Reizsituationen gibt, die unser ethisches Werturteil zum Ansprechen bringen. Ethische Normen sind gewissermaßen in bestimmten Situationsklischees vorgezeichnet. Die immer wiederkehrenden Klischees von Freundestreue, Mannesmut, Heimatliebe, Gatten- und Elternliebe, kurz die edlen Grundmotive menschlichen Handelns, kehren in der Weltliteratur und im Kitsch in gummistempelhafter Weise wieder, vom Altertum bis in die Neuzeit, von Asien bis nach Europa.

Es weist in der Tat viel darauf hin, daß es artverbindliche Normen ethischen Verhaltens gibt. Der vernunftbegründeten Moral Kants, die der freien Verantwortlichkeit für die Folgen eines Handelns entspringt, wird damit eine biologisch begründete Ethik zur Seite gestellt. Der Mensch überlegt ja in der Tat im allgemeinen nicht, ob er sein Handeln zum allgemeinen Gesetz erheben könnte, er handelt vielmehr spontan und rationalisiert erst sekundär. Dazu schrieb bereits Schiller, den LORENZ in diesem Zusammenhang oft zitiert: »Gerne dien' ich dem Freund, doch leider tu' ich's aus Neigung, darum wurmt es mich oft, daß ich nicht tugendhaft bin.«

Vieles, was wir für Leistungen vernunftmäßig verantwortlicher Moral halten, dürfte auf angeborenen Aktions- und Reaktionsnormen aufgebaut sein. LORENZ weist in diesem Zusammenhang auf die moral-analogen Verhaltensweisen der höheren Wirbeltiere hin und bespricht im besonderen jene Hemm-Mechanismen, die das Töten eines Artgenossen verhindern (siehe S. 82).

Neuerdings hat WICKLER (1971) zu diesem Thema eine höchst bemerkenswerte Untersuchung veröffentlicht. In seiner ›Biologie der Zehn Gebote‹ weist er darauf hin, daß es im Sozialleben der Tiere eine Reihe von »kritischen Stellen« gibt, das heißt, immer wiederkehrende Situationen, in denen Tiere zu Reaktionen neigen, die zu unterdrücken für die Art vorteilhaft wäre. Bei höheren Säugern zum Beispiel übernehmen Jungtiere sehr viel vom Vorbild der älteren Erfahrenen. Da das Reservoir an Erfahrungen mit dem Alter zunimmt, ist es vorteilhaft, wenn Alte nicht wegen ihrer abnehmenden körperlichen Kräfte verdrängt, sondern weiter als Gruppenmitglieder respektiert werden. Bei innerartlichen Kämpfen besteht die Gefahr, daß der Besiegte umgebracht wird. Sicherungen dagegen sind vorteilhaft für die Art (S. 83). Dauerehige Tiere können nur dann erfolgreich höher organisierte Sozietäten ausbilden, wenn es ihnen gelingt, dauerndes Rivalisieren um Geschlechtspartner zu verhindern. In der Tat entwickelten sich bei einigen Säugern (z. B. bei Mantelpavianen) Hemmungen der Männchen, ein verpaartes Weibchen abzuwerben. Auch ständiger Streit um Futter würde das Zusammenleben belasten. Bei einer Reihe von Säugern bestehen deutliche Hemmungen, Gruppenmitgliedern Nahrung zu entreißen. Sie respektieren gewissermaßen Besitz. Hat zum Beispiel ein Schimpanse eine junge Gazelle oder einen Colobus-Affen erbeutet, dann darf er die Beute behalten, auch wenn er innerhalb der Gruppe einen niedrigen Rang innehat. Bei Arten, die lange im Familienverband leben, bestünde Gefahr, daß Verpaarungen innerhalb der Familie stattfinden, da das bestehende freundliche Band eine Annäherung erleichtert. Gerade dies aber würde den Effekt der bisexuellen Fortpflanzung – das Experimentieren mit genetischen Neukombinationen – annullieren. In solchen Fällen wurden verschiedentlich (z. B. bei der Graugans und beim Menschen) Inzesthemmungen entwickelt, die verhindern, daß man sich mit jenen verpaart, mit denen man aufwuchs (S. 69 und BISCHOF 1972a, b).

WICKLER zählt fünf kritische Stellen im Leben der sozialen Tiere auf, in denen durch zusätzliche Sicherungen gewährleistet werden muß, daß für das Gruppenleben schädliche Reaktionen verhindert werden:

1. Traditionsübermittlung und Autorität, die Achtung der Alten.
2. Das Töten von Artgenossen.

3. Die sexuellen Partnerbeziehungen.
4. Besitz und Eigentum.
5. Zuverlässige, »wahre« Verständigung.

WICKLER weist darauf hin, daß diese »wunden Punkte« der Sozietäten auch in der menschlichen Gesellschaft durch Gebote markiert sind. »Das Sozialverhalten der Tiere ist wie durch Gebote geregelt, und die Verhaltensforschung ist unter anderem darum bemüht, herauszufinden, welches die physiologischen und anderen biologischen Gesetzmäßigkeiten dieses moral-analogen Verhaltens sind« (S. 74).

Wie im einzelnen das Soll-Verhalten erreicht wird, das wechselt. Eine Tötungshemmung wird meist über beschwichtigende Signale aktiviert, auf die ein angeborener Auslösemechanismus anspricht. Dem Inzesttabu dagegen scheint eine prägungsartige Lerndisposition zugrunde zu liegen (S. 69).

Die Auslösemechanismen des Menschen sind noch weitgehend unerforscht, und vieles, was wir dazu äußern, trägt notwendigerweise spekulativen Charakter. Allerdings wissen wir aus den eingangs genannten Versuchen um die Existenz uns angeborener Detektoren, und wir können daher mit der Möglichkeit rechnen, daß solche in unserem sozialen Zusammenleben eine größere Rolle spielen. Wir müssen uns daher mit der Frage auseinandersetzen. Sicher gilt, daß wir Menschen durch recht einfache Reize manipuliert werden können, und ebenso sicher ist, daß Demagogen und Werbefachleute dies nicht immer zu unserem Besten tun. Man denke etwa an die Zigarettenwerbung, die in geradezu krimineller Weise das Image des Jugendlichen, Männlichen, Frischen und Vornehmen mit Zigaretten zu verbinden sucht und damit über die oft todbringenden Folgen dieses Rauschgiftes hinwegtäuscht. Da finanzstarke Interessengruppen dahinterstehen, wird es schwer sein, die Bevölkerung zu schützen.

Der Verdacht liegt nahe, daß oft angeborene Dispositionen des Menschen, auf bestimmte Klischees anzusprechen, mißbraucht werden, man denke etwa an den recht simplen und doch so wirksamen Status-Appell z. B. einiger Wagenfirmen (Kadett, Kapitän, Diplomat, Admiral). Je weniger uns das bewußt ist, desto leichter ist es, uns zu gängeln. Forschung und Aufklärung ist aus diesem Grund besonders dringlich.

Tiere sind nicht Reflex-Automaten, die einzig auf Reize hin reagieren. Man kann vielmehr beobachten, daß sie auch aus innerem Antrieb handeln. Die Untersuchung ergab, daß es sich um sehr verschiedene Antriebe handeln kann. Ein Tier kann z. B. hungrig, durstig, geschlechtlich gestimmt oder aggressiv sein und wird dann unruhig zu suchen beginnen. Welcher der physiologischen Zustände (man spricht auch von »Stimmungen«) vorherrscht, erkennt man an der spezifischen Reaktionsbereitschaft des Tieres Außenreizen gegenüber. Das sexuell gestimmte Tier wird sich aus Nahrung oder Beute wenig machen, wohl aber auf Reize des Geschlechtspartners ansprechen, das aggressiv gestimmte Tier dagegen in erster Linie auf Rivalen. Tiere sind im allgemeinen so programmiert, daß es sie dazu drängt, ein Verhalten, das sie längere Zeit nicht ausführten, ablaufen zu lassen. Ein Star, den LORENZ in Gefangenschaft hielt und der immer gut gefüttert war, aber keine Gelegenheit hatte, seine Jagdhandlungen abzureagieren, flog von Zeit zu Zeit ohne ersichtlichen äußeren Anlaß von seiner Sitzstange hoch, schnappte nach Nichtvorhandenem, kehrte dann zur Sitzstange zurück, machte dort Totschlagbewegungen, als hätte er ein Insekt gefangen, schluckte leer und hatte danach für ein Weilchen wieder Ruhe.

Offenbar gibt es physiologische Prozesse, die ein Tier zu bestimmtem Tun antreiben. Kann es ein Verhalten längere Zeit nicht ausüben, kommt es zu einer Art Erregungsstau, der bisweilen dazu führt, daß das Verhalten im Leerlauf losgeht. Solche Antriebe liegen auch einfachen Bewegungsabläufen wie dem Nagen oder Laufen zugrunde. Die Physiologie der Antriebsmechanismen ist in einigen Fällen gut untersucht worden. Man weiß, daß innere Sinnesreize, Hormone und zentralnervöse Instanzen für die Spontaneität des Verhaltens verantwortlich sind. So liegen den Fortbewegungsweisen verschiedener Wirbeltiere spontan aktive motorische Zellgruppen im Zentralnervensystem zugrunde (v. HOLST, 1969).

Man faßt die motivierenden Systeme als Antriebe oder Triebe zusammen und spricht etwa von einem Nagetrieb, einem Beutefangtrieb usw. Verwirrend ist die Tatsache, daß Motivation auf verschiedenen Integrationsniveaus der »Instinkthierarchie« so bezeichnet wird, ebenso wie die Tatsache, daß die Antriebe im einzelnen Fall auf sehr verschiedenen Mechanismen beruhen können. Ja, man muß sogar damit rechnen, daß Antriebe wie etwa *der* Aggressionstrieb in verschiedenen Tiergruppen konvergent entwickelt wurden und auf gänzlich verschiedenen Mechanismen aufbauen. Immerhin ist der

Begriff »Trieb« heute keineswegs mehr ein mystischer Begriff – eine leere Erklärungsformel also –; er bezeichnet beschreibend ein Funktionsprinzip, nämlich die Tatsache, daß ein Verhalten auch auf inneren antreibenden Ursachen beruht.

Daß dem Zentralnervensystem dabei eine große Rolle zukommt, dürfte weniger erstaunlich sein, wissen wir doch, daß Spontaneität ein konstitutives Merkmal aller Neuronen (Nervenzellen) ist (ROEDER 1955). Mithin dürfte es gar nicht so einfach sein, aus Nervenzellen Nicht-Spontanes aufzubauen!

Sicher unterliegt auch der Mensch periodischen Stimmungsschwankungen, die nicht allein in Änderungen seiner Umwelt begründet sind. Wir können hungrig, sexuell gestimmt oder auch aggressiv sein, und je nach der Stimmungslage suchen wir Partnerschaft oder auch Händel. Aggressionsstau und Aggressionsentladung hat man beim Menschen experimentell untersucht (siehe S. 102).

4. Lerndispositionen

In einer sich nur wenig ändernden Umwelt könnten Lebewesen mit den erwähnten stammesgeschichtlichen Anpassungen zurechtkommen. Wechselnde Bedingungen erfordern jedoch eine adaptive Modifikabilität des Verhaltens. Tiere müssen Erfahrungen verwerten, kurz, lernen können, und zwar das im Sinne der Arterhaltung Richtige zur rechten Zeit (LORENZ 1969). Angeborene Lerndispositionen bestimmen als stammesgeschichtliche Anpassungen den Lernvorgang. Tiere erweisen sich als artspezifisch lernbegabt, sowohl was die zu lernende Sache als auch den Zeitpunkt des Lernens und die Fähigkeit des Behaltens betrifft. So gibt es Vögel, die ihren Gesang lernen müssen. Einige erkennen aber angeborenermaßen den nachzuahmenden Gesang. Spielt man ihnen verschiedene Gesänge vor, die man auf Tonband aufnahm, wählen sie den Artgesang zum Vorbild. Oft wird nur in einer bestimmten sensiblen Periode gelernt und an dem einmal Gelernten festgehalten. So lernen manche Vögel das Objekt der sexuellen Triebhandlungen lange vor dem Eintritt der Geschlechtsreife. Dohlen und Puter, die man künstlich aufzieht, balzen später Menschen an, auch wenn sie zwischenzeitlich mit Artgenossen zusammenlebten. Diese Präferenz bleibt auch nach Zwangsverpaarung mit ihresgleichen; ihre Prägung auf den Menschen ist sehr therapieresistent.

Beim Menschen gibt es eine ganze Reihe von hochspezifischen Lerndispositionen, man denke etwa an unsere besondere Begabung zum Sprechenlernen. Ein Kind ist oft schon mit 1 $^1/_2$ Jahren in der Lage, ein vorgesagtes Wort nachzusprechen, also das Gehörte in Muskelbewegungen umzusetzen. Das gleiche Kind ist aber nicht imstande, einen Kreis mit der Hand nachzuzeichnen, obgleich dies eine viel einfachere Bewegungskoordination erfordert.

Wir wissen ferner aus den Untersuchungen der Psychologen und Psychoanalytiker, daß es in der menschlichen Entwicklung sensible Perioden gibt, in denen gewisse Grundhaltungen erworben und prägungsähnlich fixiert werden. Im zweiten Lebensjahr erwirbt der Mensch z. B. das Urvertrauen. Es ist ein Eckpfeiler jeder gesunden Persönlichkeit und Voraussetzung für ein geordnetes Zusammenleben. Wir müssen im Alltag unentwegt auch uns völlig Unbekannten vertrauen und tun es auch. Daß es beim Erwerb des Urvertrauens zu Störungen kommen kann, lernte man erst an hospitalisierten Kindern. SPITZ, BOWLBY und ERIKSON fanden, daß Kinder, die in frühkindlichem Alter einen längeren Heimaufenthalt erdulden mußten, oft schwere Störungen davontragen. Das Kind erlebt die Trennung von seiner Mutter zunächst als Schock. Es überwindet jedoch allmählich die Furcht vor den fremden Pflegern und versucht, den Kontakt mit einer Schwester herzustellen. Gelegentlich gelingt dies, obgleich es schwer ist, da die Schwestern kaum Zeit für die Kinder haben. Es sind ja meist zu viele zu versorgen. Aber auch wenn das Kind den Kontakt mit der Bezugsperson herstellte, ist dieser meist nicht von Dauer. Die Schwester mag in Urlaub gehen oder in den Nachtdienst und eine andere an ihre Stelle treten. Wieder erlebt das Kind den Trennungsschock, und wieder mag es sich neu anpassen. Wiederholter Wechsel führt aber dazu, daß die Kinder darüber einen Schaden erleiden. Viele kapseln sich ab und bleiben in der Entwicklung zurück. Sie kränkeln, manche sterben sogar in einem Zustand der Depression, und diejenigen, die aufwachsen, erweisen sich im späteren Leben als kontaktarm. Andere Kinder passen sich an den Wechsel an, indem sie lernen, rasch neue, aber nur seichte Bindungen einzugehen. Sie sind zu jedermann freundlich, alle Personen sind für sie austauschbar, die Beziehungen bedeuten ihnen nicht viel. Diese Kinder weinen auch nicht mehr, wenn ihre Eltern, die zu Besuch kamen, wieder weggehen. Sie sind im späteren Leben einer tieferen Bindung meist unfähig.

Diese Befunde sind deshalb bemerkenswert, weil man neuerdings in den Kommunen versucht, Kinder ohne Elternbindung in der Gruppe heranzuziehen, in dem irrigen Glauben, die individualisierte Bindung sei die Wurzel einer egozentrischen Haltung. Man hofft, so dem Kollektiv ohne Diskriminierung verbundene Menschen heranzuziehen, übersieht aber dabei, daß das Kind sich einer Bezugsperson anschließen will, weil es stammesgeschichtlich so programmiert ist, und daß jede Unterdrückung des Dranges, eine individualisierte Bindung einzugehen, Entbehrungserlebnisse auslöst. Das haben unter anderem die Untersuchungen Bruno BETTELHEIMS an Kibbuzkindern ganz deutlich gezeigt. Die Kinder leiden unter der erzwungenen Trennung von den Eltern, mit denen sie nur zwei Stunden am Tag beisammen sind. Später sind sie zwar ihrem Kollektiv außerordentlich verbunden, aber individuelle Initiative und Urteilskraft sind deutlich gemindert. So scheint es zweckmäßig und auch natürlich, wenn das Kind über die Liebe zur Mutter die Fähigkeit zur Nächstenliebe erwirbt.

In späteren sensiblen Perioden wird die Identifikation mit der Geschlechtsrolle vollzogen. Von besonderem Interesse ist jene Periode um die Pubertät, in der der junge Mensch auf Wertsuche ist. In dieser Periode sucht er sich mit den Werten der Gruppe zu identifizieren. Menschen werden in diesem Alter Deutsche, Franzosen, Russen oder Amerikaner, und haben sie sich einmal mit den betreffenden Gruppenwerten identifiziert, dann bleiben sie im allgemeinen dabei. Das ist eine Voraussetzung für die Kontinuität der Kulturen, die die Buntheit unserer Menschheit ausmachen.

Dieser Prozeß ist daher keineswegs prinzipiell abzulehnen. Die Bereitschaft zur Identifikation ist nur insofern gefährlich, als man Menschen in diesem Alter zur Intoleranz prägen kann, und darum bemühen sich manche politischen und religiösen Verbände. Sicher soll man sich zu Wertsystemen bekennen, aber man sollte gleichzeitig auch bereit sein, die Berechtigung anderer Wertsysteme anzuerkennen. Weiß man, wie therapieresistent Prägungen sind, dann wird man sich ferner fragen, ob es uberhaupt fair ist, junge Menschen vor ihrer Fähigkeit, frei zu entscheiden, auf andere Werte zu prägen als jene, die allgemein von der Menschheit anerkannt werden.

SHEPHER (1971) wies auf eine Art negative Prägung hin. Personen, die im Kibbuz aufwuchsen, wählen nie ein Mitglied des gleichen Kibbuz als Ehepartner, obgleich jeder gesellschaftliche Druck in dieser Richtung fehlt. In den 2769 untersuchten Ehen hatten sich die Personen stets mit einem Partner aus einem anderen Kibbuz vermählt. Die gemeinsame Erziehung in der Gruppe von der Geburt bis zum Schulalter bewirkt, daß die Kinder sich mehr oder weniger als Geschwister betrachten. Sie pflegen enge freundschaftliche Bindungen, verlieben sich aber nicht ineinander. Die Sozialerfahrung in einem bestimmten Alter legt gewissermaßen fest, in wen man sich nicht verliebt. (Siehe auch BISCHOF 1972a, b.)

Wir haben uns in den vorangegangenen Abschnitten mit den stammesgeschichtlichen Anpassungen im menschlichen Verhalten befaßt, da man diese Seite seines Verhaltens bisher viel zuwenig beachtete. Wieweit die Vorprogrammierungen in unserem Sozialverhalten im einzelnen gehen, wissen wir heute noch nicht. Manches weist darauf hin, daß Rangstreben, Bereitschaft zur Unterordnung und zum Gehorsam, Intoleranz gegen Außenseiter, Aggression, aber auch unsere altruistischen Neigungen und der Drang, ein freundliches Band zu stiften, kurz die Liebe im umfassenden Sinn durch stammesgeschichtliche Anpassungen vorgezeichnet sind.

Bedeutet dies, wenn es zutrifft, daß wir dann auch allen uns angeborenen Impulsen nachgeben müssen? Daß wir ihnen ausgeliefert sind und nichts gegen ihr Wirken unternehmen können? Gelegentlich hört man die Ansicht, die Verhaltensforschung böte sich durch ihre Beschäftigung mit dem Angeborenen konservativen Doktrinen an, z. B. solchen, die die Lehre von der Unveränderlichkeit der Gesellschaft predigen.

Massive Vorwürfe, die in diese Richtung zielen, kommen neuerdings von der Soziologie. Die klassische Rollentheorie der Soziologie geht von der Vorstellung aus, daß der Mensch als Rollenträger in die Gesellschaft eingefügt wird. Jedes Individuum stößt auf einen Satz festgeprägter Rollenerwartungen und muß sich mit ihnen auseinandersetzen. Die Rollenerwartung engt das Individuum ein. Gesellschaftliche, kulturell tradierte Zwänge beengen die freie Entfaltung des Menschen. Sie sind der Grund unserer Unfreiheit. Es ist Aufgabe des Menschen, sich frei zu machen, zu emanzipieren. Die Ethologie wird dabei als emanzipationsfeindlich angeprangert, da sie mit dem Hinweis auf Ererbtes gewisse Zwänge – etwa solche, die der gesellschaftlichen Rangordnung zugrunde liegen – als unvermeidlich hinstelle und damit konservative Einstellungen zementiere.

Die Gefahr eines solchen Mißbrauchs ist wohl gegeben – HAEDECKE wies zu Recht darauf hin –, aber um solchem Mißbrauch vorzubeugen, haben Verhaltensforscher wiederholt und ausdrücklich betont, daß nicht jede stammesgeschichtliche Anpassung in der heutigen Zeit adaptiv ist. So wie der Blinddarm seinen Anpassungswert verlor und nur mehr als historische Belastung mitgeschleppt wird, so könnten sich auch manche unserer Neigungen als »Blinddärme« erweisen. Mit solchem historischen Ballast muß man fertig werden, und als »Kulturwesen von Natur« (A. GEHLEN) sind wir dazu auch in der Lage. Während bei den Tieren zu den angeborenen

Antrieben auch die Ablauffolgen in ihrer Gänze festliegen – eine Meerechse kämpft z. B. turnierartig nach festen Regeln –, ist dies beim Menschen keineswegs so. Ihm sind wohl Antriebe gegeben, ferner kurze Bewegungsfolgen in Form von Erbkoordinationen und einigen Reaktionen auf unbedingte Reize. Auch scheinen gewisse ethische Normen in stammesgeschichtlichen Anpassungen veranlagt; aber der Gesamtablauf seines Verhaltens unterliegt keinen strengen Kontrollen, er ist oft in weiteren Grenzen, aber nicht beliebig, variabel. Erst kulturelle Kontrollmuster setzen dieser Variabilität engere Grenzen. Da diese kulturellen Muster aber von Ort zu Ort verschieden sein können, konnten sich Menschen schnell an verschiedene Umweltbedingungen anpassen.

Als Spezialist auf Unspezialisiertsein (LORENZ) ist der Mensch seiner Natur nach eine »euryöke« Spezies. Er kann in den Eiswüsten des Nordens ebenso überleben wie in tropischen Regenwäldern oder im Hochgebirge. Jeder dieser Umwelten erfordert allerdings sehr spezifische Überlebensstrategien, und diese erfindet und tradiert der Mensch. Kulturelle Anpassungen sind es, die ihn zum Spezialisten machen – durch die Kultur wird der Mensch gewissermaßen stenök. Kulturelle Anpassungen reflektieren spezielle Anforderungen der Umwelt. Sie spiegeln sich unter anderem auch in den lokalen Besonderheiten menschlicher Sozialstruktur wider.

Schließlich braucht ein Eskimo andere Ablaufkontrollen für seine aggressiven oder sexuellen Impulse als etwa ein Massai oder ein moderner Großstadtbewohner in Europa. Außerdem können die kulturellen Kontrollmuster für unser Verhalten in den Zeiten wechseln, wenn sich dies als notwendig erweist, und wir erleben gerade eine solche Zeit des Umbruchs. Dabei kommen selbst Stimmen zum Tragen, die meinen, man bräuchte dem heranwachsenden Menschen überhaupt keine Leitlinien anbieten. Der Mensch soll sich aus sich selbst entwickeln, heißt es. Aber woraus denn? Aus eigener Anlage? Die ist im wesentlichen triebhaft! Die stammesgeschichtlichen Vorprogrammierungen des Menschen reichen nicht auch für die reibungslose Kontrolle sozialen Zusammenlebens aus. Der Mensch ist auf die Vermittlung kultureller Kontrollmuster angewiesen, wenn er im späteren Leben an die Gesellschaft angepaßt sein soll. Insofern kann man den extremen Vertretern z. B. der antiautoritären Erziehung den Vorwurf leichtfertigen Experimentierens mit Kindern nicht ganz ersparen. Es ist grotesk, daß jene, die der Formung des Menschen durch das Milieu so große Bedeutung zumessen, gerade dort, wo es darum geht, Leitlinien anzubieten, auf solche kulturelle Formung verzichten.

Vieles im Verhalten der Kinder weist darauf hin, daß sie dafür vorprogrammiert sind, Erfahrungen von Mitmenschen tradiert zu bekommen. Sie zeigen ein unverkennbares »Anfrageverhalten«, um zu erfahren, was sie tun und was sie lassen sollen. Bevor ein einjähriger Säugling etwas ergreift, was er nicht kennt, blickt er anfragend zu der erwachsenen Bezugsperson. Auch in ihren sozialen Interaktionen tritt das Anfrageverhalten klar in Erscheinung. Ein Bespiel für einen typischen Ablauf: Ein eineinhalbjähriger Junge greift einen etwas älteren Spielgefährten an und versucht ihn umzuwerfen. Er unterbricht das Tun, schaut aufmerksam zu den Erwachsenen hin, und erst als diese weder Mißfallen noch Beifall äußern, setzt er seine Aggression fort (Abb. 39, siehe S. 122ff.). Das Kind testet durch seine Aggressionen oft den sozialen Spielraum aus und erwartet Rückmeldungen. Fehlen diese, dann wird es verunsichert; es fehlt ihm die Orientierung. Es wäre zu prüfen, ob nicht manch eine Neurose in dieser frühkindlichen Verunsicherung seine Wurzel hat. In seinem Anfrageverhalten erweist sich der Mensch als zum Kulturwesen vorprogrammiert.

Sicher dürfen die kulturellen Rezepte nicht erstarren. Ein Wandel ist geboten, aber biologisch geht die Evolution in kleinen Schritten vor sich, ebenso wie die kulturelle Entwicklung. Es ist, wie LORENZ (1970) hervorhob, äußerst unwahrscheinlich, daß von einer Generation auf die andere alles, was an kulturellen Anpassungen entwickelt wurde, nun auf einmal nicht mehr paßt. Es besteht daher in der Tat die Gefahr, daß radikale Ideologen über einen Traditionsabriß den Weg der Zerstörung statt den einer Evolution beschreiten.

Soll sich die kulturelle Evolution nicht in blindem Versuch und Irrtum vorantasten, dann ist es wichtig, die Natur des Menschen zu erforschen. Einsicht in die Zusammenhänge, insbesondere in unsere Vorprogrammierungen, kann bei der Suche nach Rezepten für eine Therapie unseres zweifellos gestörten sozialen Zusammenlebens helfen.

Man darf davon ausgehen, daß komplexe Bildungen im Körperbau und Verhalten Ergebnis von Selektionsdrucken sind, die diese »Anpassungen« zustande brachten. Wir müssen also bei regelmäßig zu beobachtenden Verhaltenseigentümlichkeiten die Frage stellen: wozu? Erst wenn die arterhaltende Leistung – die Funktion – erkannt wurde, kann man auch etwaige Funktionsstörungen erkennen und behandeln. Zusammen mit den Lerntheoretikern sind wir der Überzeugung, daß der Lerntherapie bei der Behandlung der Störungen zwischenmenschlichen Zusammenlebens eine entscheidende Rolle zukommt. Gerade die praxisorientierten Lerntheoretiker würden jedoch gut daran tun, die Tatsache unseres stammesgeschichtlichen Gewordenseins mit zu beachten. Nicht allein weil unerkannte Anlagen sich als Fallstricke erweisen könnten, während bereits eine Bewußtseinserhellung ein entscheidender Schritt zur Therapie sein könnte – man denke etwa an die Möglichkeit, über Aufklärung gegen die Manipulierbarkeit durch Klischees zu immunisieren –, sondern auch, weil eine Rücksichtnahme auf das Angeborene im Interesse einer möglichst frustrationsfreien Persönlichkeitsbildung zweckmäßig erscheint. Wer von der, wie wir zeigen konnten, falschen Hypothese ausgeht, das Sozialverhalten des Menschen würde ausschließlich gelernt, und dementsprechend den Menschen nach rein funktionellen Gesichtspunkten schult, läuft Gefahr, ihm unnötige Zwänge aufzuerlegen und die erstrebte Emanzipation zu behindern. Zur freien Persönlichkeitsentfaltung gehört auch die möglichst unbehinderte Entfaltung der angeborenen Anlagen. Mit je weniger Zwang etwa unser Triebleben den gesellschaftlichen Erfordernissen angepaßt werden kann, desto besser ist dies für die individuelle Entwicklung, wissen wir doch, daß ein zu strenges Reglement die Gefahr neurotischer Verkrüppelung mit sich bringt. SKINNERS nur praxisorientierte Ethik läßt eine Rücksichtnahme auf eine vorprogrammierte »Natur« des Menschen völlig vermissen. Hier führt eine extreme Milieutheorie zu grausigen Modellen autoritärer Verhaltenskontrolle.

Oft wurde ich in Diskussionen gefragt, welcher Stellenwert dem Angeborenen im menschlichen Verhalten zukomme. Es war nie ganz klar, was die Fragestellenden damit meinten. Meßverfahren zur Bestimmung eines Stellenwertes vermochten sie nicht anzugeben. Einige meinten damit wohl die gesellschaftspolitische Relevanz, und die haben wir dargestellt. Eine wertende Abwägung der einzelnen Anteile im Sinne ihrer Bedeutung (Wichtigkeit?) ist dagegen unmöglich. Kein physiologischer Prozeß läßt sich aus dem Funktionsganzen herauslösen und als »wichtiger« oder »weniger wichtig« abschätzen. Aus diesem Grunde haben schließlich auch quantitative Schätzungen wenig Sinn, die darauf abzielen, festzustellen, wieviel Prozent des menschlichen Verhaltens wohl angeboren und wieviel erlernt sind. Für einen solchen Ansatz fehlt jede vernünftige Bezugsbasis.

Zusammenfassung

Mit der Entwicklung des Konzepts der stammesgeschichtlichen Anpassungen im Verhalten gab Konrad LORENZ dem ursprünglich recht unscharfen »Instinktbegriff« Inhalt. In der Motorik liegen diese Anpassungen als Erbkoordinationen und Orientierungsbewegungen (Taxien) und im rezeptorischen Bereich als angeborene Auslösemechanismen vor. Besondere Auslöser entwickelten sich im Dienste der Signalgebung. Als Antriebe gibt es eine Vielzahl physiologischer Mechanismen. Von großer Bedeutung sind jene motivierenden Systeme, die auf der spontanen Aktivität neuronaler Strukturen basieren. Auch das Lernen als adaptive Modifikation des Verhaltens ist durch stammesgeschichtliche Anpassungen vorgezeichnet.

Aus diesen am Tier gewonnenen Einsichten wurden Arbeitshypothesen entwickelt, die zum besseren Verständnis des Menschen beitragen können. Die Humanethologie prüft die Relevanz dieser Hypothesen für uns Menschen. Untersuchungen an Taubblinden und Säuglingen ebenso wie die kulturenvergleichende Erforschung sozialer Interaktionen beweisen, daß auch menschliches Verhalten in genau feststellbaren Bereichen durch stammesgeschichtliche Anpassungen vorprogrammiert ist.

II. Buch zur Naturgeschichte der Aggression

Das menschliche Aggressionsverhalten rückte in den letzten Jahren in den Brennpunkt der Diskussion. Das gesteigerte Interesse erklärt sich einerseits aus der Tatsache, daß bei dem gegenwärtigen Stand der Kriegstechnik ein kriegerischer Konflikt die weitere Existenz der zivilisierten Menschheit in Frage stellen kann. Außerdem stören innerhalb der anonymen Massengesellschaften Aggressionen in zunehmendem Maße das harmonische Zusammenleben. Innere Unruhen, eine stetig ansteigende Kriminalität, zunehmender Familienverfall und sich verschärfende Spannungen zwischen den Generationen sind wahrscheinlich ebenfalls Symptome einer zunehmenden allgemeinen Gereiztheit.

In der Aggressionsliteratur wird immer wieder auf diese Störungen menschlichen Sozialverhaltens hingewiesen, und man stimmt im wesentlichen darin überein, daß etwas für eine wirksame Aggressionskontrolle getan werden müßte. Über die zu beschreitenden Wege dagegen divergieren die Meinungen. Die vorgeschlagenen Strategien wechseln nach den zugrunde gelegten Aggressionstheorien. Geht der Betreffende von einem lernpsychologischen Modell aus, demzufolge aggressive Verhaltensweisen am sozialen Vorbild und am Erfolg in früher Kindheit gelernt werden, dann wird er sich um die Schaffung entsprechender Vorbilder und um andere Konditionierungsbedingungen bemühen. Neigt er dagegen zum Frustrations-Aggressions-Modell, demzufolge Aggressionen auf Entbehrungserlebnisse in anderen Triebbereichen zurückzuführen sind, dann werden seine Vorschläge darauf hinzielen, frühkindliche Entbehrungserlebnisse durch permissive Erziehung zu verhindern. Wieder eine andere Strategie werden jene vorschlagen, die einen angeborenen Aggressionstrieb annehmen. Dabei basieren alle diese Ansichten und Modelle auf Beobachtungen und Experimenten, so daß man sich über die Einseitigkeit wundert, mit der die Vertreter der verschiedenen Modelle gegeneinander argumentieren.

Bei Durchsicht der Literatur wird man bald einsehen, daß die Aggressionsforscher unter erheblichen Kommunikationsschwierigkeiten leiden. Diese beruhen nicht allein auf der Verwendung einer verschiedenartigen Terminologie. Immer wieder muß man feststellen, daß die verschiedenen Gruppen zuwenig mit der Methodik und den von der Nachbargruppe erarbeiteten Fakten vertraut sind. Des weiteren fällt beim Literaturstudium auf, daß sich die meisten Aggressionsforscher ausschließlich der Aggression zuwenden und so übersehen, daß sich Hand in Hand mit der Aggression natürliche Gegenspieler entwickelten. Das Phänomen kann man daher erst dann wirklich verstehen, wenn man das Repertoire der beschwichtigenden und bindenden Verhaltensweisen in die Untersuchung miteinbezieht. Schließlich muß man feststellen, daß die Anzahl der in den letzten Jahren zum Thema Aggression bedruckten Seiten in keinem Verhältnis zu den erarbeiteten Fakten steht.

Die hier abgedruckten Arbeiten gehen auf die verschiedenen Aggressionstheorien ein. An Hand von neuen Tatsachen begründen wir, weshalb die Lerntheorien ihren Ausschließlichkeitsanspruch aufgeben müssen. Wir bieten ein Interaktionsmodell an und diskutieren die sich für eine Aggressionskontrolle ergebenden Konsequenzen.

Kapitel 1: Stammesgeschichtliche Anpassungen im aggressiven Verhalten des Menschen

Die Frage nach den Determinanten aggressiven Verhaltens wurde in den letzten Jahren lebhaft diskutiert. Im Bemühen, das Phänomen zu verstehen und damit auch zu steuern, hat man verschiedene Erklärungsmodelle entwickelt:

a. Das *lernpsychologische Modell* geht davon aus, daß aggressive Verhaltensweisen gelernt werden. Bereits in früher Kindheit führten aggressive Forderungen zum Erfolg, der dieses Verhalten bestärke. Darüber hinaus spiele beim Erwerb aggressiver Verhaltensweisen soziales Lernen am Vorbild eine große Rolle (BANDURA und WALTERS 1963; BERKOWITZ 1962).

b. Nach dem *Frustrations-Aggressions-Modell* wird aggressives Verhalten durch frühkindliche Entbehrungserlebnisse wachgerufen. Da sich solche in der Praxis nie ganz vermeiden lassen, erfolge die Entwicklung aggressiven Verhaltens fast zwangsläufig (DOLLARD und Mitarbeiter 1939).

c. Das LORENZ-FREUDsche *Triebmodell* der Aggression geht von der Annahme eines allen Menschen angeborenen Aggressionstriebes aus. Man spricht auch von einem Instinktmodell der Aggression (LORENZ 1963). In ihrer etwas weiteren Fassung besagt die *Instinkttheorie*, daß stammesgeschichtliche Anpassungen das aggressive Verhalten vorprogrammieren – in der Gesamtheit oder in Teilbereichen wie z. B. im Antriebsbereich, durch Anpassungen in der Motorik und/oder Rezeptorik usw.

Alle diese Modelle basieren auf Beobachtungen und Experimenten, so daß man sich über die Heftigkeit wundert, mit der einige Vertreter der lerntheoretischen Modelle in monistischer Weise die *ausschließliche* Gültigkeit ihres Konzeptes vertreten, als bestünde ein unvereinbarer Gegensatz zwischen den verschiedenen Deutungsweisen. Dabei liegt es aufgrund der Fakten auf der Hand, ein *Interaktionsmodell* zu entwickeln, das allen Richtungen gerecht wird. Wir wollen das im folgenden versuchen, müssen aber dazu ganz kurz einige ethologische Begriffe klären und unsere Vorgehensweisen erläutern.

Unklarheit herrscht häufig über den Begriff Instinkt und instinktiv. Die Klärung dieser Begriffe erfolgte erst in jüngerer Zeit. LORENZ (1961) führte aus, daß Tiere mit bestimmten Bewegungsweisen ausgerüstet sind, wenn sie zur Welt kommen. Weitere Fertigkeiten entwickeln die Tiere im Laufe ihres Heranwachsens. Vieles wird dabei gelernt, man kann jedoch mit der Technik des Isolierversuches nachweisen, daß gewisse Bewegungen erfahrungsunabhängig heranreifen, also ohne daß es einer Einübung oder eines Vorbildes bedarf. So gibt es Vögel, die ihre artspezifischen Rufe und Gesangsstrophen auch bei schallisolierter Aufzucht entwickeln (SAUER 1954, KONISHI 1963, 1964, 1965). Die Bewegungsweisen sind den Tieren, wie man es in Kurzbeschreibung auszudrücken pflegt, »angeboren«. Man spricht daher auch von Erbkoordinationen. Angeboren heißt, daß die neuromotorischen Strukturen, die diesen Bewegungsweisen zugrunde liegen, sich in einem Prozeß der Selbstdifferenzierung aufgrund der im Erbgut festgelegten Entwicklungsanweisungen entwickeln. Tiere sind außerdem in der Lage, bestimmte Reizsituationen angeborenermaßen zu »erkennen« und auf sie mit ganz bestimmten Verhaltensweisen zu antworten. Tiere sind demnach mit datenverarbeitenden Mechanismen (Detektoren) ausgerüstet. Jene, über die bestimmtes Verhalten ausgelöst wird, nennt man angeborene Auslösemechanismen. Tiere reagieren ferner keineswegs nur passiv auf Außenreize. Sie sind auch von sich aus aktiv, angetrieben von physiologischen Maschinerien, die als motivierende Mechanismen das Tier dazu drängen, etwa hungrig, durstig oder sexuell gestimmt nach Reizsituationen zu suchen, die den Ablauftrieb befriedigende Endhandlungen gestatten. Auch das Lernen ist schließlich so angelegt, daß die daraus resultierenden Modifikationen des Verhaltens in der Regel adaptiv sind, d. h. zum Überleben des Individuums beitragen. Es leuchtet wohl ein, daß die verschiedenen Arten dazu verschiedene artspezifische Lerndispositionen entwickelten (Einzelheiten zum Konzept der stammesgeschichtlichen Anpassung bei EIBL-EIBESFELDT 1972a).

Wer immer sich mit der ethologischen Fragestellung auseinandersetzen will, sollte sich schon die Mühe machen, die ethologischen Konzepte zu verstehen. Die meisten Kritiker ethologischer Fragestellung kämpfen gegen ein Instinktkonzept, das seit gut dreißig Jahren überholt ist, und das erschwert sicherlich das Gespräch.

Mißverständnisse gibt es ferner um die Bedeutung des Tier-

Mensch-Vergleiches. Da heißt es z. B. bei SCHMIDT-MUMMENDAY 1971, Seite 13: »Alle Ausführungen über aggressives Verhalten des Menschen basieren bei LORENZ und EIBL-EIBESFELDT auf Analogien zwischen Fisch, Gans oder Wolf und Mensch, die, unbeeinflußt durch die Ergebnisse der Humanpsychologie, für das menschliche Verhalten, seine Analyse, Kontrolle und Vorhersage nicht allzu wertvoll sind.« Und kurz vorher heißt es auf der gleichen Seite: »Eine Verallgemeinerung der Ergebnisse von Beobachtungen an einzelnen wenigen Tierarten, bei LORENZ vornehmlich Fischen und Gänsen, auf alle Arten einschließlich die menschliche ist nicht zulässig.«

Diese Vorwürfe sind deshalb unverständlich, weil von ethologischer Seite wiederholt und ausdrücklich betont wurde, daß Schlüsse von einer Art auf eine andere unzulässig sind. Was man gewinnt, sind Arbeitshypothesen, deren Tragfähigkeit für eine andere Art, z. B. den Menschen, nur durch das Studium dieser Art geprüft werden kann. Solche Modellforschung betreibt die Physiologie schon seit langem, und sie hat damit viele Erkenntnisse über Funktionszusammenhänge gewonnen. Reine Analogien, d. h. Ähnlichkeiten, die nicht auf einer gemeinsamen verwandtschaftlichen Wurzel beruhen, sind aufschlußreich, wenn man funktionsgebundene Struktureigenschaften erkennen will (WICKLER 1971). Ist jemand z. B. an den Gesetzmäßigkeiten interessiert, unter denen Ehigkeit auftritt, dann ist er sicher schlecht beraten, wenn er die uns nächst verwandten Primaten untersucht, die in Anpassung an andere Lebensbedingungen eben jenes Merkmal nicht entwickelten. Hier kann das Studium ehiger Insekten oder Vögel viel aufschlußreicher sein. Will man dagegen Homologien aufspüren, also Ähnlichkeiten, die auf einer gemeinsamen genetischen Basis beruhen, dann sind die uns nächst verwandten Primaten besser geeignete Studienobjekte.

Will man also wissen, welche allgemeinen Konstruktionsprinzipien vorliegen, dann untersucht man Strukturen, die die gleiche Funktion haben, bei möglichst verschiedenen Organismen. Alle Flügel, ob sie nun aus einer Cuticulafalte gebildet wurden oder ob sie aus umgebildeten Wirbeltiervorderextremitäten entstanden, sind nach den gleichen Funktionsgesetzen gebaut.

Will man dagegen feststellen, was aus einer vorhandenen genetischen Grundlage alles herauszuholen ist, dann untersucht man besser verwandte Arten, die unter möglichst verschiedenen Lebensbedingungen existieren.

So lehrt uns das Studium der adaptiven Radiation der Primaten Grundsätzliches über die Potentialitäten, die in dieser Gruppe stekken. Die Analogieforschung informiert demnach darüber, wie man etwas baut, die Homologieforschung dagegen, was in einer Gruppe an Potential zur Verfügung steht; woraus man also etwas bauen kann (WICKLER 1972).

II. Die innerartliche Aggression

1. Die Muster aggressiven Verhaltens und biologischer Aggresssionskontrolle

Nach dieser kurzen Klarstellung wollen wir uns der Frage zuwenden, ob das aggressive Verhalten der Tiere und des Menschen durch stammesgeschichtliche Anpassungen der besprochenen Art vorprogrammiert ist. Als aggressive Verhaltensweisen bezeichnen wir jene, die zu einem Flüchten, Ausweichen oder zur Unterordnung, mitunter auch zur physischen Beschädigung eines Artgenossen führen. Die Verhaltensweisen der Aggression werden mit jenen der Flucht und Verteidigung oft unter dem Begriff »agonistisches Verhalten« zusammengefaßt.

In der psychologischen Literatur wird als Bestimmungsmerkmal aggressiven Verhaltens oft die »Intention« (Absicht), einen Artgenossen zu schädigen, angegeben. Aus leicht einzusehenden Gründen können die Biologen mit einem solchen Bestimmungsmerkmal nichts anfangen. Wir beschränken uns hier auf die Untersuchung der innerartlichen Aggression. In den Diskussionen wird oft zwischenartliches und innerartliches Aggressionsverhalten durcheinandergeworfen, so z. B. von ARDREY (1966) und KUO (1960/61). Das ist unzulässig, denn es handelt sich oft um grundverschiedene Verhaltensweisen, die auch von verschiedenen Hirnabschnitten kontrolliert werden. Eine Katze, die eine Beute beschleicht, verhält sich dabei ganz anders als beim Kampf mit dem Artgenossen.

Tiere bekämpfen sehr häufig Mitglieder der eigenen Art. Setzt man zwei Hunderüden zusammen, die einander nicht gut kennen, dann werden sie wahrscheinlich bald raufen. Und diese Aggressivität ist keineswegs auf die Raubtiere beschränkt. Pflanzenfresser sind nicht minder eifrig dabei; Stiere bekämpfen einander, und so halten es auch die Haushähne. Sieht nun der Biologe eine so weit verbreitete Erscheinung, dann ist er nicht so ohne weiteres geneigt anzunehmen, es handle sich nur um ein Epiphänomen oder eine Entartung irgendeines anderen adaptiven Prozesses. Vielmehr wird er vermuten, daß ein so regelmäßig wiederkehrendes Verhalten sich im

Dienste einer bestimmten Funktion entwickelte oder – weniger finalistisch ausgedrückt – daß es einem bestimmten Selektionsdruck seine Entstehung verdankt.

Untersuchungen an zahlreichen Tierarten haben diese Annahme als richtig bestätigt. Es lassen sich mehrere Selektionsvorteile aggressiven Verhaltens nachweisen. Sehr häufig beobachtet man, daß Tiere nur in einem bestimmten Gebiet ihresgleichen bekämpfen. Solche raumgebundene Intoleranz führt dazu, daß das Tier ein Gebiet als sein Territorium für sich behauptet. Meist tut es das nicht einzeln. Singvögel verteidigen oft paarweise ein gemeinsames Gebiet, und viele Säuger tun dies als geschlossene Gruppe. Der Effekt ist stets der gleiche: Durch den auf den Artgenossen ausgeübten Druck wird die Verteilung der Art erzwungen. Die Tiere verbreiten sich über ein größeres Gebiet und erschließen dabei auch weniger günstige Randgebiete. Daneben wird in vielen Fällen die Überbevölkerung eines Gebietes verhindert. Der Vorteil intoleranten Verhaltens ist offensichtlich. Angenommen, Rotkehlchen würden ihresgleichen nicht bekämpfen. Dann könnten allzu leicht Paare eine günstige Brutgelegenheit unter dem gleichen Scheunendach nützen. Bei der ersten Schlechtwetterperiode liefe die ganze Gruppe Gefahr, ihre Nachkommenschaft einzubüßen, da die Vögel mit ihrem beschränkten Aktionsradius sehr schnell das Insektenangebot der näheren Umgebung erschöpfen würden.

Oft beschränkt sich die Intoleranz nur auf eine kurze Fortpflanzungszeit. Die Meerechsen der Galapagosinseln bevölkern den größten Teil des Jahres verträglich die Uferklippen. Oft sieht man Hunderte enggedrängt nebeneinander liegen. Nur zur Fortpflanzungszeit werden die Männchen unverträglich. Sie grenzen dann kleine Ufergebiete für sich ab und vertreiben sich nähernde Rivalen (Eibl-Eibesfeldt 1955). Durch solche Rivalenkämpfe werden die Stärksten und Gewandtesten und damit die Gesündesten für die Fortpflanzung ausgelesen, und das ist ein Mechanismus, der einer möglichen Degeneration entgegenwirkt. Außerdem können starke Männchen bei brutpflegenden Arten auch besser ihre Nachkommenschaft verteidigen.

Bei höheren Wirbeltieren beobachtet man auch Kämpfe zwischen den Mitgliedern der gleichen Gruppe. Sie führen zur Ausbildung einer Rangordnung, wobei die ranghohe Position nicht nur Annehmlichkeiten, sondern als Führungsposition auch Verpflichtungen mit sich bringt; das gilt insbesondere für die höheren Affen. Auch da leuchtet ein, daß gesunde, starke Individuen diese Aufgabe am besten erfüllen.

Diese und andere Selektionsvorteile erklären die weite Verbreitung aggressiven Verhaltens. Weit davon entfernt, ein Epiphänomen oder eine schlechte Gewohnheit zu sein, erfüllt es eine Reihe wichtiger Aufgaben im Dienste der Arterhaltung.

Nun ist es jedoch keineswegs so, daß sich als Ergebnis dieser Selektionsdrucke hemmungslos aggressive Geschöpfe entwickelt hätten. Es wird zwar gelegentlich behauptet, Kain regiere die Welt (Szondi 1969). Wer Tiere jedoch sorgfältig beobachtet, der stellt bald fest, daß der Mord am Artgenossen im allgemeinen vermieden wird. Aggressives Verhalten zielt nicht auf die physische Vernichtung des Gegners ab. Im Gegenteil! Arten, die mit gefährlichen Waffen ausgerüstet sind und daher ihren Rivalen beim Kampf leicht töten können, haben meist besondere Hemm-Mechanismen entwikkelt, die eine ernsthafte Beschädigung des Partners verhindern. So beginnen Hunde zwar damit, einander zu beißen, aber merkt einer, daß er dem anderen nicht gewachsen ist, dann kann er sich unterwerfen. Zwei Demutsstellungen stehen ihm zur Verfügung: Er kann seinem Gegner die Halsseite hinhalten oder er läßt sich wie ein Hundejunges auf den Rücken fallen. In beiden Fällen bietet er sich wehrlos dem Sieger dar, der daraufhin deutlich gehemmt ist, weiter zu beißen. Ja, das welpenartige Verhalten kann sogar Betreuungsverhalten auslösen (Belecken des am Boden Liegenden, besonders in der Genitalregion) und damit eine freundliche Beziehung einleiten.

Gelegentlich wird die ganze Auseinandersetzung als »Turnier« ausgespielt. Solch unblutiges Kräftemessen beobachten wir z. B. bei den Meerechsen der Galapagosinseln (Abb. 33).

Zur Fortpflanzungszeit bekämpfen Männchen ihresgleichen. Nähert sich ein Rivale, dann nimmt der Platzinhaber Drohstellung ein: er reißt sein Maul auf, als würde er beißen wollen, nickt mit dem Kopf und stelzt auf steifen Beinen vor dem Gegner auf und ab. Dabei zeigt er ihm seine Breitseite, die er durch Aufrichten des Nacken- und Rückenkammes vergrößert. Zeigt sich der Rivale durch dieses Imponiergehaben nicht beeindruckt, dann kommt es zum Kampf. Die Gegner stürzen aufeinander los, und nachdem sie einander mit offenem Maul bedroht haben, erwartet man, daß sie sich nun auch beißen würden. Das geschieht jedoch nicht. Vielmehr senken die Echsen vor dem Zusammenprall den Kopf, so daß sie Schädeldach gegen Schädeldach aneinanderkrachen. Nun versucht jeder den anderen vom Platz zu schieben, und dieses Ringen kann längere Zeit andauern. Oft legen die Tiere auch Kampfpausen ein, in denen sie einander drohend gegenüberstehen. Merkt schließlich einer, daß er dem anderen nicht gewachsen ist, dann beendet er den Kampf,

a

b

Abb. 33. Kampf- (a) und Demutsstellung (b) der Meerechse. (Foto: Verfasser.)

indem er sich flach vor dem Gegner auf den Boden legt. Dieser respektiert die Demutsstellung seines Gegners und wartet, ohne weiter zu kämpfen, darauf, daß der Gegner das Feld räumt (EIBL-EIBESFELDT 1955). Der Kampf ist also durch und durch ein unblutiges Turnier, das nach festen Regeln abläuft. Der Stärkere siegt, ohne daß der Schwächere zu Schaden kommt, und das ist im Sinne der Art. Würden Meerechsen einander mit ihren scharfen Zähnen beißen, dann würde wohl oft einer zu Schaden kommen. Die Art würde Gefahr laufen, ihre Reserve an Männern einzubüßen, sich also selbst schädigen.

Aus diesem Grunde sind bei sehr vielen Wirbeltieren Turnierkämpfe (Kommentkämpfe) entwickelt worden. Bekannt sind insbesondere die Maulkämpfe der Buntbarsche, die Ringkämpfe giftiger Schlangen und die Vielfalt der Turnierkämpfe der Antilopen. Dort hat jede Art die zu ihrer Gehörnform passenden Kampfregeln entwickelt, wobei die Gehörne im Kampf mit dem Artgenossen stets so eingesetzt werden, daß der Gegner gerade nicht zu Schaden kommt. Eine Säbelantilope wird ihren Gegner nie in die ungeschützten Flanken stoßen. Sie trachtet vielmehr, ihr Gehörn in das des Gegners zu verhaken und diesen danach vom Platz zu schieben. Nur gegen Freßfeinde setzen Säbelantilopen ihre spitzen Gehörne wie Waffen ein (WALTHER 1966).

Bei einigen Tierarten ist die Tötungshemmung nur auf Gruppenmitglieder beschränkt. Beschwichtigende Signale wirken dann nur, wenn einer den Partner auch kennt, Signale von Fremden bleiben wirkungslos. Das ist u. a. beim Löwen so, der in Rudeln lebt und jeden Rudelfremden umbringt (SCHENKEL 1966). Schließlich fehlen Tötungshemmungen solchen Tieren, die entweder keine Waffen besitzen oder die sich nach kurzem Bißwechsel dank ihres hochentwickelten Fluchtvermögens voneinander absetzen können. In diesen letztgenannten Fällen kommt es ja normalerweise nicht zur Beschädigung des Partners. Unfälle kommen gelegentlich vor, diese bewirken keinen genügend starken Selektionsdruck zur Ausbildung von Tötungshemmungen. Wie die Verhältnisse beim Menschen liegen, werden wir noch diskutieren.

Wir wollen zunächst festhalten: Das innerartliche Kampfverhalten entwickelte sich im Laufe der Stammesgeschichte im Dienste verschiedener Funktionen. Dem Selektionsdruck auf Aggressivität wirkten Selektionsdrucke entgegen, die auf Schonung des Artgenossen züchteten. Ergebnis dieser auf den ersten Blick in unvereinbarem Konflikt stehenden Selektionsdrucke war die Entwicklung von Turnierkämpfen und Tötungshemmungen.

2. Stammesgeschichtliche Anpassungen im aggressiven Verhalten der Tiere

A. Motorik

Bei dieser Sachlage ist es durchaus zu erwarten, daß Tiere nicht allein mit den artspezifischen Kampforganen ausgerüstet sind, sondern daß auch ihr Kampfverhalten weitgehend durch stammesgeschichtliche Anpassungen vorgezeichnet ist. Durch isolierte Aufzucht hat man das auch nachgewiesen. Isoliert aufgezogene Meerechsen ohne Sozialerfahrung kämpfen wie normal aufgewachsene durch Kopfstoßen; unter gleichen Bedingungen aufgezogene Kielschwanzleguane auf artgemäße Weise durch Schwanzschlagen. Isoliert aufgezogene Buntbarsche zeigen die artgemäße Weise durch Schwanzschlagen. Isoliert aufgezogene Buntbarsche zeigen die artgemäßen Verhaltensmuster des Drohens und Maulkämpfens; sozial unerfahrene Kampfhähne und Ratten kämpfen mit den arttypischen Verhaltensweisen (Eibl-Eibesfeldt 1972a, dort auch weitere Literaturhinweise). In diesen und zahlreichen weiteren Untersuchungen wurde also nachgewiesen, daß Tieren die Bewegungsweisen des Kämpfens angeboren sind. Die stammesgeschichtlichen Anpassungen liegen jedoch nicht nur im motorischen Bereich.

B. Auslösende Reize (Auslöser)

Das aggressive Verhalten sehr vieler Wirbeltiere wird durch spezifische Reize des Artgenossen ausgelöst, die man im Attrappenversuch jederzeit leicht nachmachen kann. Rotkehlchen reagieren z. B. auf den roten Brustfleck des Artgenossen mit Angriff. Montiert man im Revier eines Rotkehlchenmannes einen Rotkehlchenbalg, dann wird dieser attackiert. Nimmt man dem Balg die roten Federn, dann wird er nicht weiter beobachtet. Bindet man die roten Federn zu einem Büschelchen zusammen und montiert sie auf einen Ast, dann wird dieses Federbüschel attackiert, als wäre es ein Rivale (Lack 1943). Beim Zaunleguan tragen die Männchen an den Körperseiten blaue Streifen, die Weibchen sind grau. Bemalt man ein Weibchen mit blauen Streifen, wird es angegriffen; überdeckt man die blauen Streifen des Männchens mit grauer Farbe, dann wird es von anderen Männchen umworben (Noble und Bradley 1933).

C. Lerndispositionen

Verschiedene Untersucher haben gezeigt, daß die Gelegenheit, einen Artgenossen zu bedrohen oder zu bekämpfen, Dressuranreiz ist. Kampffische lernen ein Labyrinth, wenn sie zur Belohnung durch eine Glasscheibe die Attrappe eines Artgenossen bedrohen können.

Für Hähne fand man ähnliches (Thompson 1963, 1964). Mäuse lernen eine Aufgabe, wenn sie zur Belohnung eine andere Maus bekämpfen können (Tellegen und Horn 1972). Das Kämpfen und Drohen ist offenbar lustbetont. Auch die Fähigkeit und Neigung höherer Säuger, ranghöhere Artgenossen als Vorbilder nachzuahmen, erfordert spezielle angeborene Lerndispositionen.

D. Aggressionstrieb

Die Versuche haben ferner gezeigt, daß Tiere auf ein und denselben auslösenden Reiz nicht immer gleich stark ansprechen. Es gibt Schwankungen der aggressiven Handlungsbereitschaft, die u. a. hormonal bedingt sind. Das männliche Geschlechtshormon steigert die Aggressivität vieler Säuger und Vogelmännchen zur Fortpflanzungszeit (Lit. bei Eleftheriou und Scott 1971). So erregte Tiere suchen in einem sogenannten Appetenzverhalten nach auslösenden Reizen, die es gestatten, die Kampfappetenzen abzureagieren. Bei manchen Tierarten ist die endogene Kampfmotivation – der Kampftrieb – so stark, daß Mangel an Kampfgelegenheit zur Abreaktion am Ersatzobjekt, ja sogar zu leerlaufartigen Phänomenen führt. Männliche Buntbarsche *(Etroplus maculatus)* werden mit zunehmender Dauer der Einzelhaltung aggressiver. Setzt man einem längere Zeit einzeln gehaltenen Männchen ein Weibchen zu, dann wird es nicht umworben, sondern angegriffen und getötet. Gibt man jedoch rechtzeitig ein anderes Männchen dazu, dann wird dieses angegriffen und das Weibchen umworben. Entfernt man den Prügelknaben, dann ist das Weibchen wieder Zielscheibe der gestauten Aggressionen (Rasa 1969, 1971) (Abb. 34). Wickler (1971) hält diese Versuche jedoch nicht für beweiskräftig, da man annehmen könne, daß das dem Männchen ähnliche Weibchen die Kampfbereitschaft langsam anheize. Im Freien hat das Männchen Gelegenheit, sie gegen ein anderes Männchen auszuleben. In Gefangenschaft würde die durch das Weibchen angeheizte reaktive Aggression diesem zum Verhängnis. Das könnte wohl so sein, ist aber keineswegs erwiesen. Recht aufschlußreich sind Rasas Versuche mit dem Riffbarsch *(Microspathodon chrysurus)*. Die Fische lernen ein einfaches T-Labyrinth, wenn ihnen vor der Glasscheibe der Zielkammer ein Artgenosse geboten wird, den sie durch das Glas sehen und bekämpfen können. Die selbstgewählte Aufenthaltsdauer in der Zielkammer wechselt entsprechend dem Aggressionsdrang der Fische, und dieser nimmt bei Isolation zu (Abb. 35). Allerdings sei betont, daß die Physiologie der Aggression keineswegs bei allen Arten gleich ist. Sie wechselt selbst innerhalb der Buntbarsche.

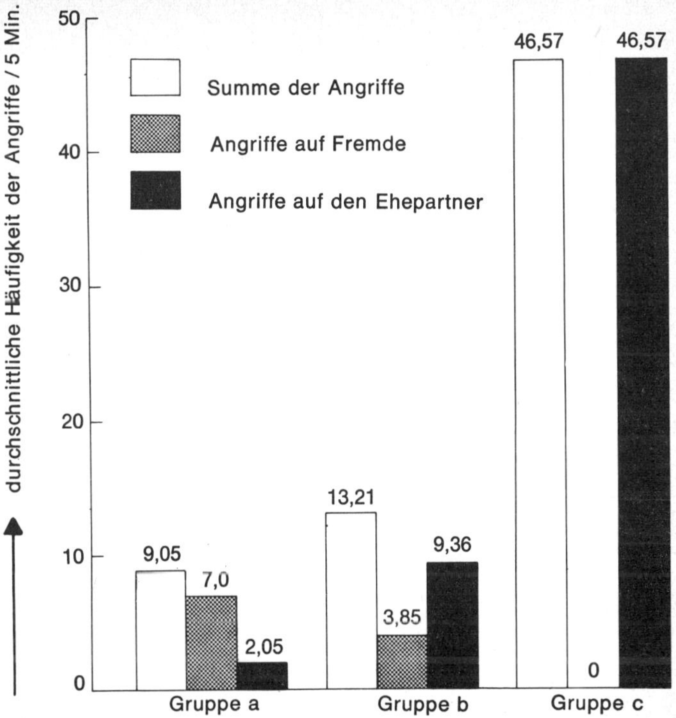

Abb. 34. Durchschnittliche Anzahl der Angriffe männlicher Buntbarsche *(Etroplus maculatus)* während der Fortpflanzungsphase. In Gruppe A lebt das Paar mit einigen unverpaarten erwachsenen Artgenossen und einigen Jungtieren zusammen. Drei so gehaltene Paare wurden insgesamt 83 Stunden und 15 Minuten beobachtet. Zwei dieser Paare laichten zweimal und eines dreimal. In Gruppe B trennte eine Glasscheibe das Paar von ihren Artgenossen. Sie konnten die Nachbarn wohl sehen, aber nur durch das Glas angreifen. Zwei Paare, die fünf Bruten erfolgreich aufzogen, wurden insgesamt 62 Stunden und 40 Minuten beobachtet. In Gruppe C war das Paar völlig von anderen Artgenossen isoliert. Bei drei so gehaltenen Paaren zerbrach der Paarzusammenhalt, und das Weibchen mußte zu seinem Schutze entfernt werden. Beim vierten Paar zerbrach der Paarzusammenhalt ebenfalls, die Tiere verpaarten sich aber noch einmal kurz vor dem Ablaichen. Sie laichten, fraßen aber die Eier auf und zerstritten sich wieder. Einen Tag später verpaarten sie sich noch einmal und blieben bis zum Schlüpfen der Eier beeinander. Dann vertrieb das Männchen das Weibchen und tötete es schließlich, drei Tage nach dem Schlüpfen der Jungen. Es zog die Jungen allein erfolgreich auf. Gesamte Beobachtungszeit für Gruppe C: 84 Stunden und 17 Minuten. (Aus EIBL-EIBESFELDT 1972a, nach RASA 1969.)

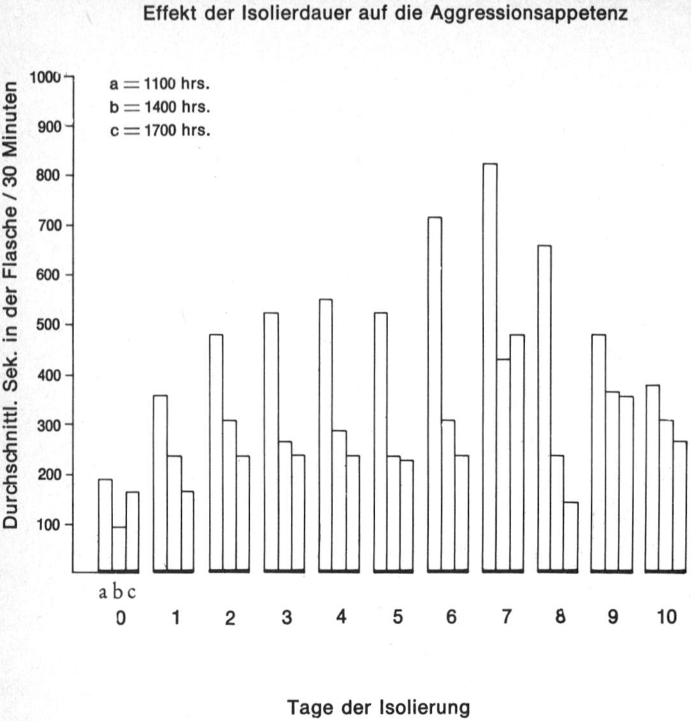

Abb. 35. Zunahme der Aufenthaltszeit in der Zielkammer nach verschieden langer Isolierung. Es handelt sich um die stets gleichen fünf Fische, die jeweils nach 0, 1, 2, 3 usw. Tagen Isolierung mit einer Attrappe durch die Glasscheibe der Zielkammer geprüft wurden. Das Ansteigen der Aufenthaltsdauer nahm zur zweiten und dritten Sitzung immer deutlich ab. (Aus Eibl-Eibesfeldt 1972a, nach Rasa 1971.)

Kampfhähne, die man isoliert aufzieht, bekämpfen mangels eines Rivalen ihren eigenen Schatten. Sie versuchen auch, ihren Schwanz zu hacken und mit den Sporen zu treten, und drehen sich dabei in ganz sinnlos anmutender Weise im Kreis (Kruijt 1964, 1971). Diesen Kampfdrang haben die Hähne keineswegs aufgrund von Sozialerfahrungen entwickelt. Sicher sind nicht alle Wirbeltiere in gleicher Weise durch physiologische Antriebsmechanismen in ihrer Aggression motiviert, doch ist eine endogene Komponente in vielen Fällen nachzuweisen. Wieweit zentralnervöse Faktoren im Aufbau einer Kampfstimmung, etwa in Form selbsterregender Neuronenkreise, ähnlich wie beim Menschen (siehe S. 105), eine Rolle spielen, weiß man nicht, doch kann man durch elektrische Hirnreizung Kampfappetenz auslösen (v. HOLST und v. SAINT PAUL 1960).

Bemerkenswert sind in diesem Zusammenhang die Untersuchungen von JOUVET (1972) an Katzen. Während des »paradoxen Schlafes« befindet sich eine Katze in einem atonischen Zustand, die Augen bewegen sich schnell, man beobachtet ferner Ohren-, Vibrissen- und Pfotenbewegungen, und die Atmung ist unregelmäßig. Gleichzeitig zeigen Ableitungen eine erhöhte elektrische Aktivität bestimmter Hirnregionen. Zerstört man bei Katzen eine Stelle im Nachhirn, dann zeigen diese Individuen während des »paradoxen Schlafes« in 80 Prozent der Fälle Wutverhalten. Das kann man dahingehend interpretieren, daß die diesem Verhalten zugrunde liegenden Zentren spontan tätig sind und den »paradoxen Schlaf« verursachen. Eine motorische Entladung wird meist durch Zentren im Nachhirn gehemmt. Entfällt diese Hemmung, führt die der aggressiven Motorik unterliegende Spontaneität zu spontanen Bewegungsausbrüchen.

Gegen die Annahme eines Aggressionstriebes wurde unter anderem auch vorgebracht, daß dieser ja ganz unsinnige Folgen haben müßte, »wie etwa, daß ein Tier, das sich endlich in langen Kämpfen sein Revier gesichert und alle Konkurrenten vertrieben hat, nun auszieht wie ein fahrender Ritter, um neue Feinde zu suchen ...« (SCHMIDBAUER 1972a, S. 29). Derartiges ist keineswegs die notwendige Folge eines Aggressionstriebes. Schwellenerniedrigung muß weder zum Leerlauf noch zum Verlassen des Reviers führen. Das System kann durchaus so konstruiert sein, daß die Bindung ans Revier jede Appetenz, es zu verlassen, unterdrückt. Wir wissen, daß Tiere außerhalb ihres Reviers eher zum Flüchten und Ausweichen neigen als im eigenen Gebiet. In einer ihm nicht vertrauten Umgebung tendiert der »fahrende Ritter« in erster Linie zu Furcht und Flucht und nicht zu Kampf und Angriff. Aggression und Flucht stehen in einem antagonistischen Verhältnis zueinander. Für Arten, die viel kämpfen, ist es sicher vorteilhaft, wenn sie durch entsprechende Antriebe aggressionsbereiter werden. Im übrigen wechselt die Motivation anzugreifen sicherlich von Art zu Art, entsprechend den ökologischen Anforderungen. Auch hat WICKLER zu Recht darauf hingewiesen, daß Aggression wahrscheinlich wiederholt und unabhängig in verschiedenen Tiergruppen entwickelt wurde, wie die Flügel der Vögel, Insekten und Fledermäuse.

E. Genetik

Die genetische Grundlage aggressiver Disposition kann als erwiesen gelten. Unter anderem hat LAGERSPETZ (1969) mit aggressiven und friedlichen Mäusestämmen experimentiert. Jungtiere friedlicher Mütter wurden aggressiven Müttern untergeschoben und deren Junge von friedlichen Müttern aufgezogen. Solcher Austausch änderte am Verhalten der Heranwachsenden nichts. Die Jungen aggressiver Mütter wurden aggressiv, und die friedlicher Mütter blieben friedlich. Das soll nicht heißen, daß Sozialerfahrungen keine oder nur eine geringe Rolle spielen. Durch entsprechendes Training konnte SCOTT (1960) die Aggressivität von Hausmäusen signifikant steigern oder dämpfen. Fest steht jedoch, daß das aggressive Verhalten der Tiere in ganz entscheidender Weise genetisch mitbestimmt wird.

III. Aggression und Aggressionskontrolle beim Menschen

1. Angeborene Bewegungsweisen

Über die menschliche Aggression sind viele widersprüchliche Aussagen veröffentlicht worden, die zum Teil wohl darauf beruhen, daß die Diskutanten die Konzepte der Meinungsgegner nicht voll erfaßten. So ist es üblich, das »Instinktkonzept« der Aggression mit der Annahme eines angeborenen Aggressionstriebes gleichzusetzen und mit der Verwerfung des dynamischen Aggressionskonzepts auch das Instinktkonzept abzulehnen. Es dürfte aus dem Vorangegangenen doch klargeworden sein, daß man differenzierter fragen muß. »Instinktiv« heißt in moderner Fassung »stammesgeschichtlich angepaßt« (LORENZ 1961), und eine solche Anpassung kann sowohl in der Motorik, in der Rezeptorik, im Auslöser-Bereich, im Antriebssystem als auch in einer Lerndisposition vorliegen. Dementsprechend müssen wir bei der Untersuchung menschlichen Aggressionsverhaltens die Frage stellen: Gibt es universelle, d. h. bei allen Kulturen zu beobachtende Bewegungsweisen des Drohens und Kämpfens? Gibt es universelle auslösende Reizsituationen? Gibt es Antriebsmechanismen und angeborene Lerndispositionen?

Will man diese Fragen beantworten, dann muß man verschiedene Informationsquellen befragen. Von großem theoretischen Interesse sind Beobachtungen an Menschen, die unter definierten Bedingungen des Erfahrungsentzuges heranwuchsen. Taubblind geborene Kinder entwickeln intolerante Neigungen, vorausgesetzt, daß die Kinder keine schweren Hirnschäden aufweisen. Diese Neigungen entwickeln sich oft gegen erzieherische Bemühungen. Fremden begegnen sie in einem bestimmten Alter mit Ablehnung. Diese äußert sich zunächst in Fremdenfurcht. Haben sie am Geruch eine Person als fremd erkannt, dann wenden sie sich ab und suchen den Kontakt mit einer Bezugsperson. Diese ablehnende Haltung entwickelt sich, obgleich jedermann bemüht ist, die Kinder in einer Atmosphäre der Geborgenheit aufzuziehen. Sie haben sicher nie schlechte Erfahrungen mit Fremden gemacht, die eine solche Haltung begründen würden. Es muß sich demnach um natürliche Reifungsvorgänge sozialer Einstellungen handeln. Mit weiterem Heranwachsen bekommt die Fremdenablehnung auch aggressive Züge. Das taubblinde Kind weicht nicht nur aus, es schlägt vielmehr nach dem Fremden, wenn er sich weiter um den Kontakt bemüht. Die Reaktion nach Schema: fremd = Feind, bekannt = Freund entwickelt sich, ohne daß es dazu schlechter Erfahrungen mit Fremden bedarf.

Einige Kinder entwickeln auch Platzgewohnheiten. Sie bestehen auf ihrem Sitzplatz am Tisch und verteidigen ihn gegen andere. Auch die Verteidigung von »Eigentum« (Geschenkpäckchen) konnte ich beobachten. Die aggressiven Verhaltensweisen der Taubblinden gleichen weitgehend jenen, die man bei Gesunden beobachtet. Bei Auseinandersetzungen beißen sie, schlagen mit der offenen Hand nach dem Gegner, schieben ihn mit der Handfläche drückend oder mit dem Handrücken stoßend weg. Als Ausdrucksbewegungen des Ärgers beobachtet man senkrechte Stirnfalten und Zusammenbeißen der Zähne, die dabei gelegentlich durch Zurückziehen der Lippen entblößt werden. Der Kopf wird oft in den Nacken zurückgeworfen, was Kontaktablehnung demonstriert. Die Bewegung erinnert an unsere Hochmutsgebärde. Bei Ärger beißen sich die Kinder auch in die eigene Hand, und sie strampeln mit den Füßen. Bei abrupter Abwendung stampfen sie auch mit nur einem Fuß auf. Oft ballen sie die Fäuste. Submissive Verhaltensweisen sind das Weinen und Schmollen. Dabei wird der Kopf gesenkt, und Sitzende kauern sich zusammen (Eibl-Eibesfeldt 1973). Prinzipiell gleichen die Bewegungsweisen jenen, die man bei gesunden Kindern sieht, doch ist deren Repertoire reicher. Der Kulturenvergleich, auf den wir noch eingehen, zeigt, daß Verhaltensweisen des Drohens und Kämpfens universell sind (siehe Eibl-Eibesfeldt 1972 a, b).

Kortlandt (1972) wies auf zahlreiche Gemeinsamkeiten im Droh- und Kampfverhalten von Schimpanse, Gorilla und Mensch hin. Alle drei Arten schlagen beim Drohen zum Beispiel mit der flachen Hand auf die Unterlage. Sie stampfen mit dem Fuß auf oder gegen einen Baumstamm, trommeln mit beiden Händen oder Beinen gegen resonierende Objekte, schütteln Äste mit beiden Händen (der Mensch auch den gepackten Gegner), reißen gewaltsam Pflanzen aus, brechen Äste ab, schwingen Äste und Stöcke in der erhobenen Hand, werfen Objekte, schlagen mit Gegenständen und anderes mehr. Gemeinsamkeiten in der Droh- und Submissionsmimik wies neuerdings JOLLY (1972) nach. Die stammesgeschichtlichen Anpassungen im Dienste des agonistischen Verhaltens (Aggression, Verteidigung, Submission), soweit sie die Motorik betreffen, sind demnach sicherlich recht alt.

2. Die Neigung, Raumbezirke abzugrenzen und Distanz zu halten

Individualdistanzen variieren in den verschiedenen Kulturen (HALL 1966). Es gibt überall Situationen, die Körperkontakt auch mit Fremden gestatten, z. B. im überfüllten Aufzug oder Autobus oder um ein Lagerfeuer. Solcher Kontakt ist jedoch keineswegs immer gestattet, und Menschen halten überall auch Abstand. Wer zuerst ein Gebiet besetzt, hat dort gewisse Anrechte, und so fragt man höflich, bevor man den noch freien Platz an einem Gasthaustisch besetzt. FELIPE und SOMMER (1966) experimentierten in Bibliotheken. Sie überschritten die Individualdistanzen, indem sie sich wie zufällig knapp neben eine Person, die gerade dort las, hinsetzten. Die Opfer versuchten zunächst vom Eindringling abzurücken. Falls das nicht ging, errichteten sie durch Bücher, Lineale und dergleichen künstliche Barrieren. Mißlingen solche Absetzversuche, dann verlassen die Leute den Tisch. Sehr bemerkenswert sind in diesem Zusammenhang die Beobachtungen von ESSER (1970) und PALLUCK und ESSER (1971 a, b) an schwer schwachsinnigen und daher lernbehinderten Knaben. In einem reich gegliederten Versuchsraum zeigte jeder der 21 Knaben ausgesprochen territoriales Verhalten im Sinne einer ortsgebundenen Intoleranz. Jeder besetzte einen bestimmten Raumabschnitt und verteidigte diesen gegen andere. Dabei kam es anfangs zu Kämpfen. Später genügte Drohen, um den Platz zu behaupten. Das territoriale Verhalten dieser Kinder, deren IQ unter 50 lag, war ausgeprägter als bei normalen Kindern; das ist verständlich, da es sich um einen primitiven sozialen Verhaltenszug handelt, der normalerweise unter kortikaler Kontrolle steht. Das territoriale Verhalten der Knaben war durch verbale Bestrafung – die sich in anderen

Zusammenhängen als durchaus wirksam erwies – kaum zu beeinflussen. PALLUCK und ESSER (1971) vertreten die Ansicht, daß das territoriale Verhalten für den Aufbau einer sozialen Ordnung und Organisation dieser Kinder von grundsätzlicher Bedeutung ist. Unter anderem deshalb, weil jeder an seinem Platz, hat er ihn einmal erkämpft, auch in Ruhe gelassen wird. Gesunde Kleinkinder verteidigen bereits im Alter von 1 bis $1^1/_2$ Jahren ihre Plätze gegen ihresgleichen. Territorialität scheint ein universeller Zug des Menschen zu sein.

3. Die Ergebnisse kulturenvergleichender Forschung (siehe auch S. 118ff.)

Gelegentlich wird behauptet, aggressives Verhalten könne nur das Resultat der Erziehung sein, denn es gäbe Kulturen, in denen man keinerlei Manifestationen aggressiven Verhaltens beobachten könne (HELMUTH 1967, SCHMIDBAUER 1971). Diese Behauptungen halten einer kritischen Überprüfung keineswegs stand (WEIDKUHN 1969, EIBL-EIBESFELDT 1972 b). Die angeblich aggressionslosen Hopi zeigen grausame Initiationsrituale; die angeblich friedlichen Eskimos tragen ihre Dispute in Form von Ohrfeigenduellen, Singkämpfen oder Gesangsduellen aus. Die Art und Weise wechselt bei den verschiedenen Stämmen. In SCHJELDERUPS (1963) ›Einführung in die Psychologie‹ liest man u. a.: »Den Kwakiutl-Indianern erscheint unser sogenannter Kampfinstinkt fremd« (S. 38). Dabei kann man in jedem Lehrbuch der Anthropologie über die Potlatch-Veranstaltungen der Kwakiutl lesen, in deren Verlauf die einladenden Häuptlinge im Wettstreit Besitz zerstören und verschwenden, um den Gegner zu beschämen. Diese Intentionen werden auch klar ausgesprochen und sind belegt. So sang ein Häuptling, als er eine seiner wertvollen Kupferplatten zerstörte: »Weiter erfordert es mein Stolz, daß ich in diesem Feuer meine Kupferplatte Dandalayu vernichte. Ihr alle wißt, was ich dafür bezahlt habe. Für 4000 Decken habe ich sie erworben. Jetzt werde ich sie vernichten, um so meinen Rivalen zu besiegen. Ich werde mein Haus zum Kampfplatz für euch, meine Stammesgenossen, machen! Freuet euch, ihr Häuptlinge, dies ist das erstemal, daß ein so großer Potlatch veranstaltet wird!« (zitiert nach BENEDICT 1955, S. 151). Weitere Beispiele in BOAS (1895).

Wie man aus dem Verhalten dieser Leute ausgerechnet auf das Fehlen eines Kampfinstinkts schließt, ist mir unerklärlich. Neuerdings hat man behauptet, die Buschleute würden in offenen aggressionslosen Horden leben. Und da dies gerade bei diesen altsteinzeitlichen Jägern und Sammlern so sei, müsse man wohl annehmen, daß Aggressionslosigkeit der ursprünglichen Natur des Menschen entspreche, denn über 99% unserer Geschichte hätten wir ja auf dieser Kulturstufe verbracht. Wenn wir also in irgendeiner Weise in unserer genetischen Konstitution an eine Lebensweise biologisch angepaßt wären, dann eben auf diese. Gerade mit den Buschleuten habe ich mich in den letzten Jahren intensiver befaßt. Ich besuchte sie wiederholt im Rahmen meiner kulturenvergleichenden Dokumentation ungestellten Sozialverhaltens und beobachtete deren Verhalten.

Es stellte sich heraus, daß von einer aggressionslosen Gesellschaft nicht die Rede sein kann. Und das hätte man eigentlich bereits im alten Schrifttum nachlesen können. Dort wird u. a. von territorialer Aggression der Buschmannhorden berichtet – was die Verfechter neu-Rousseauscher Gedankengänge geflissentlich übersahen. Ich habe die aggressiven Auseinandersetzungen in Gruppen spielender Buschmannkinder gefilmt und ausgezählt. In einer Beobachtungszeit von 191 Minuten beobachtete ich in einer neunköpfigen Kindergruppe 166 aggressive Akte (siehe S. 130 ff.). Im Ausdrucksverhalten (Drohmiene, Drohgebärden) glichen die Buschmannkinder qualitativ durchaus europäischen Kindern. Nicht immer eskalierte der Streit zur Schlägerei. Oft beschränkte sich die Auseinandersetzung auf Beschimpfungen und auf ein gegenseitiges Anstarren. Solch ein Drohstarrduell endete oft damit, daß einer aufgab, den Kopf senkte und einen Schmollmund machte, was den anderen zu beschwichtigen schien. Entsprechendes Verhalten kann durchaus auch bei uns beobachtet werden, und ich darf hinzufügen, ich habe es mittlerweile auch bei einer ganzen Reihe anderer Völker festgestellt. Zweifellos handelt es sich hier um Universalien im motorischen Bereich, und zwar um solche, die sich in Anpassung an aggressive Auseinandersetzungen entwickelten, wobei die Ritualisierung des Drohstarrens mit anschließender Submission besonders bemerkenswert scheint.

Interessant ist, daß die Buschmannkinder im wesentlichen ohne starke Beeinflussung seitens der Erwachsenen in Spielgruppen ihre Aggressionen sozialisieren. Die Kinder sammeln Erfahrungen mit der Aggression und lernen sie dabei so zu steuern, daß sie das Gruppenleben nicht stört. Ältere Kinder leiten dabei an, unterweisen und greifen schlichtend und tröstend ein (H. Sbrzesny 1973). Es ist für die Buschmanngesellschaft ferner typisch, daß aggressives Verhalten nicht als Tugend gilt. Dementsprechend legt die Kultur großen Wert auf die Pflege der bindenden Verhaltensweisen. Rituale des Teilens und Schenkens spielen dabei eine große Rolle (Eibl-Eibesfeldt 1970, 1972 b). Das kulturelle Ideal der Buschleute ist zweifellos Friedfertigkeit und harmonisches Zusammenleben, und diese Haltung wird auch errungen. Aber der Prozeß der Sozialisierung besteht in einer Auseinandersetzung mit den primär durchaus vorhandenen aggressiven Neigungen und Verhaltensweisen.

Die Beobachtung lehrt, daß sie zunächst einmal die aggressiven Neigungen entwickeln und diese sekundär in einem Erziehungsprozeß bewältigt werden müssen (Eibl-Eibesfeldt 1972 b) (Abb. 38 a–f.).

4. Die auslösenden Reizsituationen (Das Feindschema)

Über die auslösenden Reizsituationen für aggressives Verhalten wissen die Demagogen im allgemeinen besser Bescheid als die Wissenschaftler. Zweifellos läßt sich die Aggressivität zwischen Gruppen durch die Manipulation von Feindklischees relativ leicht steuern. Jeder Demagoge weiß sie aufzubauen, und einige Klischees scheinen universell. Beispielsweise festigt jede fingierte Drohung über die kollektive Gruppenaggression den Gruppenzusammenhalt. Auch die Verteidigung von Raumbezirken und Gegenständen (Eigentum) fand ich bisher bei allen Völkern, die ich besuchte, zumindest bei Kindern; so z. B. bei den !Ko-Buschleuten, Waika-Indianern, Papuas und Balinesen.

In allen diesen Kulturen beobachtete ich – genauso wie bei uns –, daß Gegenstände bereits in sehr frühem Alter (1–1$^1/_2$ Jahre) zum Anlaß einer Auseinandersetzung werden. Vor allem Kleinkinder männlichen Geschlechts reagieren mit heftigen Angriffen, wenn sie wahrnehmen, daß ein anderes Kleinkind einen Gegenstand hält, den sie gerne selbst haben wollen. Das Bestreben, das begehrte Objekt zu rauben, ist ein universelles und wohl sehr ursprüngliches. Kleinkinder verteidigen ferner bereits sehr früh den Platz, an dem sie gerade spielen, ebenso wie den Platz an der Brust der Mutter (S. 159ff.).

Universell ist auch, daß sich abweichend verhaltende Gruppenmitglieder gehänselt, verspottet und angegriffen werden. Gruppenkonformität beschwichtigt, Aus-der-Reihe-Tanzen löst Aggressionen aus.

Daß sich das Reaktionsschema: fremd = Feind, bekannt = Freund bei taubblind Geborenen entwickelt, ohne daß es dazu schlechter Erfahrungen mit Fremden bedarf, erwähnten wir. Fremdenfurcht und -ablehnung entwickelt sich ferner auch bei Kindern der Naturvölker. Dieses Feindschema entspricht demnach einer angeborenen Disposition.

Wir können dabei vermuten, daß jeder Artgenosse Reize aussendet, die intolerantes Verhalten aktivieren. Bekanntheit setzt dabei eine Aggressionshemmung. Sie dürfte übrigens nicht absolut sein, sonst wäre es unverständlich, daß wir auch im Alltag im Verkehr mit Freunden und Familienangehörigen so viele beschwichtigende Rituale absolvieren müssen, um gut auszukommen (S. 127).

Versäumen wir es etwa zu grüßen, dann werden wir leicht zur Zielscheibe von Aggressionen. Die große Rolle, die beschwichtigende und bindende Rituale in unserem Leben spielen – bei vielen handelt es sich um Universalien (siehe EIBL-EIBESFELDT 1970 a) –, zeugt nicht nur von unserer hohen Aggressionsbereitschaft, sondern ist auch Indiz dafür, daß jeder Mitmensch Träger aggressionsauslösender Signale ist. Persönliche Bekanntschaft allein scheint die herausfordernden Merkmale nicht ganz zu neutralisieren. Welche Merkmale des Mitmenschen im übrigen Aggressionen auslösen, ist noch nicht erforscht.

Vergleichende Untersuchungen zeigten schließlich, daß aggressives Verhalten bei Affen und Menschen gleicherweise bevorzugt in folgenden Situationen auftritt (HAMBURG 1971):

a. Bei Konkurrenz um Nahrung
b. Bei Verteidigung eines Jungen
c. Beim Kampf um die Vormachtstellung zwischen zwei etwa Gleichrangigen
d. Bei Weitergeben erlittener Aggressionen an Rangniedere
e. Bei Wahrnehmung eines sich abweichend verhaltenden Gruppenmitgliedes[1]
f. Beim Wechsel im Ranggefüge
g. Bei der Paarbildung
h. Eindringen eines Fremden in die Gruppe
i. Als Rauben von Gegenständen, typisch für das Kleinkind.

5. Tötungshemmungen

Bei Besprechung der tierischen Aggression führten wir aus, daß diese keineswegs auf die Beschädigung des Gegners ausgerichtet ist.

[1] Jane GOODALL beschreibt, daß an Polio erkrankte Schimpansen von ihren Gruppengefährten heftig angegriffen wurden.

Der Artgenosse wird bei den Auseinandersetzungen tunlichst geschont. Beim Menschen sieht es auf den ersten Blick ganz anders aus. Wir bewerfen die Städte unserer Gegner mit Bomben, wir empfangen den Feind mit Garben aus dem Maschinengewehr, kurz, wir morden unseresgleichen in so erschreckender Zahl, daß einige Autoren den Menschen sogar von einem mörderischen »Kaintrieb« beseelt halten (SZONDI 1969). Beobachtet man sorgfältiger, dann kann man feststellen, daß das zum Glück nicht zutrifft.

Man kann bereits bei Kindern beobachten, daß ein aggressiv gestimmtes ein anderes keineswegs hemmungslos angreift, und zwar nicht nur deshalb, weil es das andere fürchtet. Vielmehr scheint eine Hemmung zu bestehen, jemanden anzugreifen, der einem nichts zuleide getan hat. In diesen Fällen provoziert der Aggressive durch leichte aggressive Akte einen Vorfall, der dann eine massive Gegenaggression quasi rechtfertigt. Er fordert den anderen durch leichte Schläge, Hänseln und Spotten heraus. Schon jetzt möchte ich darauf hinweisen, daß im Verhalten größerer Menschengruppen ganz Ähnliches zu beobachten ist. Bei Auseinandersetzungen zwischen Kindern kann man ferner eine Reihe von beschwichtigenden Verhaltensweisen beobachten.

Wir erwähnten, daß das Schmollen eines Kindes die Aggression des anderen sogleich abbremst. Gleiches gilt für Weinen und Wehklagen. Erwachsene ziehen die gleichen Register. In vielen Punkten verhält sich der Unterwürfige kindlich. Solche Infantilismen gelten universell als beschwichtigende Appelle. Universell sind ferner einige Gesten der Unterwerfung, bei denen man sich kleiner macht – etwa durch Senken des Hauptes oder durch Fußfall. Oft wird der Partner durch die Submission grundlegend umgestimmt und umwirbt mit freundlichen Verhaltensweisen den vorher Bekämpften. Mit anderen Worten: Er empfindet Mitleid, und dieses Mitleid wird durch einfache Signale des Partners, bestimmte Ausdrucksbewegungen, aktiviert. Die Ausdrucksbewegungen ebenso wie das Mitleid, das sich wiederum in bestimmten Verhaltensweisen etwa des Tröstens äußert, sind universell. Wir sind demnach nicht allein mit aggressiven Verhaltensweisen ausgerüstet, sondern haben auch entsprechende Mittel der Aggressionsbeschwichtigung mitbekommen. Bleibt die Frage, ob sie nur innerhalb der Gruppe wirksam sind, wie wir das am Modellfall des Löwen kennlernten, ober ob die Angriffshemmung ganz generell durch solche beschwichtigende Signale ausgelöst wird.

Gewiß sind wir gegenüber Fremden weniger aggressionsgehemmt als gegenüber Gruppenmitgliedern, mit denen uns das Band persönlicher Bekanntschaft bindet. Warum das so ist, führte ich an anderer Stelle aus (EIBL-EIBESFELDT 1970). Ganz sicher jedoch kann auch der Fremde beschwichtigen und Mitleid auslösen. Das Lächeln ist so ein Friedenszeichen. Suchen Menschen den Kontakt mit Fremden, dann ziehen sie überall die gleichen Register. So bemüht man sich oft über Kinder den Kontakt zu den anderen herzustellen. Suchten z. B. Australier den Kontakt mit den von ihnen gefürchteten Weißen, dann schoben sie ein Kind vor sich her, in der Annahme, daß man ihnen dann wohl nichts tun werde. Solche Appelle über das Kind sind aus sehr vielen Kulturen bekannt (siehe S. 241) – und neuerdings sogar bei Affen beschrieben worden (DEAG und CROOK 1971). Berberaffenmännchen niederen Ranges leihen sich oft ein Jungtier aus, wenn sie sich einem ranghohen Männchen kontaktsuchend nähern wollen.

In der Praxis werden jedoch kriegerische Konflikte zwischen den Gruppen oft ziemlich hemmungslos ausgetragen, ohne Schonung von Frauen und Kindern. Wie kommt es dazu? Zunächst ist, wie LORENZ (1963) hervorhob, sicher die Erfindung der Waffe an diesem Tatbestand schuld. Die Tötungshemmungen, die sich im Laufe der Stammesgeschichte entwickelten, sind auf unsere körperlichen Fähigkeiten abgestimmt. Es dürfte wohl selten vorkommen, daß Menschen einander mit Faustschlägen töten oder einander erwürgen. Hält jedoch die Hand den Faustkeil, dann wird der Kampfpartner durch einen schnell geführten Schlag außer Gefecht gesetzt, bevor er Gelegenheit hat, sich durch entsprechende Verhaltensweisen zu unterwerfen. Von den Anthropologen erfahren wir, daß mit den ersten Waffen auch die ersten Schädel mit Spuren von Gewalteinwirkungen gefunden werden (ROPER 1969). Die vorgetragene Hypothese wird ferner durch die Tatsache gestützt, daß erwachsene Menschenaffen einander unter natürlichen Bedingungen kaum je umbringen, obgleich sie ein kräftiges Gebiß besitzen. (Der Schimpanse allerdings vergreift sich gelegentlich an Säuglingen gruppenfremder Mütter und frißt diese auf. Das wird als Argument gegen die Existenz von Tötungshemmungen bei diesen Affen angeführt. Muß man das wirklich so interpretieren? Ich meine nicht. Es könnte sein, daß Schimpansensäuglinge die beschwichtigenden Signale der Subadulten und Erwachsenen noch nicht senden können und deshalb gelegentlich einem Angriff zum Opfer fallen.) Darüber hinaus besitzt der Mensch als Phantasiewesen die besondere Fähigkeit, in seinem Hirn »Wirklichkeiten« aufzubauen. Er kann sich z. B. einreden, daß die Mitglieder einer anderen Gruppe gar keine Menschen seien. Und redet er sich das oft genug ein, dann glaubt er auch daran,

d. h., er bildet in seinem Hirn Strukturen aus, Verknüpfungen von Ganglienzellen oder molekulare Bildungen, aufgrund deren er die Wirklichkeit in einer subjektiv verzerrten Art wahrnimmt. Seine Gedanken bewegen sich in eingeprägten Schablonen, und ein so Indoktrinierter nimmt die mitleidsauslösenden Appelle der anderen nicht wahr. Bemerkenswert ist nun, daß jede Gruppe, die sich mit einer anderen aggressiv auseinandersetzt, nach diesem Prinzip verfährt. Brasilianische Urwaldindianer sprechen von ihren Nachbarn, als wären sie Jagdbeute, und wie zivilisierte Nationen ihre Gegner verteufeln, ist ja genügsam bekannt. Daß so ungeheure Summen in die Kriegspropaganda fließen und daß man überdies Kommunikationsbarrieren errichten muß (Gesetze gegen das Fraternisieren und dergleichen), zeigt zugleich, wie stark eigentlich die Tötungshemmungen auch Fremden gegenüber sind. Noch ein anderes Indiz kann man in diesem Zusammenhang anführen. In vielen Kulturen gelten die siegreichen Mörder als unrein. Sie sind Tabuvorschriften unterworfen, die oft geradezu Sühnecharakter zeigen. Bereits FREUD (1922) hat darin einen Ausdruck schlechten Gewissens gesehen: »Wir schließen aus all diesen Vorschriften, daß im Benehmen gegen Feinde noch andere als bloß feindselige Regungen zum Ausdruck kommen. Wir erblicken in ihnen Äußerungen der Reue, des bösen Gewissens, ihn ums Leben gebracht zu haben. Es will uns scheinen, als wäre auch in diesen Wilden das Gebot lebendig: Du sollst nicht töten!« (Bd. IX, S. 50).

Man muß den Gegner mit großem Aufwand verteufeln, damit man ihn bekämpfen kann, und das öffnet eigentlich sehr hoffnungsvolle Ausblicke. Sicher haben wir in der Menschheitsentwicklung zunächst einmal von dieser aggressiven Abschließung profitiert (BIGELOW 1970, 1971). In der scharfen Konkurrenz wurden auch Intelligenz und Kooperation der Gruppenmitglieder gezüchtet und die kulturelle Aufsplitterung gefördert. Dabei haben wir eine geistige Stufe erreicht, die es uns ermöglicht, aus diesem blutigen Mechanismus auszusteigen und eine vernunftgesteuerte Evolution fortzuführen. Die Tatsache, daß wir emotionell zum Mitleid und Altruismus, zum friedlichen Zusammenleben mit Fremden ausgerüstet sind, ist die Voraussetzung dafür, daß uns auch das gelingt. Dabei gilt es zunächst, die Kommunikationsbarrieren einzureißen und jede Demagogie, die andere Menschengruppen zu verteufeln sucht, mit Bann zu belegen. Jede Erziehung zum Frieden müßte da ansetzen.

In der bisherigen Diskussion befaßten wir uns mit der Motorik aggressiven Verhaltens und mit den auslösenden Reizsituationen. Daß in diesen Bereichen stammesgeschichtliche Anpassungen den Gang des Geschehens mitbestimmen, dürfte wohl als erwiesen gelten. Wir sagen *mit*bestimmen, denn daß aggressive Neigungen durch Erziehung gefördert oder gedämpft werden können, wird kaum ein Verhaltensforscher bezweifeln. Mit der Dynamik der menschlichen Aggression haben wir uns bisher noch nicht befaßt. Sie ist Gegenstand sehr heftiger Auseinandersetzungen. Fest steht, daß erwachsene Menschen von einem Aggressionsdrang beseelt sein können. Tiroler Bauernburschen suchen oft Händel. Raufen macht ihnen offensichtlich Spaß. Und das gilt nicht nur für Tiroler. Dort, wo das Kämpfen verpönt ist, findet man sehr häufig ritualisierte Auseinandersetzungen wie Kampfspiele, Singduelle und andere Bräuche, die man als Ventilsitten zur Abreaktion gestauter, aggressiver Impulse deuten kann.

Es gelang ferner, durch bestimmte Versuchsanordnung Aggressionsstau und Aggressionsentladung nachzuweisen und zu messen. Ein Versuchsleiter verärgerte z. B. Studenten. Als Resultat der Verärgerung stieg deren Blutdruck an. Danach gab der Versuchsleiter vor, er würde nun Aufgaben lösen und die Studenten könnten ihm, wenn er einen Fehler mache, ein Zeichen geben, indem sie einen Knopf drückten. Der einen Hälfte der verärgerten Studenten wurde mitgeteilt, daß der Versuchsleiter dann einen elektrischen Schlag bekäme; der anderen Hälfte sagte man, es würde dann ein blaues Licht aufleuchten. Bei jenen, die glaubten, sie würden einen elektrischen Strafreiz erteilen, sank der Blutdruck. Bei jenen dagegen, die nur ein blaues Licht zu betätigen meinten, blieb er lange auf einem hohen Wert, und auch subjektiv hielt die Verärgerung lange an (HOKANSON und SHETLER 1961). Weitere Versuche zeigten, daß Verärgerte ihren Ärger loswurden, wenn sie Filme aggressiven Inhalts betrachten konnten. Dann identifizierten sie sich offenbar mit einer aggressiven Rolle und lebten in ihr ihre Aggressionen aus. In dieser speziellen Situation haben aggressive Filme also eine spannungsentladende Wirkung (FESHBACH 1961). Daraus jedoch zu folgern, daß Filme aggressiven Inhalts allgemein zu begrüßen sind, ist falsch. Wer sich gerade nicht unter einer aggressiven Spannung befindet, den versetzt ein solcher Film in eine aggressive Stimmung, und ganz allgemein führt das wiederholte Ausleben aggressiver Neigungen zu einem Training aggressiven Verhaltens (BERKOWITZ,

CORWIN und HEIRONIMUS 1963, FESHBACH und SINGER 1971). BANDURA und WALTERS (1963) fanden ebenfalls, daß Filme aggressiven Inhalts aggressiv stimmen können. Sie glauben mit diesem Befund die Katharsishypothese widerlegt zu haben. Das kann man aus den Versuchen jedoch keineswegs folgern. Wie stark übrigens der menschliche Aggressionstrieb und damit das Bedürfnis ihn auszuleben ist, kann aus dem großen Angebot von Filmen aggressiven Inhalts abgelesen werden. Gewalttätigkeit hat einen größeren Markt als Sex.

Sowenig man an der Dynamik aggressiven Verhaltens zweifeln kann, so umstritten ist, ob die zugrunde liegenden physiologischen Antriebssysteme im Laufe der Jugendentwicklung durch Lernprozesse erworben werden oder dem Menschen angeboren sind. Erwiesen ist, daß es endogen verursachte Schwankungen der aggressiven Handlungsbereitschaft gibt, wobei Schwankungen des Spiegels männlicher Geschlechtshormone wie schon bei niederen Wirbeltieren eine entscheidende, stimmungsaufbauende Rolle spielen. Ob es darüber hinaus noch primäre, zentralnervöse Antriebe gibt, das wird gegenwärtig heftig diskutiert.

Die Vertreter der Sekundärtriebshypothese nehmen an, daß der Aggression kein eigener primärer Antrieb zuzuordnen sei, vielmehr stehe er im Dienste anderer Primärtriebe, zu deren Durchsetzung er verhelfe. Dieser Theorie zufolge wird Aggression nur durch Unterdrückung anderer Triebe angeheizt. Bei völliger Erfüllung der Primärtriebe würde es demnach keine Aggressionen geben. So führt Arno PLACK (1968) alle Aggressionen auf Unterdrückung des Geschlechtstriebes zurück. Er folgt damit den Thesen von W. REICH. Etwas anders formuliert tritt uns dieser Gedanke in der Frustrationshypothese von DOLLARD und Mitarbeitern entgegen, derzufolge jede Entbehrung, definiert als Behinderung zielstrebigen Verhaltens, Aggressivität bewirke. Insbesondere kindliche Entbehrungserlebnisse würden aggressives Verhalten bewirken. Auch hier steht die Aggression als Vehikel im Dienste anderer Motivationen. Die Existenz eines eigenständigen Aggressionstriebes wird bezweifelt. Auch für die Vertreter der Hypothese, aggressive Verhaltensweisen würden am sozialen Vorbild gelernt, ist die aggressive Motivation eine sekundäre. KUNZ (1946) hält sie gar für eine »Entartung der natürlichen Aktivität des Organismus«, einen pathologischen Zustand also.

Für die Annahme eines primären, uns Menschen angeborenen Aggressionstriebes gibt es zwar keinen strengen Beweis, wohl aber eine Reihe starker Indizien. Da ist zunächst einmal auf die Tatsache zu verweisen, daß selbst in pazifistisch eingestellten Kulturen aggressives Verhalten beobachtet werden kann. Und verfolgt man die Ontogenese sozialen Verhaltens, dann stellt man wohl auch fest, daß sich aggressives Verhalten zunächst einmal überall entwickelt und erst sekundär sozialisiert wird. Nun könnte man einwenden, daß es eben keine Kultur gibt, deren Vertreter nicht frühkindlichen Entbehrungserlebnissen ausgesetzt sind, und faßt man den Begriff Entbehrungserlebnis weit genug, dann trifft das wohl auch zu. Nur der Nachweis, daß damit Entbehrungserlebnisse auch die alleinige Ursache aggressiven Verhaltens sind, ist damit noch nicht erbracht.

Auch der Hinweis, aggressives Verhalten (z. B. Fordern nach Nahrung, Betreuung usw.) führe ein Kind überall zum Erfolg und trainiere so aggressives Verhalten – was sicher stimmt –, beweist noch keineswegs, daß es deshalb keinen primären Aggressionstrieb gäbe. Man könnte zwar eine solche Erklärung nach dem Sparsamkeitsprinzip als die einfachste Hypothese zunächst einmal akzeptieren, gäbe es nicht Befunde der Nervenphysiologie, die eine andere Interpretation nahelegen. Man hat beim Menschen u. a. neurogene Wutanfälle nachgewiesen, die auf das spontane Feuer von Zellen im Hirnstamm und Schläfenlappen zurückgehen (GIBBS 1951, MOYER 1969, 1971, SWEET und Mitarbeiter 1969). Die spontanen Wutanfälle sind von typischen hirnelektrischen Aktivitäten dieser Regionen begleitet, und durch ihre elektrische Reizung lassen sich diese Wutanfälle auch reproduzieren. Da auch der Gesunde über die gleichen Strukturen verfügt und man auch bei ihm durch Reizung der gleichen Regionen Aggressivität wachrufen kann (Literatur bei MOYER 1971 a), und da man schließlich weiß, daß jede Ganglienzelle eine Spontaneität aufweist[2], (ROEDER 1955, BULLOCK und HORRIDGE 1965), ist die Hypothese, daß die menschliche Aggression in diesen automatischen Strukturen ihre Grundlage hat, keineswegs so leicht vom Tisch zu wischen, wie das gelegentlich in Diskussionen geschieht.

Einen Gedanken möchte ich in diesem Zusammenhang vortragen: Man hört immer wieder die Frage, ob denn ein spontaner Aggressionstrieb auch sinnvoll sei; ihn reaktiv zu bauen wäre doch sicher zweckmäßiger. Vielleicht wäre es das – sicher ist es keineswegs –, aber ist das auch leicht zu konstruieren? Die Bausteine des Systems sind ja spontan aktive Neuronen. Vielleicht ist es dieser Eigenschaft des neuronalen Elements zuzuschreiben, daß kompli-

[2] Auf JOUVETS Entdeckung spontaner Aggressionsentladung im Traum (1972) möchten wir in diesem Zusammenhang noch einmal verweisen.

zierte neurale Systeme so oft Spontaneität zeigen. Es hat ja selbst den Anschein, daß dem Fluchtverhalten einiger Vögel und Säuger ein »Fluchttrieb«, d. h. Spontaneität zukommt, obgleich das zunächst recht unzweckmäßig scheint[3].

Mark und Ervin (1970) heben hervor, daß die Mechanismen, die aggressivem Verhalten zugrunde liegen, in den ältesten Hirnteilen lokalisiert sind. Dies ist keineswegs erstaunlich, da aggressives Verhalten ja sehr alt ist.

»Violent behavior as one aspect of selfpreservation has existed on this earth for hundreds of millions of years. It is not surprising, therefore, to find that the mechanisms that initiate it are in the deepest most primitive centers of the vertebrate brain – the brainstem. Nor is it surprising to find that mechanisms for controlling violence and other brainstem functions are situated in the deepest and oldest part of the vertebrate ›large brain‹ or cerebrum.« (S. 14.)

(»Aggressives Verhalten als ein Aspekt der Selbsterhaltung hat auf dieser Erde seit Hunderten Millionen Jahren existiert. Es ist daher nicht überraschend, zu finden, daß die Mechanismen, die dieses Verhalten initiieren, in den tiefsten und primitivsten Zentren des Wirbeltiergehirns beheimatet sind, nämlich im Stammhirn. Es ist auch nicht überraschend, festzustellen, daß jene Mechanismen, die die Aggression und andere Funktionen des Stammhirnes kontrollieren, sich im tiefsten und ältesten Teil des ›Großhirns‹ oder ›Cerebrum‹ der Wirbeltiere befinden.«)

7. Soziale Rangordnung

Um die Rechtfertigung oder Ablehnung von Rangordnung und Autorität wurde viel diskutiert. Die Gleichstellung aller Menschen in einer klassenlosen Gesellschaftsordnung ist ein Ziel, um das sich viele Politiker bemühen. Andere halten das für utopisch, da dies nicht unseren Anlagen entspreche. So meint Freud: »Es ist ein Stück der angeborenen und nicht zu beseitigenden Ungleichheit des Menschen, daß sie in Führer und Abhängige zerfallen. Die letzteren sind die übergroße Mehrheit, sie bedürfen einer Autorität, welche für sie Entscheidungen fällt, denen sie sich meist bedingungslos unterwerfen.« (Freud 1950, in einem Brief an A. Einstein 1932.)

[3] Im Gehirn des Menschen gibt es schließlich neuronale Systeme, deren Aktivierung aggressives Verhalten blockieren. So gelang es, gewalttätige Patienten durch Reizung in ventromedialen Frontallappen und in der zentralen Region des Temporallappens zu beruhigen (Literatur bei Moyer 1971).

Die Erscheinung der sozialen Rangordnung ist bei höheren Wirbeltieren, die aggressiv sind und dennoch in Verbänden zusammenleben, eine regelmäßige Erscheinung. Ausnahmen sind mir nicht bekannt. Die Erscheinung wurde von dem Psychologen SCHJELDERUP-EBBE 1922 an Hühnern entdeckt. Der Forscher fand, daß es in einer frisch zusammengesetzten Hühnerschar zunächst recht unfriedlich zugeht. Die Hennen raufen reihum und richten ihr weiteres Verhalten zum Artgenossen nach Sieg und Niederlage. Jenen, von denen sie besiegt wurden, weichen sie künftig aus, jene, die sie besiegten, müssen ihnen dagegen weichen, sonst werden sie gehackt. Die Ranghohen haben Vortritt am Schlafplatz und am Futterplatz. Im einfachsten Fall liegt eine lineare Rangordnung vor, nach dem Muster a-b-c-d-e. Manchmal sind die Verhältnisse jedoch komplizierter. Es kann zum Beispiel vorkommen, das ein Huhn a die Hühner b und c besiegt, danach aber zufällig dem Huhn d unterliegt. Dann ist ihm d überlegen, obgleich es b und c, die es zuvor besiegten, untergeordnet bleibt. Ist eine Rangordnung einmal ausgerauft worden, dann geht es in der Hühnerschar relativ friedlich zu. Es genügt im allgemeinen ein kurzes Drohen eines Ranghöheren, um einen Rangniederen einzuschüchtern. Leichte Reibereien beobachtet man vor allem zwischen Tieren, die einander im Range nahestehen.

Bei Graugänsen entdeckte LORENZ, daß Rangordnungen auch tradiert werden. Gössel ranghoher Eltern dürfen sich unter deren Schutz sehr viel herausnehmen. Unter anderem können sie ungestraft selbst Erwachsene niederen Ranges angreifen. Sie werden dazu sogar von den Eltern ermuntert. Auf diese Weise wird ihnen ihre spätere hohe Rangstellung anerzogen.

Damit sich eine Rangordnung entwickeln kann, muß das Individuum einerseits aggressiv sein und nach Rang streben. Es muß aber auch bereit sein, nach Niederlage eine niedere Rangstellung zu akzeptieren und dann zu gehorchen. Daß diese letztere Disposition für das Zusammenleben wichtig ist, bemerkt man schnell, wenn man von Natur aus einzelgängerische Säuger (Dachse, Eisbären) aufzieht. Ein Dachs gehorcht ab einem bestimmten Alter absolut nicht mehr. Mein zahmer Dachs pflegte abends in mein Zimmer zu kommen und dann allerlei Unfug zu treiben. Er öffnete Schranktüren und zog die Wäsche heraus, er schüttete den Wassereimer um; und ich konnte protestieren, ohne daß ihn dies berührte. Er schaute mich wohl gelegentlich an, setzte aber dann sein Tun fort. Gab ich ihm schließlich einen Klaps, dann brummte er und griff mich wohl auch an. Ganz anders reagiert dagegen ein Schäferhund. Er paßt sich sogleich dem Ranghohen an und gehorcht.

Die soziale Rangordnung dürfte ursprünglich in erster Linie ein Mechanismus sein, die Aggressionen innerhalb einer Gruppe zu neutralisieren. Sie ist zunächst nur in diesem Sinne Anpassung. Bei höheren Säugern bilden sich jedoch auf der Basis der Rangordnung arbeitsteilig differenzierte Gruppen. Die Ranghohen übernehmen zum Beispiel bei vielen Affen eine Reihe von Aufgaben. Sie verteidigen die Kleinen, führen die Gruppe, halten sie zusammen und schlichten Streit zwischen Gruppenmitgliedern. Bei Gefahr suchen sie Auswege. Bei diesen Tieren wird die Ranghöhe nicht mehr allein durch körperliche Kraft und Aggressivität bestimmt. Es kommt vor allem auf von uns positiv bewertete soziale Eigenschaften an, wie die Fähigkeit, Freundschaften zu schließen und Jungtiere zu betreuen. Ausschließlich aggressive Individuen sind keineswegs besonders ranghoch. Bei Pavianen zählt auch das Alter. Die Alten nützen ihrer Gruppe durch ihre Erfahrung, und das wird respektiert. Sie wissen um die Gefahrensituationen, suchen dann Auswege und sind in vielem Vorbild. Pavianmänner behalten ihre hohe Rangstellung auch dann, wenn sie körperlich ihre Blütezeit überschritten haben. Oft verbünden sich dann mehrere alte Männchen zu einer zentralen Hierarchiegruppe (DeVore 1965). Die schwindenden körperlichen Kräfte dieser Alten werden äußerlich durch einen besonders prachtvollen langhaarigen silbrigen Pelz kompensiert. Wir kennen vergleichbare »Altersprachtkleider« auch von Menschenaffen.

Ranghohe Affen sind bei Gefahr das Fluchtziel der Rangniederen. Erfahrungen werden im allgemeinen von Ranghöheren den Rangniederen tradiert. Dagegen zeigt der Ranghöhere nur geringe Bereitschaft, vom Rangniederen zu lernen.

Rangordnungen sind auch bei den uns nächststehenden Menschenaffen gut ausgeprägt. Jane van Lawick-Goodall beschreibt sehr eindrucksvoll, wie Schimpansenmännchen durch ihr Imponiergehaben ihre Rangstellung behaupten, ja gelegentlich auch kampflos verbessern. Lärmen spielt dabei eine große Rolle. Als ein Männchen entdeckte, daß man mit leeren Benzinkanistern besonders lauten Krach schlagen konnte, verbesserte sich seine Rangstellung sprunghaft.

Bei der weiten Verbreitung der sozialen Rangordnung unter den höheren Säugern ist zu erwarten, daß dem Menschen eine Disposition dazu ebenfalls angeboren ist. Dafür gibt es auch viele Hinweise. Zunächst findet man im Kulturenvergleich, daß Rang und Prestige in irgendeiner Form fast immer eine große Rolle spielen. Es gibt zwar egalitäre Kulturen, aber jene, die ich kenne, sind da sicher sekundär. Die oft als Musterbeispiel dafür angeführten Buschleute der Kalahari erzwingen die Gleichheit über besonders ausgefeilte Schenk- und Teilrituale, die für eine gleichmäßige Verteilung des Besitzes sorgen (EIBL-EIBESFELDT 1972). Darüber hinaus gibt es aber auch bei den Buschleuten Personen von Ansehen. Gute Jäger und Sammler werden geschätzt, ebenso gute Trancetänzer, und man strebt nach Wertschätzung. Jede Horde hat einen Anführer. Schließlich respektiert man die Alten beiderlei Geschlechtes wegen ihrer Erfahrungen. Schließlich entwickeln sich in den Kinderspielgruppen deutliche Rangordnungen (siehe S. 135).

Das Streben nach Rang und Ansehen führt in den verschiedenen Kulturen zu den merkwürdigsten Prestigesitten. Wir erwähnten den Potlatch der Kwakiutl-Indianer (S. 95). In unserer Kultur schaffen sich die Menschen die seltsamsten Ersatzpyramiden, um dann an deren Spitze zu thronen, sei es als König der Bierfilzsammler oder der Zierfischzüchter. Auch ahmen Rangniedere gerne die Rangsymbole der Ranghohen nach. Schon kleine Kinder streben nach Rang und müssen in diesem Drange eher gebremst als dazu ermutigt werden.

Die Achtung des Alters gehört wohl zu den Universalien. Alte sind als Wissenshort für die Gruppe von Bedeutung.

Dem Menschen ist neben seinem Rangstreben wahrscheinlich auch die Bereitschaft zur Unterordnung angeboren. Gehorsam ist in vielen Kulturen ein ethischer Wert, und in bestimmten Situationen gehorchen Menschen fast blindlings und anders, als sie bei ruhiger Überlegung handeln würden. Der amerikanische Psychologe MILGRAM lud verschiedene Versuchspersonen zu einem von ihm vorgetäuschten Experiment ein. Den eingeladenen Personen wurde mitgeteilt, man habe die Absicht, den Einfluß von Strafreizen auf den Lernfortschritt zu prüfen. Eine Versuchsperson (ein Komplize des Versuchsleiters) wurde dazu in einem Nebenraum auf eine Art elektrischen Stuhl gefesselt. Dem eingeladenen Gast wurde als Lehrer die Aufgabe übertragen, die Versuchsperson immer dann elektrisch zu schocken, wenn sie einen Fehler mache, und zwar mit von Fehler zu Fehler fortschreitender Reizstärke. Zu diesem Zweck stand in einem anderen Raum eine Strafreizapparatur mit 30 Tasten von 15 bis 450 Volt. Außer der Voltbezeichnung standen noch die Hinweise: geringer Schock, schwerer Schock, Gefahr! – der Versuchsleiter im weißen Laborkittel war im gleichen Raum zugegen.

Überraschenderweise folgten die meisten Personen der Anweisung geradezu blindlings. Sie erteilten zuletzt auch Strafreize der höchsten Reizstufe, obgleich der Verstand ihnen gesagt haben müßte, daß dies den Lernenden doch ernsthaft schädigen müßte.

Milgram dachte zunächst an einen Fehler im Versuchsaufbau. Der Lehrer nahm ja von seinem Opfer, das wie gesagt im Nebenraum saß, nichts wahr. Um eine Rückmeldung zu geben, ließ Milgram in weiteren Versuchen fingierte Reaktionen vom leichten Schmerzlaut bis zum lauten, verzweifelten Protest über Tonband vorspielen. Das beunruhigte viele der Testpersonen, aber nur 37,5 Prozent verweigerten den Gehorsam. Die meisten fragten zwar an, ob sie nicht aufhören sollten, da es doch offensichtlich das Opfer schmerze. Ja, manche protestierten und erhoben sich in der Absicht aufzuhören. Auf die monotone Aufforderung des Versuchsleiters, doch weiterzumachen, gehorchten sie zuletzt meist doch. Selbst jene wenigen, die sich weigerten, taten es meist erst, nachdem sie bereits Strafreize erteilt hatten, die das Opfer, wäre der ganze Test nicht simuliert gewesen, geschädigt hätten. Gehorsam war stärker als Mitleid. Daß die Versuchspersonen nicht sadistisch motiviert waren, belegte ein Versuch, bei dem der Versuchsleiter nicht im gleichen Raum anwesend war, sondern seine Anweisungen durchs Telephon erteilte. Dann sank der Prozentsatz der Gehorsamen um zwei Drittel, und viele derjenigen, die weitermachten, hoben die Reizstärke nicht weisungsgemäß an, obgleich sie vorgaben, es zu tun.

Personen, die man nur befragte, wie wohl ein solches Experiment ausfallen würde, gaben übereinstimmend an, daß die meisten der Versuchspersonen nicht über 150 Volt hinausgehen und nur einer in tausend bis zur letzten Reizstufe fortschreiten würde. Erwartung und Wirklichkeit wichen erschreckend voneinander ab. Milgram schreibt am Ende seiner Arbeit:

»Die Ergebnisse – so wie sie im Laboratorium gesehen und empfunden wurden – beunruhigen den Verfasser. Sie lassen die Möglichkeit erstehen, daß von der menschlichen Natur – oder, spezifischer, von dem in der amerikanischen Gesellschaft hervorgebrachten Charaktertyp – nicht erwartet werden kann, daß er ihren Bürgern vor brutaler und unmenschlicher Behandlung auf Anweisung einer böswilligen Autorität Schutz böte. Die Leute tun zu einem erheblichen Teil, was ihnen gesagt wird, ungeachtet des Inhalts der Handlung und ohne Gewissensbeschränkungen, solange sie den Befehl als von einer legitimierten Autorität kommen sehen. Wenn es in dieser Studie einem anonymen Experimentator möglich war, Erwachsenen zu befehlen, einen fünfzigjährigen Mann ins Joch zu zwingen und ihm trotz Protestes schmerzhafte Elektroschocks zu versetzen, dann kann man nur gespannt sein, was eine Regierung – die über weit größere Autorität und größeres Prestige verfügt – ihren Untertanen zu befehlen vermag.« (Milgram 1966, S. 460.)

Man muß um solche Neigungen wissen, wenn man den Menschen vor sich selbst erfolgreich schützen will. Wer von vornherein die Möglichkeit einer angeborenen Disposition ausschließt, nur weil es ihm nicht in den weltanschaulichen Kram paßt, handelt leichtsinnig. Mit dem Hinweis auf die wahrscheinlich angeborene Grundlage menschlichen Rangordnungsverhaltens ist keineswegs ein Plädoyer für die Beibehaltung überkommener Rangsysteme verbunden. Daß es durchaus möglich ist, dennoch egalitäre Gesellschaften aufzubauen, zweifeln wir nicht an, allerdings bedarf es dazu eines gesellschaftlichen Zwanges; und es erhebt sich die Frage, wieweit man dem persönlichen Rangstreben doch auch Freiräume zu seiner Befriedigung verschaffen kann, ohne daß Mitmenschen unter einer Dominanz leiden.

8. Die Außenseiterreaktion

Eine sehr merkwürdige Form innerartlicher Aggression ist die Außenseiterreaktion. Sie richtet sich gegen Gruppenmitglieder, die im Verhalten oder Aussehen von der Norm abweichen. SCHJELDERUP-EBBE fand, daß Hühner Gruppenmitglieder mit künstlich veränderten Kämmen angriffen, van LAWICK-GOODALL (1971) beschreibt, daß ihre Schimpansen auf Gruppenmitglieder, die durch Kinderlähmung ein verändertes Verhalten zeigten, mit heftigen Aggressionen reagierten. Wir geben einen Teil ihrer dramatischen Schilderung wieder. Sie erzählt zunächst, wie die gesunden Schimpansen reagierten, als ihr an Polio erkranktes Gruppenmitglied Pepe zum ersten Mal wieder im Lager erschien:

»Als zum Beispiel Pepe sich, mit dem Gesäß auf dem Boden rutschend und den gelähmten Arm nachziehend, den Hang zum Futterplatz hinaufschleppte, starrten die Schimpansen, die bereits dort waren, einen Augenblick lang zu ihm hinüber und umarmten und beklopften sich dann gegenseitig mit einem breiten Grinsen der Angst auf den Gesichtern, um sich Mut zu machen, ohne dabei den unglücklichen Krüppel aus den Augen zu lassen. Pepe, der offensichtlich nicht ahnte, daß er selber der Anlaß ihrer Furcht war, zeigte ein noch breiteres Angstgrinsen und schaute wiederholt über die Schulter zurück – vermutlich, um herauszufinden, was seinen Genossen eine solche Furcht einjagte. Schließlich beruhigten sich die anderen, aber obgleich sie immer wieder zu ihm hinüberspähten, kam ihm keiner näher, und er schleppte sich, wiederum sich selbst überlassen, fort. Nach und nach gewöhnten sich die andern Tiere an

Pepe, und bald waren seine Beinmuskeln stark genug, daß er aufrecht gehen konnte, wie es Faben von Anfang an getan hatte.

Der Zustand des alten McGregor jedoch war weit schlimmer. Zu der Tatsache, daß er sich auf eine höchst abnorme Weise fortbewegen mußte, kamen der Uringeruch, das blutende Hinterteil und der Schwarm von Fliegen, der ihn verfolgte. Als er am ersten Morgen nach seiner Rückkehr ins Camp in dem hohen Gras unterhalb des Futterplatzes saß, liefen die ausgewachsenen Männchen, eines nach dem anderen, mit gesträubtem Fell zu ihm hin, starrten ihn an und verfielen in ihr Imponiergehabe. Goliath griff das gequälte alte Männchen, das weder die Kraft hatte zu fliehen noch sich auf irgendeine Weise zu verteidigen, sogar an, und McGregor blieb nichts anderes übrig, als sich mit angstverzerrtem Gesicht zu ducken, während Goliath auf seinen Rücken einhämmerte. Als ein zweites Männchen sich anschickte, über McGregor herzufallen und mit wild gesträubten Haaren einen gewaltigen Ast herumwirbelte, stellten Hugo und ich uns vor den Krüppel, und zu unserer Erleichterung ließen die Männchen von ihm ab.

Nach zwei oder drei Tagen gewöhnten sich die Schimpansen an McGregors sonderbares Aussehen und an seine grotesken Bewegungen, aber sie näherten sich ihm nie. Der, von meinem Standpunkt aus gesehen, allerschmerzlichste Augenblick der ganzen zehn Tage kam eines Nachmittags. Acht Schimpansen hatten sich in einem Baum versammelt, der etwa sechzig Schritt von dem Schlafnest entfernt war, in dem McGregor lag, und lausten sich gegenseitig. Das kranke Männchen sah unentwegt zu ihnen hinüber und ließ dann und wann ein leises Grunzen vernehmen. Schimpansen widmen normalerweise einen großen Teil ihrer Zeit der sozialen Hautpflege, und das alte Männchen hatte seit dem Ausbruch seiner Krankheit auf diesen wichtigen Kontakt verzichten müssen.

Schließlich erhob sich McGregor mühsam von seinem Lager, ließ sich auf den Boden hinab und machte sich, wieder und wieder innehaltend, auf den langen Weg zu seinen Artgenossen. Als er endlich den Baum erreichte, ruhte er eine Weile im Schatten aus und zog sich dann mit letzter Kraft hinauf, bis ihn nur noch ein kurzes Stück von zwei der Männchen trennte. Mit einem lauten Grunzer der Freude streckte er grüßend die Hand nach ihnen aus, aber noch bevor er sie berührt hatte, sprangen sie, ohne sich nach ihm umzusehen, fort und setzten ihre Hautpflege auf der anderen Seite des Baumes fort. Volle zwei Minuten lang saß der alte Gregor regungslos da und starrte ihnen nach. Dann ließ er sich langsam wieder zur Erde herab.« (van LAWICK-GOODALL 1971, S. 184f.)

Auch wir Menschen neigen dazu, Mitmenschen, die sich von der Norm abweichend verhalten oder abweichend aussehen, zu verspotten und anzugreifen. Der Dicke, der Stotternde oder der Rothaarige sind Zielscheibe des Spottes in Schulklassen. Das Verhalten erzwingt die Angleichung des Außenseiters, sofern ihm das möglich ist. Die gegen die Außenseiter gerichtete Aggression hat in diesem Sinne eine normerhaltende Funktion, und das mag in den Kleingruppen der Altsteinzeit adaptiv gewesen sein. Heute gilt das sicher nicht. Unsere Gesellschaft profitiert gerade von den Außenseitern, die oft besonders begabte Kulturträger sind.

Die Außenseiterreaktion ist dem Menschen sicher angeboren. Darauf weist einerseits die Tatsache hin, daß sie bei den Schimpansen so ausgeprägt ist. Sie ist ferner universell. Auch Waika-Indianer und Buschleute lachen über den, der sich absonderlich benimmt. Ungeschick wird ebenfalls verspottet, es löst Auslachen aus. Ferner lachen bereits knapp über ein Jahr alte Kinder herzlich, wenn eine ihnen vertraute Person sich in auffälliger Weise verändert, sei es im Aussehen oder in den Bewegungen. Auch sind viele Verhaltensweisen des Spottens (s. S. 142ff.) Universalien. Über jemanden zu lachen ist übrigens stark lustbetont. Die Witzblätter haben diesen Markt schon lange entdeckt. Man muß um solche Neigungen wissen, will man sich und andere Menschen vor deren Ausartungen schützen.

IV. Mißverständnisse um Schlußfolgerungen

Wir haben festgestellt, daß menschliches Aggressionsverhalten sicherlich im motorischen und rezeptorischen und wahrscheinlich auch im Antriebsbereich durch stammesgeschichtliche Anpassungen vorprogrammiert ist. Diese Feststellung hat uns Vorwürfe eingetragen. Wie lauten die Vorwürfe und was steht wirklich in den Schriften der Verhaltensforscher? Es dürfte lehrreich sein, einen abschließenden Blick auf diese Diskussion zu werfen.

Die Vorwürfe zielen etwa in die gleiche Richtung. Man unterschiebt uns die Intention, Aggressionen zu verharmlosen, sie zu rechtfertigen, zu entschuldigen und sie schließlich als unabwendbares Geschick des Menschen hinzustellen. So schreibt RATTNER (1970): »In politischer Hinsicht ist es nicht zu übersehen, daß die grandiose Verharmlosung des Aggressionsproblems für alle wohltuend wirken muß, die sich an den Massenverbrechen der letzten Jahrzehnte beteiligt haben ... Die Lehre vom ›Aggressionstrieb‹ bietet einer gesellschaftlichen Verschleierungstechnik Vorschub, die dem konservativ bürgerlichen Denken durchaus entspricht. Der Blick des Betrachters wird von den Mängeln innerhalb der Gesellschaft ... abgelenkt und richtet sich nur noch auf die hypothetische ›Instinktgrundlage‹ des Menschen, die sich menschlicher Willkür und Einflußnahme entzieht« (S. 35). Ähnlich schreibt DENKER (1966) über die Folgen des LORENZschen Buches: »Da die Aggression als Naturanlage eine kausale Erklärung erfährt, wird nach Ansicht vieler Leser der Mensch weitgehend aus der Selbstverantwortung entlassen« (S. 95). LUMSDEN (1970) meint:

»Das ist das Gefährliche an der Theorie vom ›Aggressionsinstinkt‹: daß sie, die weit davon entfernt ist, den Menschen zu emanzipieren, es ermöglicht, ihn in eine reaktionäre Ideologie zu verstrikken, indem sie die scheinbare ›biologische Notwendigkeit‹ eines autoritären Sozialsystems der inneren und äußeren Repression demonstriert.«

(»The danger with the ›instinct of aggression‹ theory is, that far from emancipating man, it may enslave him to a reactionary ideology by apparently demonstrating the ›biological necessity‹ of an authoritarian social system organized for internal and external repression.« S. 408.)

Ähnliches hört man von LEPENIES und NOLTE (1971): »Der Rekurs auf das archaische (aggressive) Erbe des Menschen dient nicht der Reflexion oder den Bedingungen der Emanzipation, sondern nimmt eine offensichtlich anti-aufklärerische Richtung.« In der letztgenannten Abhandlung findet sich auch die erstaunliche Feststellung, wer den Menschen für aggressiv halte, setze ihm auch aggressive Ziele! Als ob ein Psychiater die Krankheit stets als unabwendbares Geschick ansehe und dem Kranken dementsprechende Ziele setze!

Zu diesen mit gummistempelhafter Monotonie wiederholten Vorwürfen – man kann sie auch bei SELG (1971), HOLLITSCHER und in der MONTAGUschen Polemiken-Sammlung nachlesen (MONTAGU 1968) – kommt noch der Vorwurf, »hinter LORENZschen Darlegungen steht immer wieder die Hypothese vom ›Raubtiermenschen‹« (RATTNER 1970, S. 30); LIVINGSTONE (1971) behauptet ganz ähnlich, LORENZ habe dem Menschen einen »killer instinct« zugeschrieben.

Bleiben wir gleich bei diesem Vorwurf. Hat LORENZ das wirklich behauptet? Auch der flüchtige Leser kann kaum übersehen, daß LORENZ den Aggressionstrieb nie als »killer instinct« – einen auf die Tötung des Artgenossen abzielenden Trieb also – definierte. Im Gegenteil! Er betonte, daß die Aggression nie auf das Töten abziele, sondern daß dort, wo dies die Folge sein könnte, besondere Ritualisierungen (Turnierkämpfe, Tötungshemmungen) eben den Mord am Artgenossen verhindern.

Und wie steht es mit den Vorwürfen, daß Ethologen das aggressive Verhalten als naturgegebenes, triebbedingtes Verhalten akzeptierten und exkulpierten (SCHMIDT-MUMMENDEY 1971, S. 19)? Wenn der Vorwurf gegen LORENZ zielt, dann handelt es sich um eine böswillige Unterstellung, denn der Tenor des LORENZschen Buches ist das Bemühen um eine Aggressionskontrolle. So schreibt LORENZ (1963, S. 47): »Wir haben guten Grund, die intraspezifische Aggression in der gegenwärtigen kulturhistorischen und technologischen Situation der Menschheit für die schwerste aller Gefahren zu halten. Aber wir werden unsere Aussichten, ihr zu begegnen, gewiß nicht dadurch verbessern, daß wir sie als etwas Metaphysisches und Unabwendbares hinnehmen, vielleicht aber dadurch, daß wir die Kette ihrer natürlichen Verursachung verfolgen. Wo immer der Mensch die Macht erlangt hat, ein Naturgeschehen willkürlich in bestimmter Richtung zu lenken, verdankt er sie seiner Einsicht in die Verkettung der Ursachen, die es bewirken. Die Lehre vom normalen, seine arterhaltende Leistung erfüllenden Lebensvorgang, die sogenannte Physiologie, bildet die unentbehrliche Grundlage für die Lehre von seiner Störung, für die Pathologie.«

Damit ist wohl klar genug ausgedrückt, daß Ethologen die Aggression keineswegs als unabwendbares Schicksal hinzunehmen gedenken. Im Gegenteil! Es wurde immer wieder betont, daß stammesgeschichtliche Anpassungen unter den veränderten Bedingungen unserer Zeit ihre einstige Angepaßtheit einbüßen können. Wir wissen ja, daß wir auf morphologischem Gebiet historische Belastungen mitschleppen, die keineswegs mehr adaptiv sind. Der Blinddarm ist ein gutes Beispiel dafür. Deswegen, weil er immer wieder angelegt wird, nehmen wir ihn doch noch lange nicht als unabwendbares Schicksal hin. Nur wenige sterben heute noch an Blinddarmentzündung. Genausowenig müssen wir Dispositionen im Verhalten als unabwendbar – sprich unkontrollierbar – hinnehmen. Als Kulturwesen von Natur sind wir jederzeit in der Lage, unser Triebleben kulturell zu steuern. Einsicht in die Zusammenhänge ist dazu Voraussetzung (EIBL-EIBESFELDT 1970 a, 1972 a). Emotionelle Diskussionen tragen wenig zur Bewältigung des Problems bei. Sie sind eher dazu angetan, Kommunikationsbarrieren zu errichten. Man sollte lernen, ohne Aggression über Aggression zu sprechen. In diesem Zusammenhang sollte man vielleicht auch auf die Gefahren einer extremen Milieutheorie hinweisen, wie sie sich neuerdings – insbesondere in SKINNERS Veröffentlichungen – anbahnen. Die

SKINNERsche Ethik der absoluten Verhaltenskontrolle ist, milde gesagt, bedenklich, und sie wurde zweifellos aus der Milieutheorie geboren, die keinerlei vorgegebene Normen ethischen Verhaltens anerkennt.

Bei der ganzen Diskussion um die menschliche Aggressivität fällt schließlich eine gewisse Einseitigkeit auf, auf die wir zum Abschluß noch hinweisen möchten. Wie gebannt konzentrieren sich die Diskutanten auf die Aggression, als wäre dies die einzige uns Menschen bewegende Regung. An der Tatsache, daß selbst feindliche Truppen Zigaretten austauschen, wenn die Gegner einander kennenlernen, geht man vorbei, obgleich sich hier die hoffnungsvollsten Ansätze für die Kontrolle unserer Aggressivität bieten. In solchen Fällen zeigt sich nämlich, daß der Mensch von Natur auch ein geselliges Wesen ist, beherrscht von einem Trieb, freundliche Bindungen einzugehen. Begabt mit diesen natürlichen Gegenspielern zur Aggression (auf die ich hier leider nicht näher eingehen kann, siehe aber EIBL-EIBESFELDT 1970), brauchen wir keinerlei fatalistische Haltung zu pflegen. Wir dürfen nur nicht verlernen, in anderen Mitmenschen zu sehen.

Im menschlichen Feindschema (S. 97f.) sind auch die Möglichkeiten wirksamer Konfliktlösung angelegt. Förderung der Bekanntheit führt fast automatisch zur Verbrüderung. Jede im Dienste des Friedens stehende Erziehungsstrategie muß sich daher in erster Linie um den Abbau der Kommunikationsbarrieren bemühen.

Letztlich sehen damit auch die Ethologen in der Erziehung den Schlüssel zur Behebung der Störungen zwischenmenschlichen Zusammenlebens. Wir bemühen uns jedoch, unsere Erziehungsstrategien aus der Kenntnis der menschlichen Natur und nicht aus Ideologien abzuleiten.

Zusammenfassung

Zwischen inner- und zwischenartlicher Aggression muß klar unterschieden werden. Innerartliches Aggressionsverhalten entwickelte sich im Laufe der Stammesgeschichte bei sehr vielen Wirbeltieren als ein Mechanismus, Artgenossen aus einem Gebiet zu verdrängen und ein Territorium für das Individuum oder eine Gruppe zu sichern. Ein weiterer Selektionsvorteil besteht u. a. in der bei Rivalenkämpfen stattfindenden Auslese der Gewandtesten und Stärksten. Die

Kämpfe zielen nicht auf die Vernichtung des Gegners ab. Wo der Artgenosse Gefahr läuft beschädigt zu werden, wurden die Auseinandersetzungen häufig zu Turnieren umgestaltet. Dort, wo sie als Beschädigungskampf auftraten, wurden oft besondere Demutsstellungen entwickelt, mit denen sich der Verlierer unterwerfen kann. Sie hemmen weitere Angriffe.

Im Dienste der innerartlichen Aggression entwickelten die Tiere Anpassungen in der Motorik (Erbkoordinationen), ferner Auslöser, angeborene Auslösemechanismen und schließlich auch besondere Antriebe (Aggressionstriebe).

Die Frage, ob auch das menschliche Aggressionsverhalten in bestimmten Bereichen von stammesgeschichtlichen Anpassungen vorgezeichnet ist, wurde in den letzten Jahren sehr lebhaft diskutiert. Wir können nachweisen, daß solche Vorprogrammierungen in der Tat vorliegen. Taubblind geborene Kinder entwickeln in der Motorik typisches Wutverhalten. Sie differenzieren ferner zwischen ihren Bekannten und Fremden, die sie geruchlich voneinander unterscheiden. Fremde lehnen sie ab. Anfangs äußert sich dies als Fremdenfurcht, später trägt die Ablehnung aggressive Züge. Diese Intoleranz Fremden gegenüber entwickelt sich, ohne daß die Kinder je schlechte Erfahrungen mit Fremden sammeln. Dieses Feindschema des Menschen (fremd = Feind) ist offensichtlich angeboren. Der Kulturenvergleich bestätigt, daß Fremdenfurcht eine universelle Erscheinung ist.

Kulturenvergleichende Untersuchungen beweisen ferner, daß aggressives Verhalten selbst in pazifistischen Kulturen auftritt, dann allerdings in stark ritualisierter Form. In der Motorik aggressiven Verhaltens gibt es eine Reihe von Universalien (Wutmimik, Drohstarren, Schmollen und andere Verhaltensweisen der Unterwerfung). Angeborene Tötungshemmungen lassen sich nachweisen. Aggressives Verhalten tritt in einer Reihe von typischen Situationen auf, die ebenfalls universell sind. An der stammesgeschichtlichen Vorprogrammierung dieses im übrigen recht komplexen Verhaltens ist demnach nicht zu zweifeln. Darüber hinaus wird dieses Verhalten selbstverständlich in ganz entscheidender Weise von individuellen Erfahrungen gesteuert. Für die Annahme eines uns Menschen angeborenen Aggressionstriebes gibt es eine Reihe von gewichtigen Indizien, in erster Linie aus dem Forschungsgebiet der Neurophysiologie. Der Hinweis auf stammesgeschichtliche Anpassungen entschuldigt Aggressionen keineswegs, noch haben wir sie fatalistisch hinzunehmen. Manch stammesgeschichtliches Erbe hat seine ursprüngliche Angepaßtheit eingebüßt und wird nur als historische Belastung mitgeschleppt. In solchen Fällen müssen kulturelle Anpassungen korrigierend einwirken. Einsicht in die kausalen Zusammenhänge ist jedoch eine Voraussetzung für die Entwicklung einer vernünftigen Therapie.

Kapitel 2: Die Aggression und ihre Sozialisierung bei Jäger- und Sammlervölkern

In letzter Zeit wurden verschiedene Thesen über das Sozialverhalten der auf altsteinzeitlicher Kulturstufe stehenden Jäger und Sammler verbreitet:

1. Jäger und Sammler leben angeblich in Verbänden, die keine territoriale Abgeschlossenheit zeigen. Man spricht auch von einer offenen »Flux«-Gesellschaft und schließt, daß ein »Nomadenstil« der ursprüngliche Lebensstil des Menschen gewesen sein müsse.
2. Jäger und Sammler seien friedlich.
3. Ihre Erziehung sei permissiv, so daß den Kindern keinerlei Entbehrungserlebnisse auferlegt werden. Die vieldiskutierte antiautoritäre Erziehung unserer Zeit enthüllt sich nach SCHMIDBAUER (1972b) damit als teilweiser Rückgriff auf altsteinzeitliche Praktiken.
4. Da Jäger und Sammler angeblich nicht aggressiv sind, schloß man, daß dies der Natur des Menschen entspreche. Schließlich lebte der Mensch über die längste Zeit seiner Geschichte als Jäger und Sammler. Territorialität, Wettstreit, Besitzstreben und Aggressivität entwickelten sich angeblich erst im Gefolge der Erfindung des Ackerbaues und erreichten in den modernen Industriegesellschaften ihre pathologische Übersteigerung.

Mehr oder weniger konkrete Feststellungen dieser Art kann man in HELMUTH (1967), SAHLINS (1960), LEE (1968), VALLOIS (1961) und WOODBURN (1968) finden. Um diese Aussagen zu stützen, berief man sich vor allem auf diesbezügliche Beobachtungen an den Buschleuten der Kalahari und den Hadzas.

Eigene Erfahrungen mit den !Ko- und !Kung-Buschleuten erlauben eine Stellungnahme zu dem Problemkomplex, die ich hier vorlegen möchte. Eine ausführliche Monographie über Gruppenbindung und Aggressionskontrolle bei den !Ko veröffentlichte ich 1972.

Auf vier Reisen zu den !Ko-Buschleuten (Abb. 36, 37) und einer Reise zu den !Kung filmte ich ungestellte soziale Interaktionen. Die Filme wurden zum Teil bereits im Humanethologischen Filmarchiv der Max-Planck-Gesellschaft veröffentlicht. Sie bildeten die Grundlage der folgenden Untersuchung. (Das Buschmannforschungsprojekt läuft noch weiter. Es wird von H. J. HEINZ und mir geführt, und es ist mir ein Vergnügen, meinem Freunde HEINZ an dieser Stelle für die gute Zusammenarbeit zu danken.)

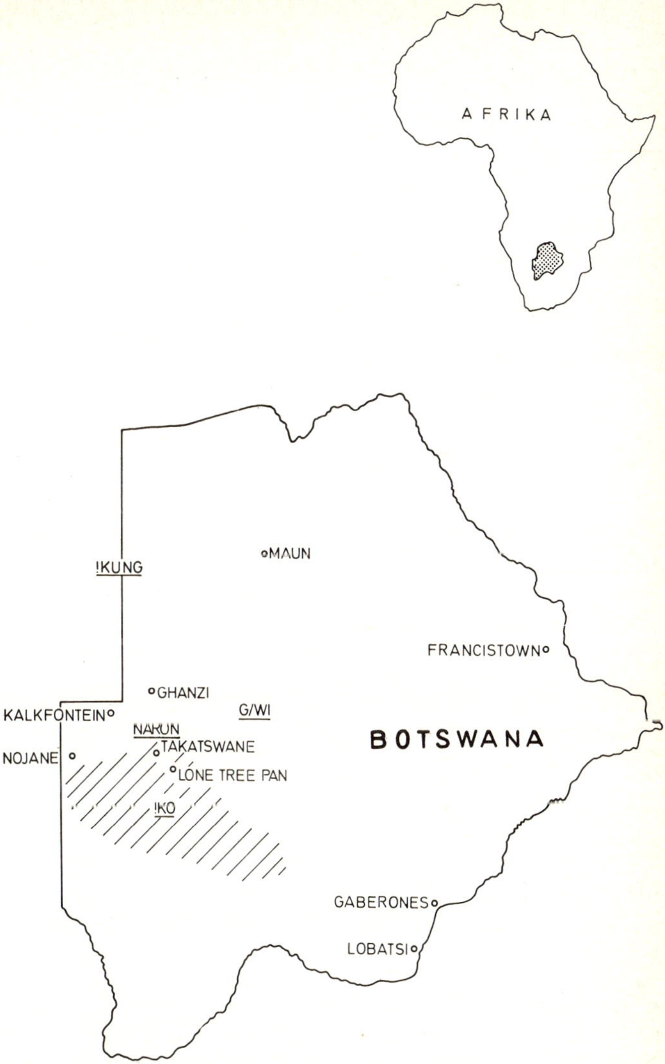

Abb. 36. Karte von Botswana mit dem schraffiert eingezeichneten Verbreitungsgebiet der !Ko-Buschleute. Einige der angrenzenden Stämme sind namentlich (unterstrichen) erwähnt.

Bereits im Alter von einem Jahr zeigen die Buschmannkinder eine Reihe von Verhaltensweisen der Aggression, die durchaus funktionell sind. Solche aggressiven Akte werden durch einige sehr charakteristische Situationen ausgelöst:

A. Das Rauben von Gegenständen
Ist ein anderes Kind im Besitz eines Gegenstandes, den der Säugling selbst gern haben möchte, dann versucht dieser ihn zunächst zu packen und zu entreißen. Gelingt dies nicht gleich, dann schlägt er nach dem anderen mit der Hand oder er kratzt ihn, oft stößt er ihn mit der Handfläche schiebend um. Das Rauben eines Objektes ist eine elementare Reaktion des Kleinkindes. Ich beobachtete sie in allen mir mittlerweile bekannt gewordenen Kulturen (Waika-Indianer, Samoaner, Europäer, Himba [Bantu], Papuas, Australier, Balinesen und andere). Sie entwickelt sich gegen das erzieherische Vorbild und oft auch gegen den Erfolg, denn in den meisten Kulturen wird der Objektraub durch Einschreiten der Erwachsenen oder der älteren Geschwister unterbunden. Oft bestraft man den Aggressor, der sich schließlich das Rauben abgewöhnt.

Abb. 37. !Ko-Buschmann-Familie vor ihrer Hütte. (Foto: Verfasser.)

Abb. 38. !Ko-Buschmannsäuglinge (männlich) einen anderen (weiblichen) Säugling umwerfend und kratzend. Das Mädchen (rechts) will dem Jungen (links) etwas entreißen (a); dieser zieht die Hand zurück (b); geht zum Angriff über und wirft das Mädchen um (c-f). (Aus einem 16-mm-Film des Verfassers.)

a

b

c

d

e

f

Abb. 39. Angriff eines eineinhalbjährigen Knaben (Deutschland) auf seinen ein halbes Jahr älteren Spielgefährten. Der Angreifer befand sich in seiner gewohnten Umgebung. Der Angegriffene war Besucher und durchaus gut bekannt. Er spielte mit dem Spielzeug des Angreifers. Seine Schwester (im Hintergund) unterhielt sich unterdessen mit Purzelbaumschlagen.
Nach dem ersten Versuch, seinen Spielpartner umzuwerfen (a-g), schaut der Angreifer aufmerksam in die Richtung der Eltern (h), (i). Es handelt sich um ein deutliches Anfrageverhalten (siehe S. 128). Auf meinen ausdrücklichen Wunsch zeigen die Eltern weder Mißbilligung noch Billigung. Der Knabe setzt daraufhin seinen Angriff fort und wirft den Spielgefährten um (k-s).

g

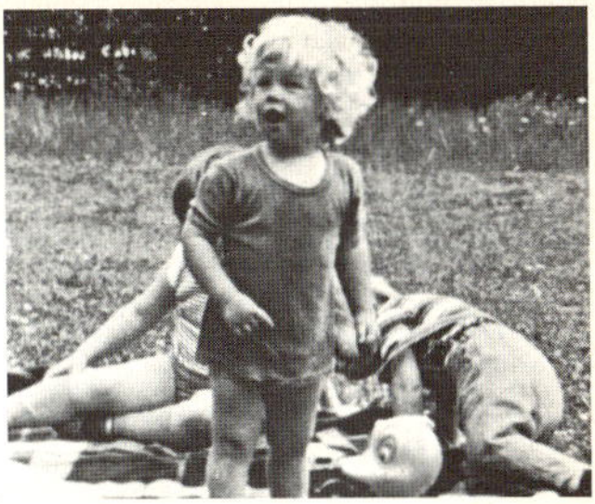
h

i

k

l

m

n

o

p

q

r

s

t

u

v

w

x

y

Dieser weint und wiederum sieht der Angreifer aufmerksam in die Richtung der Erwachsenen, deren Reaktion abwartend (t). Der Angegriffene weint, und nun eilt dessen Schwester herbei und tröstet ihn. Sie betätschelt seine Wange, spricht zärtlich zu ihm und führt ihn weg (u-w). (x) und (y) zeigen das Trösten im Detail. (Aus einem 16-mm-Film des Verfassers.)

B. Das Verteidigen von Objekten

Angegriffene Säuglinge verteidigen ihr Spielzeug. Sie entziehen es zunächst dem Zugriff, und oft wird der Angreifer anschließend geschlagen, umgeworfen oder gekratzt (Abb. 38 a-f). Die Verhaltensweisen der kleinen Angreifer gleichen einander in bemerkenswerter Weise über die Kulturen hinweg. So fällt überall das Bemühen auf, den Gegner umzuwerfen (Abb. 39 a-y).

C. Das Verteidigen eines Platzes

Im Alter von einem Jahr beginnen Säuglinge den Platz an ihrer Mutter und gelegentlich auch den Spielplatz gegen andere Kinder zu verteidigen. Zwischen Geschwistern kann man mitunter sehr scharfe Rivalität beobachten. Südlich von Tsumkwe filmte ich u. a. eine !Kung-Mutter mit zwei Knaben. Der jüngere war etwa zehn bis zwölf Monate alt, der ältere etwa dreieinhalb bis vier Jahre. Der jüngere duldete nicht die Nähe des älteren. Er trat gezielt nach ihm, wenn er neben der Mutter saß, versuchte ihn zu kratzen und bewarf ihn auch mit Gegenständen. Der ältere war seinerseits bestrebt, dem Bruder etwas anzutun. Er bemühte sich, ihm sein Spielzeug wegzunehmen, und zwar ganz offensichtlich, um ihn dadurch zu ärgern, denn er behielt das Spielzeug nicht, sondern warf es sogleich weg. Auch kratzte und schlug er den Kleinen, wann immer sich dazu Gelegenheit gab. Die Mutter hatte viel zu tun, ihre Söhne voneinander zu trennen (Abb. 40 a-c). Der jüngere Sohn war bei weitem der aggressivere. Er begann den Streit, und da die Mutter ihn stets

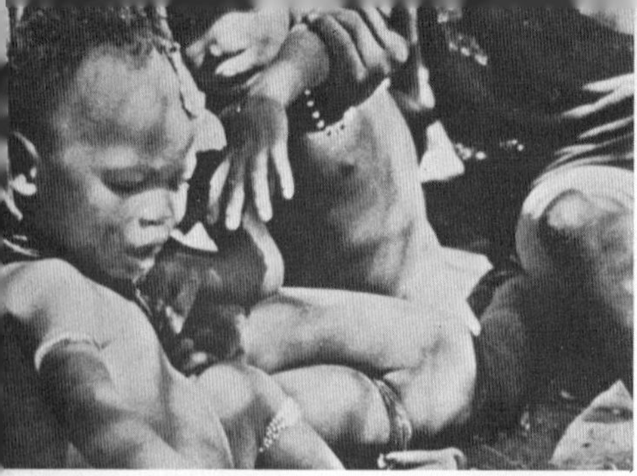

a

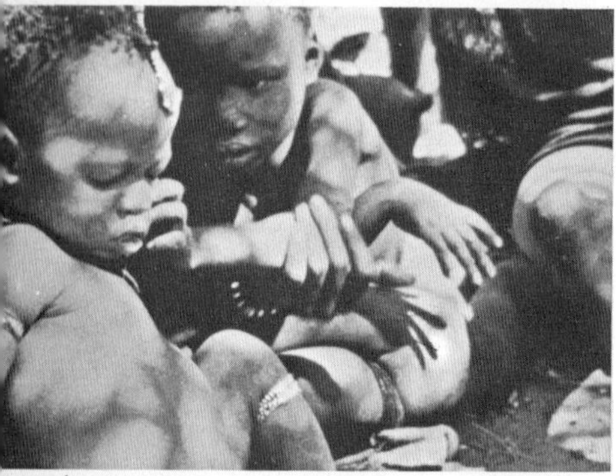

b

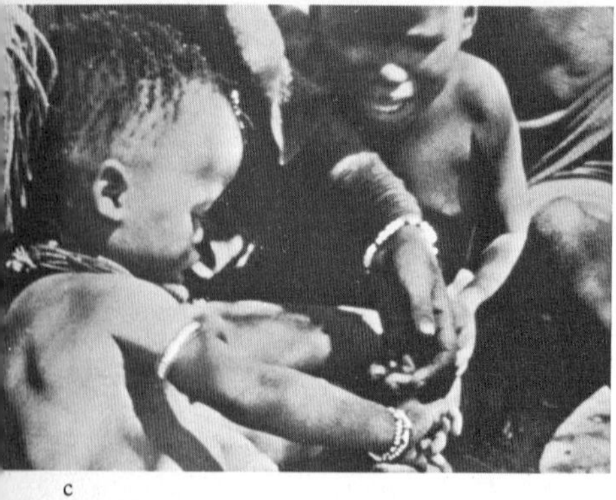

c

Abb. 40. Geschwisterrivalität bei den !Kung-Buschleuten: Der ältere Bruder versucht den jüngeren (vorne links) zu kratzen. Die Mutter zieht jedoch seine Hand nach oben weg und hält sie dann schützend zwischen die Geschwister. Der ältere Bruder weint vor Ärger. (Aus einem 16-mm-Film des Verfassers.)

beschützte, war der ältere starken Entbehrungserlebnissen ausgesetzt. Er weinte oft aus Wut und Verzweiflung.

Manchmal nehmen Buschmannmütter auch fremde Babys kurzfristig an die Brust. Die eigenen sehen das nicht gerne. Sind sie älter,

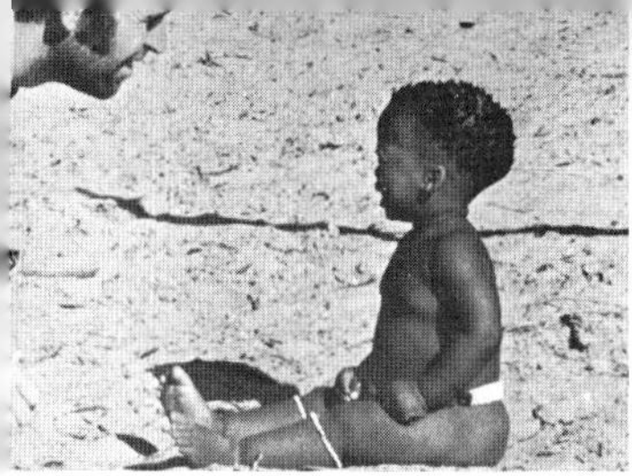

a

b

c

d

Abb. 41 (a-c). Fremdenfurcht: Reaktion eines ca. neun Monate alten männlichen !Ko-Buschmannsäuglings. (Aus einem 16-mm-Film des Verfassers.) (d). Fremdenabwehr: Der gleiche Säugling etwa ein Jahr später bei der Begegnung mit der gleichen Person. Diesmal schlägt er nach dem Fremden. (Aus einem 16-mm-Film des Verfassers.)

dann dulden sie es, demonstrieren jedoch durch ihr Verhalten, daß die Mutter eigentlich ihnen gehört.

D. Fremdenablehnung (Fremdenfurcht und Fremdenfeindschaft)

Mit acht bis zehn Monaten beginnen Buschmannbabys Fremdenfurcht zu zeigen. Nähert sich ihnen ein Fremder, dann wenden sie sich ab und klammern sich schutzsuchend an ihre Bezugsperson, den Kopf an deren Körper bergend. Oft weinen sie. Mit zunehmendem Alter ändert sich die Reaktion. Die Kinder fliehen nicht nur, sie wehren den Fremden auch aktiv ab, indem sie z. B. nach ihm schlagen (Abb. 41 a-c). Ich habe die Fremdenablehnung durch das Kleinkind auch in vielen anderen Kulturen beobachtet. Es handelt sich um eine elementare, wohl angeborene Verhaltensweise des Menschen. Diese Annahme konnte ich durch Beobachtungen an taubblind Geborenen erhärten. Bei diesen Kindern entwickelt sich die Fremdenablehnung, obgleich die Kinder, wie auf S. 23 ausgeführt, nie schlechte Erfahrungen mit Fremden sammeln.

E. Nichtprovozierte, spielerische Aggression

Ziemlich oft sieht man einjährige Buschmannsäuglinge mit einem Stock in der erhobenen Hand umherlaufen und nach Spielgefährten und Erwachsenen schlagen. Dabei jauchzen sie oft vor Vergnügen (Abb. 42). Ich sah nie, daß die Säuglinge darin unterwiesen wurden, wohl bekamen sie aber eine gewisse Ermunterung (S. 130). Bei der Schlagbewegung handelt es sich um ein recht stereotypes Verhaltensmuster. Ein formal gleiches kennt man bei Schimpansen. Es ist möglich, daß es sich in beiden Fällen um ein angeborenes Verhalten handelt. Dafür spricht auch das universelle Auftreten. Eine genauere Untersuchung der Jugendentwicklung dieser Verhaltensweise dürfte sich lohnen.

F. Auskundschaften des sozialen Verhaltensspielraumes

Die unprovozierten Attacken kleinerer Kinder tragen oft den Charakter eines Ausprobierens. Das Kind tastet mit Hilfe seiner Aggression seinen sozialen Handlungsspielraum aus. Aus den Reaktionen des Angegriffenen oder der Spielpartner erfährt es, was erlaubt ist und was Anstoß erregt. Bereits der Säugling beginnt mit dieser Form sozialen Erkundens. Er zeigt dabei auch deutliches Anfrageverhalten, wie das die Bildreihe 39 für ein europäisches Kind belegt. Die Antwort muß nicht unbedingt vom Angegriffenen kommen. HASSENSTEIN (1973) hat auf diese explorative Aggression in unserer Gesellschaft hingewiesen. Sie spielt bis ins reife Jugendalter eine wichtige Rolle und wird nur von den Antworten der Umwelt begrenzt. Bleiben diese aus, dann eskaliert die Aggression.

2. *Aggressionskontrolle und frühe Sozialisierung*

Die Reaktion der älteren Kinder und der Erwachsenen auf die eben beschriebenen aggressiven Verhaltensweisen der Kleinen wechselt nach der Situation. Das Rauben von Gegenständen wird nicht geduldet. Streiten zwei Säuglinge um den Besitz eines Objektes, dann trennt man sie. Man schimpft auch, aber ich sah nicht, daß man einen Säugling im Krabbelalter geschlagen hätte. Das geraubte Objekt wird im allgemeinen zurückgegeben. Ältere Kinder werden mitunter körperlich gezüchtigt, wenn sie kleinere berauben (S. 137ff.).

Rivalisierende Geschwister werden von der Mutter sorgfältig überwacht. Sie bemüht sich, die Kleinen voneinander zu trennen, indem sie ihre Hand als Barriere zwischen sie hält. Sie schimpft auch, greift aber selten strafend ein. Nach unseren Maßstäben handeln die

a

Abb. 42 (a). !Ko-Buschmannsäugling mit einem Stock spielerisch nach seinem Vater schlagend. (Aus einem 16-mm-Film des Verfassers.)

b

(b). Schimpanse, einen Stock schwingend. (Aus Jane VAN LAWICK-GOODALL 1971, S. 192.)

Mütter oft ungerecht, wenn sie die kleineren Kinder bevorzugen und ihnen mehr Aufmerksamkeit zuwenden.

Wenn allerdings ein Säugling seinem älteren Geschwister einen Gegenstand nachwerfen will, dann schreitet die Mutter ein, um den älteren zu schützen. Sie tut dies oft, indem sie z. B. den Kleinen auffordert, den Gegenstand abzugeben, und dann mit dem Gegenstand ein Spiel beginnt, ihn also so ablenkt. Ablenkung ist überhaupt ein bevorzugtes Mittel der Kindererziehung (Abb. 43).

Auf die Fremdenfurcht und Fremdenablehnung ihrer Säuglinge reagieren die Eltern in bemerkenswerter Weise. Zunächst beruhigen sie die Kleinen, ja sie sagen mitunter sogar freundliche Worte über den Fremden. Ihr Verhalten ist jedoch ambivalent. Säuglinge werden nämlich oft verbal geneckt, etwa indem man ihnen sagt, daß der Fremde sie mitnehmen werde. Dies verstärkt sicherlich die Fremdenfurcht. Außerdem benützt man die Fremdenfurcht in der Erziehung nach dem Muster, wenn du in diesem oder jenem Punkte nicht folgst, dann kommt der Fremde und nimmt dich mit. In dieser Weise wird übrigens das Feindklischee universell in der Kindererziehung benutzt. Ich beobachtete das z. B. bei den Waika-Indianern, bei einigen Papuastämmen, bei den Balinesen, Samoanern und in Europa.

Spielerische Aggression wird toleriert und auch durch Mitspielen und Lachen bekräftigt. Man sieht oft, daß ein kleiner Junge von etwa einem Jahr andere mit einem Stock schlägt. Die Zuschauer ebenso wie das Opfer lachen, und das kleine Kind äußert ebenfalls rhythmische Keuchlaute, wobei es seinen Mund weit offen hält. Ein Ausdruck, der dem Spielgesicht verschiedener nichtmenschlicher Primaten sehr ähnelt. Mitunter nehmen ältere Kinder die Attacken eines Kleinen übel. Sie entwenden ihm dann den Stock und geben ihm einen Klaps oder einen Stoß. Sie sind aber im allgemeinen in ihren Angriffen sehr gehemmt.

Hat ein Kind einmal das Alter von zwei Jahren erreicht, dann werden seine spielerischen Attacken nicht mehr geduldet. Die Eltern ermahnen es, wenn es nach ihnen schlägt. Bis jetzt habe ich kein einziges Mal beobachtet, daß ältere Geschwister oder Erwachsene ein kleines Kind zur Aggression gegen andere direkt ermuntert hätten. Nicht einmal dann, wenn ein Kleiner von einem anderen angegriffen wurde, fordert man das Opfer zum Gegenangriff heraus. Darin unterscheiden sich die Buschleute in sehr auffälliger Weise von anderen ethnischen Gruppen. Waika-Indianer z. B. ermuntern ihre Kleinen regelmäßig zum Gegenangriff. Selbst kleine Kinder werden darin unterwiesen, Rache zu üben (Abb. 44).

3. Die Aggression und ihre Kontrolle in den Spielgruppen der Kinder

Innerhalb der Kinderspielgruppen kann man zahlreiche aggressive Interaktionen beobachten. Kinder nehmen einander die Melonen weg, mit denen sie Ball spielen. Sie necken einander, ringen, schlagen

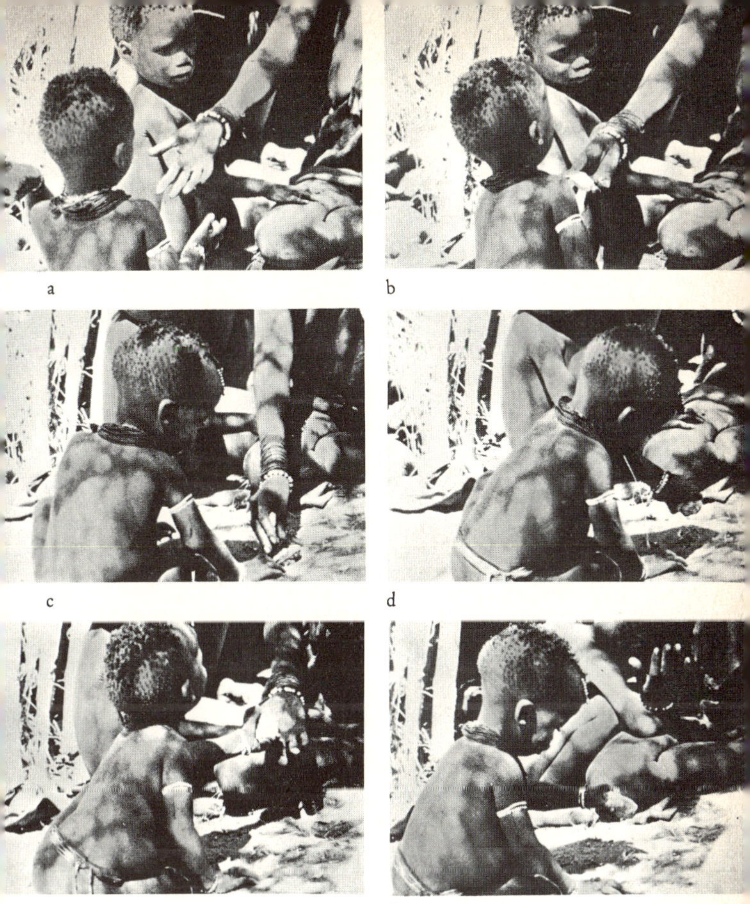

Abb. 43. Geschwisterrivalität bei den !Kung. Der kleinere Bruder (im Vordergrund) bedroht seinen älteren Bruder mit einem Stein. Die Mutter lenkt ihn ab, indem sie ihn auffordert, den Stein abzugeben (a). Der Kleine folgt der Aufforderung (b). Die Mutter macht ihm ein Spiel vor, auf das er eingeht (c), (d). Es entwickelt sich ein Spieldialog, in dessen Verlauf Mutter und Sohn einander abwechselnd den Stein reichen und zwischendurch immer damit spielen (e-f). (Aus einem 16-mm-Film des Verfassers.)

a

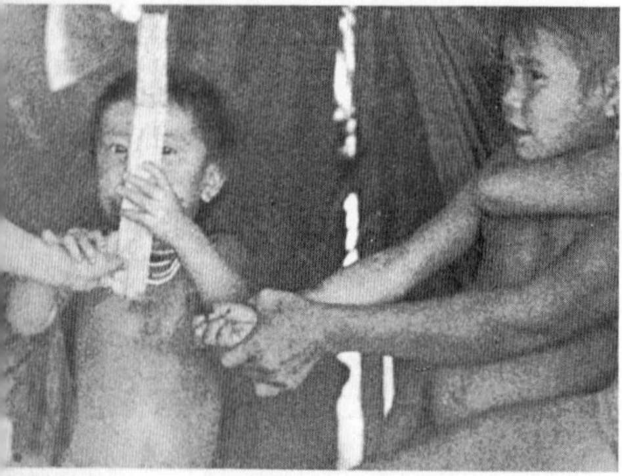

b

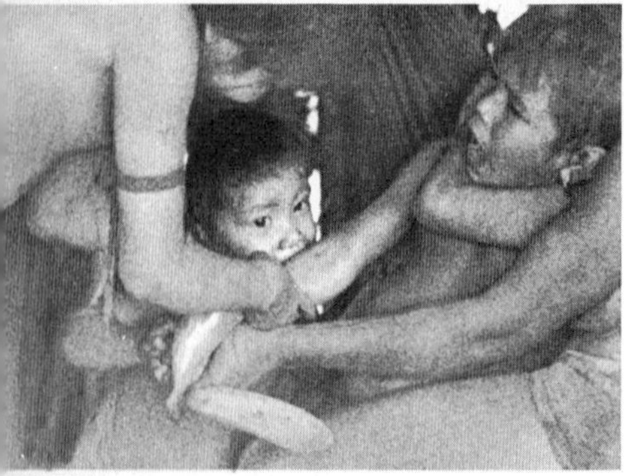

c

Abb. 44. Ein Waika-Mädchen wurde von seinem älteren Bruder geschlagen. Nun unterweist man es, Rache zu nehmen. Man drückt ihm einen Stock in die Hand und hält den Bruder fest, damit er nicht davonläuft (a-b). Schließlich unterweist man das Mädchen sogar, den festgehaltenen Bruder zu beißen (c). (Aus einem 16-mm-Film des Verfassers.)

einander und vieles andere mehr. Viele dieser Akte können als spielerisch klassifiziert werden anhand der Tatsache, daß es zu keinem Abbruch der freundlichen Beziehungen kommt. Oft jedoch liegt echte Aggression vor. Der Angegriffene weicht aus, die Aggression führt vorübergehend zu einem Kontaktabriß, und oft weint einer im Gefolge der Auseinandersetzung. An aggressiven Verhaltensweisen beobachtete ich Schlagen mit der flachen Hand, mit einem Stock oder mit einem anderen Objekt, Werfen mit Gegenständen und Sand, Hiebe und Stöße mit der Faust, Fußtritte, aus der Schulter geführte Rammstöße, aus der Hüfte geführte Rammstöße, Zwicken, Beißen, Spucken, Kratzen, Wegnehmen von Gegenständen und Ringen. Bemerkenswert sind einige Verhaltensweisen des Drohens und der Submission (Abb. 45).

Wenn ein Kind ein anderes bedroht, dann bilden sich auf seiner Stirn oft senkrechte Falten, es beißt die Zähne zusammen und zeigt sie oft, indem es die Lippen zurückzieht. Gleichzeitig starrt das drohende Kind den Gegner an. Oft wird beim Drohen eine Hand wie beim Zuschlagen erhoben; sie kann dabei einen Stock halten.

Abb. 45. !Ko-Buschmannmädchen, einen Jungen mit einem Prügel bedrohend. Es verfolgt ihn und wirft schließlich den Prügel nach ihm. (Aus einem 16-mm-Film des Verfassers.)

Abb. 46. Ein !Ko-Buschmannjunge fixiert drohstarrend ein Mädchen, das schmollend aufgibt und den Blick senkt. (Aus einem 16-mm-Film des Verfassers.)

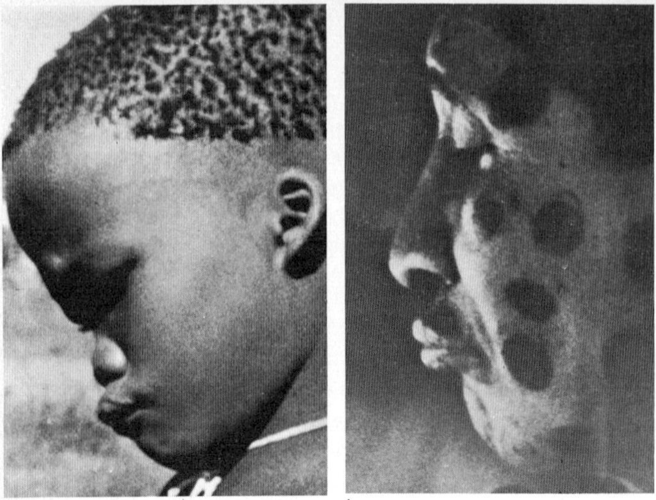

a b

Abb. 47 (a). Schmollendes !Ko-Buschmannmädchen. (Aus einem 16-mm-Film des Verfassers.) (b) Schmollender Waika-Mann. Er wollte in unserem Boot mitreisen. Wir mußten jedoch ablehnen, da ein Expeditionsteilnehmer erkrankt war. (Aus einem 16-mm-Film des Verfassers.)

Der andere erwidert das Drohgehaben auf ähnliche Weise, und es kommt zu einem Drohstarren, bei dem die Gegner einander regungslos gegenüberstehen und sich fixieren (Abb. 46). Ein solches Drohstarrduell kann die Entscheidung herbeiführen, indem einer schließlich aufgibt, den Kopf senkt, den Blick abwendet und zu schmollen beginnt. Der gesenkte Kopf wird dabei leicht seitwärts gekippt, die Lippen werden weit vorgestreckt. Es ist ferner typisch, daß der Schmollende schweigt. Das signalisiert ganz eindeutig Verstimmung, denn Reden knüpft überall das soziale Band. Das Schmollen hemmt weitere Aggressionen, ja oft sah ich, daß es sogar freundliche Kontaktinitiative des Aggressors auslöste. Dieser versuchte dann auf verschiedene Weise den abgerissenen Kontakt wieder anzuknüpfen, etwa indem er seinen Gegner berührte, betätschelte oder ihm auch Nahrung anbot. Der Beleidigte pflegt erst nach einer Weile auf diese Aufforderungen einzugehen. Ich habe bis auf die Einzelheiten gleiche Auseinandersetzungen in anderen Kulturen, u. a. auch bei uns in Mitteleuropa beobachtet. Offensichtlich handelt es sich um stammesgeschichtlich ältere, allen Menschen angeborene Verhaltensweisen (Abb. 47). Das gilt auch für das Weinen, das ebenfalls Aggressionen beschwichtigt.

Aggressive Interaktionen sind ziemlich häufig. Innerhalb von 191 Minuten zählte ich bei einer Gruppe von sieben Mädchen und zwei Knaben 166 aggressive Akte: 96mal Schlagen mit der flachen Hand oder Faust, 23mal Treten mit dem Fuß, 8mal Werfen mit Sand, und der Rest verteilt auf eine Anzahl aggressiver Akte. 10mal weinte ein Kind laut als Ergebnis dieser Aggressionen, woraus klar ersichtlich wird, daß viele der aggressiven Akte – es handelt sich etwa um ein Drittel – ernst gemeint waren. Kinder sind nicht immer gleich aggressiv. Einmal spielten 12 Kinder der gleichen Gruppe über 88 Minuten durchaus friedlich miteinander. Ich beobachtete in dieser Zeit nur sieben aggressive Akte, von denen keiner dazu führte, daß ein Partner weinte.

A. Der Streit um den Besitz von Objekten

In den Spielgruppen gab es eine Reihe von typischen Situationen, die Konflikte auslösten. Wie bei den Säuglingen ging es bei sehr vielen dieser Konflikte um den Besitz von Objekten. Kinder nahmen einander oft Gegenstände weg. Oft beraubten Kinder einander jedoch nur, um den anderen herauszufordern und zu ärgern und nicht, weil sie das Objekt selbst begehrten. Sie warfen es nämlich gleich wieder weg, nachdem sie es geraubt hatten.

B. Bestrafung

Ältere Kinder mischen sich oft in die Auseinandersetzungen der jüngeren ein und bestrafen erzieherisch den Aggressor. In einer Spielgruppe schlichtete stets ein älteres, kurz vor der Pubertät stehendes Mädchen die Auseinandersetzungen. Sie war es, die als »Spielleiterin« die Spieltätigkeit der Kinder steuerte, man zollte ihr Gehorsam. Verletzte ein Kind eine Spielregel, dann wurde es auch dafür bestraft.

C. Prestigemotivierte Aggression

Die eben erwähnte Spielleiterin griff mitunter Kinder ihrer Spielgruppe auch ohne deutlich ersichtlichen Grund an. Kam sie z. B. morgens zu einer Gruppe bereits mit einer Melone Ball spielender Kinder, dann schimpfte sie oft ohne Grund und versuchte einem Kind den Ball aus der Hand zu treten. Diese demonstrativen Aggressionen dienten offenbar dazu, ihr Respekt zu verschaffen, und erst die damit verbundene Rangstellung erlaubte es dem Mädchen, auch

Frieden zu stiften und Übeltäter zu bestrafen. Es handelte sich bei ihren Aggressionen ganz offensichtlich um Rangdemonstration.

In Hinblick auf die Frage, ob der Mensch von Natur aus egalitär veranlagt sei, sind diese Beobachtungen von theoretischer Bedeutung. Die hier beschriebene Aggression führt ja in den Kinderspielgruppen zur Ausbildung einer Rangordnung, und dies in einer im übrigen dem Ideal nach egalitären Jäger- und Sammlerkultur.

D. Nichtprovozierte Angriffe

Kinder griffen andere oft ohne ersichtlichen Grund an – allerdings selten ungehemmt heftig. Vielmehr forderten sie den Partner durch Necken, leichtes Schlagen, Zwicken, Beinstellen und andere Akte zunächst einmal heraus. Und erst wenn der Partner seinerseits aggressiv reagierte, kam es zu ungehemmten Gegenangriffen. Es sieht so aus, als wären die Kinder gehemmt, einen unbeteiligt Dastehenden ohne Grund anzugreifen. Der herausgeforderte aggressive Akt dagegen rechtfertigte dann die Attacke. Vielfach handelte es sich dabei um das schon besprochene Austesten des sozialen Handlungsspielraums (S. 128).

E. Vergeltung

Angegriffene verteidigen sich, sie üben mitunter auch Vergeltung. Man kann z. B. beobachten, daß ein beleidigter Junge abseits ins Gebüsch geht, sorgfältig eine Gerte auswählt, sie abschneidet, zurechtschnitzt und dann nach fünf oder zehn Minuten zurückkommt, um es einem Beleidiger heimzuzahlen.

F. Eskalation der Spielrauferei

Aus Spielbalgereien entwickeln sich gelegentlich ernste Raufereien. Die Eskalation erfolgt im allgemeinen schrittweise, etwa wenn einer den anderen kräftiger tritt oder ihn umwirft und dann der andere etwas gröber darauf antwortet.

Die Konflikte innerhalb der Kinderspielgruppe werden meist ohne Dazwischentreten der Erwachsenen gelöst. Nur wenn ein Kind gar zu laut weint, kann es vorkommen, daß eine Mutter von ihrer Hütte aus der Gruppe Ermahnungen zuruft. Im allgemeinen intervenieren die älteren Kinder, sie beruhigen und trösten die Gekränkten und bestrafen den Angreifer durch Beschimpfungen und Schläge. Wir erwähnten bereits die Rolle der Spielleiterin. Innerhalb der Kinderspielgruppe sammeln die Kleinen Erfahrungen mit aggressivem Verhalten, sie bemerken, wie durch aggressive Akte das harmonische

Zusammenspiel gestört wird, und richten sich später danach. Die älteren Kinder unterweisen sie in den bindenden Ritualen des Tanzens und Teilens. Man kann ohne Übertreibung sagen, daß die Sozialisierung der Spielkinder in der Kinderspielgruppe stattfindet.

Viele Verfechter antiautoritärer Erziehungsmodelle vertreten die Ansicht, man müsse die Kinder sich selbst überlassen; dann würden sie im Kinderkollektiv sozialisiert. Bei Buschleuten geht das sicherlich, denn hier übernehmen ältere Kinder die Aufsicht und damit gewissermaßen die Erwachsenenrolle. In den antiautoritären Kindergärten sind die Verhältnisse jedoch grundsätzlich anders, da ja meist nur Kinder einer Altersklasse beisammen sind. Es fehlen die älteren Kinder, die eine Erziehungsrolle übernehmen könnten. Verlangt man von den Kleinen, daß sie sich zusammenraufen, dann überfordert man sie, und der Versuch endet damit, daß einige wenige Starke die Schwächeren tyrannisieren.

4. Die Rolle der Strafe in der Erziehung

Wir erwähnten eben, daß ältere Kinder ihre Spielgefährten für aggressives Verhalten bestrafen. Sie strafen sie gelegentlich auch, wenn sie bei einem kollektiven Spiel nicht mitmachen oder wenn sie es durch ungeschicktes Verhalten stören. Ein wichtiges Erziehungsmittel in der Kleingruppe ist das Auslachen und Verspotten. Auf Mitglieder der Spielgruppe, die sich abweichend verhalten, wird so ein starker Druck ausgeübt, der die Angleichung erzwingt.

Selten züchtigten erwachsene Personen ein Kind körperlich. Ich sah das nur in einigen wenigen Fällen. Einmal wollte ein etwa siebenjähriges Mädchen der Mutter nicht ins Feld folgen. Die Mutter schimpfte und zog ihr Kind an einem Arm eine Strecke über den Boden. Aber da das Mädchen sich strikt weigerte mitzugehen, ließ die Mutter es zurück. Nach kurzer Zeit kam der Vater und zog das Mädchen ebenfalls schimpfend an einem Arm hoch. Nun erhob sich das Mädchen und folgte der Mutter schmollend. In einem anderen Fall defäkierte ein etwa vierjähriges Mädchen in der Nähe einer Hütte. Ihr kleiner Bruder folgte ihr und nahm einen Mundvoll. Mutter und Großmutter eilten entsetzt herbei, und während die Mutter den Mund des Babys reinigte, beschimpfte sie das Mädchen und gab ihm mehrere leichte Schläge mit der Hand, weil es nicht aufgepaßt hatte. Wenig später bekam sie auch von der Großmutter einige Schläge. In einem anderen Fall beraubte ein Mädchen einen kleinen Jungen. Der Vater des Knaben kam hinzu und nahm dem

Mädchen den Brocken, den es dem Kleinen abgenommen hatte, weg, schlug es und gab dem Kleinen den Leckerbissen zurück.

Ein sechsjähriger Junge beraubte einen weiblichen Säugling, dem wir einen Keks gegeben hatten. Zwei ältere Jungen verfolgten ihn und schlugen ihn, worauf er sich in eine Hütte verkroch. Als er nach etwa fünf Minuten wieder hervorkam, lief die Mutter des beraubten Babys sofort auf ihn zu, fing ihn, brach einen Zweig von einem nahen Busch und schlug ihn damit, bis es ihm gelang, sich loszureißen. Das war die einzige schwere körperliche Züchtigung, die ich beobachtete.

Von einem anderen Vorfall hörte ich im Jahre 1973. Ein Mädchen von ca. 15 Jahren wurde von ihrem Vater und ihrer älteren Schwester geschlagen, weil es mit zu vielen Burschen verkehrt hatte. Obgleich die Buschleute in sexuellen Dingen recht liberal sind, wird offene Promiskuität nicht geduldet. Die Bestrafung hatte übrigens Erfolg; das Mädchen hielt sich in der Folge deutlich zurück.

Wenn Kinder sich gegen Erwachsene aggressiv verhalten, dann begegnet man ihnen mit relativ großer Toleranz. Ein Mädchen wurde z. B. von ihrem Vater ausgeschimpft, weil es sorglos einen Kochtopf umgestoßen und dabei einen Teil des Inhalts verschüttet hatte. Über diese Ermahnung war das Mädchen so verärgert, daß es den Topf packte und auf den Boden warf, so daß der gesamte Inhalt auslief. Der Vater sagte daraufhin nichts mehr. Man tut oft so, als würde man das ungezogene Verhalten von Kindern nicht wahrnehmen. Ärgerliche Kleinkinder versucht man umzustimmen. Dazu ein Beispiel: Ein Mann hatte ein kleines Spielobjekt versteckt, damit es ein Säugling im Krabbelalter nicht verschlucke. Dieser Säugling und ein anderer, etwa sechsjähriger Junge suchten nach dem Gegenstand. Sie schauten auch nach, ob er etwa am Körper des Mannes versteckt war. Dabei wurde viel gelacht. Der kleinere Junge begann schließlich spielerisch den erwachsenen Mann zu schlagen. Der schlug zurück, und das eskalierte. Der Knabe begann schließlich laut aufzuheulen und lief davon. Er holte sich aus einer naheliegenden Abfallgrube Antilopengehörne und große Knochen und bewarf damit den Mann. In diesem Augenblick begann der ebenfalls anwesende Vater freundlich auf den Jungen einzureden, über sein Tun zu lachen, und es gelang ihm, den Jungen damit umzustimmen.

A. Evidenz für Territorialität

Die Behauptung, Buschleute würden in offenen Gesellschaften leben und keinerlei Territorialität zeigen (LEE 1968 u. a.), hält einer genauen Überprüfung nicht stand. HEINZ (1966, 1972) hat die Verhältnisse bei den !Ko-Buschleuten sehr genau studiert. Ich möchte seine diesbezüglichen Ergebnisse hier kurz referieren. HEINZ unterscheidet drei Ebenen der sozialen Organisation: 1. die Familie und Großfamilie; 2. die Horde; 3. den Hordennexus.

Für alle diese Einheiten sind bestimmte Muster der Bindung und des Abstandhaltens charakteristisch. So sind die Sitzplätze der einzelnen Familienmitglieder um das Feuer festgelegt, allerdings weniger streng als bei den !Kung-Buschleuten (MARSHALL 1961). Die Frau kann überall an der dem Haus zugewandten Seite des Feuers sitzen; der richtige Platz jedoch ist an der rechten Seite ihres Gatten. Für die Eltern gehört es sich, daß sie nicht weniger als zwölf Meter von ihren verheirateten Kindern entfernt wohnen. Auch soll der Eingang der Hütte so angelegt sein, daß es unmöglich ist, die verheirateten Kinder während ihres Schlafes zu sehen. Es wird auch erwartet, daß die Familienangehörigen nur in ganz bestimmten, ihnen zugeteilten Sektoren jagen oder sammeln, obgleich im übrigen das Territorium der Horde allen zugänglich ist.

HEINZ berichtet des weiteren, daß sich die Horden periodisch in Familiengruppen aufspalten, wobei jede Familie an ihren Familienplatz zieht, den die anderen Hordenmitglieder respektieren. Während die Familien keine direkten territorialen Rechte haben, betrachtet eine Horde stets ein ganz bestimmtes Land als ihr Revier. Die Kontrolle über dieses Territorium wird vom »Headman« (HEINZ 1966, 1972) als Vertreter der Gruppe ausgeübt. Eine Gruppe alter Männer und Frauen sind ihm dazu als Berater zugeteilt. Die Horde jagt und sammelt Holz und Feldkost in ihrem Territorium. Im Notfall können sie auch um Erlaubnis ansuchen, in einem Territorium einer anderen Horde zu jagen und zu sammeln. Mitglieder des gleichen Nexus bekommen im allgemeinen diese Erlaubnis.

Die Entdeckung des Nexus-Systems durch HEINZ halte ich für außerordentlich wichtig. Sie ist geeignet, einige der widersprüchlichen Aussagen über Buschmänner zu erklären. Ein Nexus-System besteht aus einer Gruppe von Horden. Die Mitglieder eines Nexus bezeichnen sich als »unsere Leute«. Sie sind durch Freundschafts- und Verwandtschaftsbeziehungen ebenso wie durch rituelle Bande miteinander verbunden. Man heiratet im allgemeinen nur innerhalb des Nexus. Der Hordennexus ist eine territoriale Gruppe, die viel exklusiver ist als die Horde. Jedes Nexus-Territorium ist von einem benachbarten durch einen Streifen Niemandsland getrennt. Dieses Niemandsland wird von den Mitgliedern beider Seiten gemieden. Ein Buschmann wird nie darum ansuchen, in einem fremden Nexus-Territorium jagen zu dürfen.

Die Rechte an einem Territorium werden durch Geburt, Aufnahme in die Gruppe oder Heirat erworben. Wenn die Eltern von verschiedenen Horden stammen, dann führt dies zu einer doppelten Hordenmitgliedschaft. Der Mann bleibt nach seiner Heirat eine Zeitlang in der Horde der Braut und hat damit Zutritt zu deren Territorium. Danach übersiedelt das Paar zur Horde des Mannes, wo nun die Braut Zutritt zum Gebiet des Mannes erhält. So hat jeder Elternteil Zugang zum Land des anderen. Und dieses Recht wird auf die Kinder übertragen, was in gewissen Fällen die Hordenterritorialität unklar erscheinen läßt.

Für die !Ko-Buschleute ist Territorialität hiermit nachgewiesen. Nun haben die eingangs zitierten Autoren, die über das Fehlen territorialen Verhaltens bei Buschleuten berichteten, mit den !Kung-Buschleuten gearbeitet. Es erhebt sich daher die Frage, ob diese in diesem Punkt von den !Ko-Buschleuten abweichen. Die Durchsicht der älteren Literatur, die übrigens von den genannten Autoren überhaupt nicht berücksichtigt wird, lehrt, daß dies keineswegs der Fall ist. Über die Territorialität der !Kung-Buschleute ist verschiedentlich berichtet worden. So beschreibt Passarge (1907) die !Kung-Buschleute als kriegerisch, und er betont, daß nicht nur die Horden ihre eigenen Sammelgründe besäßen, sondern auch jede Familie. In diesem Zusammenhang schreibt er: »Die Einteilung der Buschleute in Familien ist bereits seit langem bekannt . . ., dagegen habe ich noch nirgends eine Notiz darüber gefunden, daß auch der Grund und Boden gesetzmäßig verteiltes Eigentum der Familien ist. Das aber ist ein Punkt von ungeheurer Wichtigkeit, denn erst bei Berücksichtigung dieser Tatsache kann man einen klaren Einblick in die soziale Organisation der Buschmänner gewinnen« (S. 31).

Zastrow und Vedder (1930) berichten, daß Buschleute nie im Gebiet einer anderen Gruppe jagen oder Nahrung sammeln dürfen: »Wo das Buschmanngelände noch nicht in Farmen aufgeteilt worden ist, sondern Sippengebiet sich an Sippengebiet schließt, weiß jeder Buschmann, daß er in fremdem Gebiet nicht jagen oder Feldkost sammeln darf. Wird ein Wildjäger angetroffen, so hat er sein Leben verwirkt« (S. 425).

Lebzelter (1934) berichtet von dem großen Mißtrauen, das ein

!Kung bezeugt, wenn er einem Mitglied einer fremden Horde begegnet. »Jeder Bewaffnete, dem sie begegnen, gilt von vornherein als Feind. Fremde Stammesgebiete darf der Buschmann nur unbewaffnet betreten. Selbst am Rand der Farmzone ist das gegenseitige Mißtrauen so groß, daß ein Buschmann, der als Bote auf eine Farm geschickt wird, in deren Bereich eine andere Sippe sitzt, den Fahrweg, der als eine Art neutrale Zone gilt, nicht zu verlassen wagt. Nähern sich zwei fremde, bewaffnete Buschleute einander, so legen sie zunächst auf Sichtweite die Waffen ab« (S. 21).

Ähnliche Berichte kann man bei BROWNLEE (1943), VEDDER (1952) und WILHELM (1953) finden. Auch MARSHALL (1965) berichtet über Territorialität und ebenso TOBIAS (1964). Angesichts dieser zahlreichen Berichte müssen wir annehmen, daß die Gruppe, die LEE untersuchte, nicht mehr das typische Buschmannverhalten zeigt; das mag ein Ergebnis der fortgeschrittenen Akkulturation sein. Dafür spricht, daß die wilderen !Kung in der Umgebung von Tsumkwe durchaus noch Hordenterritorien besitzen.

B. Aggressionen innerhalb der Gruppe

Innerhalb einer Gruppe ist das aggressive Verhalten der Erwachsenen gut kontrolliert. Das kulturelle Ideal der Buschmänner ist in der Tat Friedfertigkeit. Entwickeln sich Spannungen zwischen zwei Familien, dann löst man das Problem, indem eine Familie sich vorübergehend von der Gruppe absetzt, und zwar so lange, bis der Ärger verraucht ist (HEINZ 1966, 1967). Vielfach wird der Streit verbal ausgetragen. Typisch ist z. B., daß der Beleidigte am Abend, wenn jeder vor seiner Hütte am Feuer sitzt, laut seinen Unmut verkündet und die Ursache für seine Verärgerung erzählt, ohne dabei allerdings den Namen seines Gegners zu erwähnen. Aber jeder weiß in einer so kleinen Gemeinschaft, wer gemeint ist. So wird das Mißverhalten herausgestellt, und durch den sozialen Druck der Gruppe wird erreicht, daß der andere sich um eine Aussöhnung bemüht. Die Aggressionen werden vielfach in harmloser Weise in sogenannten Scherzpartnerschaften ausgelebt. Bestimmte durch Konvention vorgezeichnete Scherzpartnerschaften gestatten es den Scherzpartnern, sich gegenseitig zu necken, einander scherzhaft zu beschimpfen und in spielerischen Raufereien Aggressionen abzureagieren. Als Aggressionsventile fungieren ferner eine Reihe von Buschmannspielen (siehe SBRZESNY 1973).

Morddrohungen werden relativ oft geäußert. Ich werde dich mit meiner Medizin töten, heißt es zum Beispiel. Mit Waffen kämpfen die Gruppenmitglieder jedoch seltener. HEINZ berichtet von einem

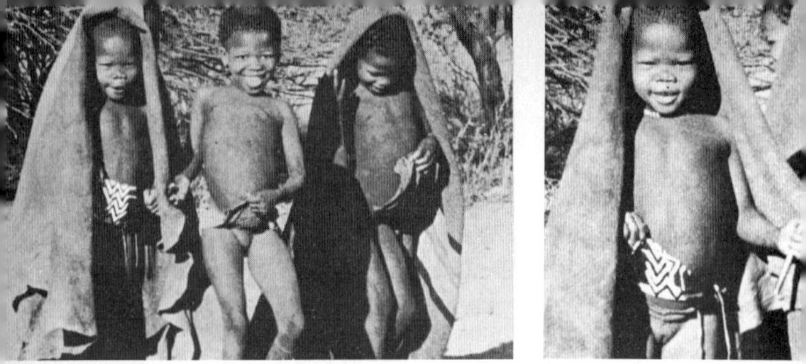

a b

Abb. 48. Durch Heben des Schamschürzchens spottende Mädchen. Die Mädchen verspotten den mit Spiegelkamera Filmenden. Sie glaubten sich unbemerkt. (Aus einem 16-mm-Film des Verfassers.)

Totschlag, und er beschreibt die Wutanfälle, die gelegentlich einen Buschmann überkommen. Ehepartner raufen gelegentlich aus Eifersucht, und Ehebruch kann sogar zu Blutvergießen zwischen Männern führen, obgleich man sich im allgemeinen bemüht, diese Vorfälle zu übersehen, um den Konflikt zu vermeiden.

C. Necken und Spotten

Durch Necken und Spotten wird die Gruppenhomogenität aufrechterhalten und zugleich die Möglichkeit geboten, Aggressionen abzureagieren. HEINZ (1966) beschrieb die Scherzpartnerschaften sehr genau. Ich möchte einige Muster des Spottverhaltens diskutieren. Diese Verhaltensweisen werden durch von der Gruppennorm abweichendes Verhalten einzelner Individuen ausgelöst. Der Verspottete steht unter dem Druck der Gruppe und ist im allgemeinen bemüht, sich wieder an diese anzugleichen. Sicher hat das Spotten eine erzieherische Funktion. Man spottet zunächst, indem man die Verhaltensweisen nachahmt und jene herausstellt, die als abweichend Anstoß erregten. Man äfft nach und macht damit dieses Verhalten lächerlich. Das tun Buschleute genauso wie wir. Ich beobachtete ferner, daß Mädchen ein Gruppenmitglied verspotteten, indem sie die Zunge zeigten, das Gesäß wiesen und sich mitunter auch sexuell präsentierten. Zwei Formen weiblichen Sexualpräsentierens konnten beobachtet werden. Ich filmte diese beiden Präsentierformen, als mich Kinder einmal während des Filmens verspotteten. Nachdem sie meine Bewegungen des Kameraaufziehens nachgeäfft hatten, tanzten sie heran – in der Annahme, ich würde sie nicht sehen, da ich mit dem Spiegelobjektiv arbeitete – und hoben, nahe an

a

b

c

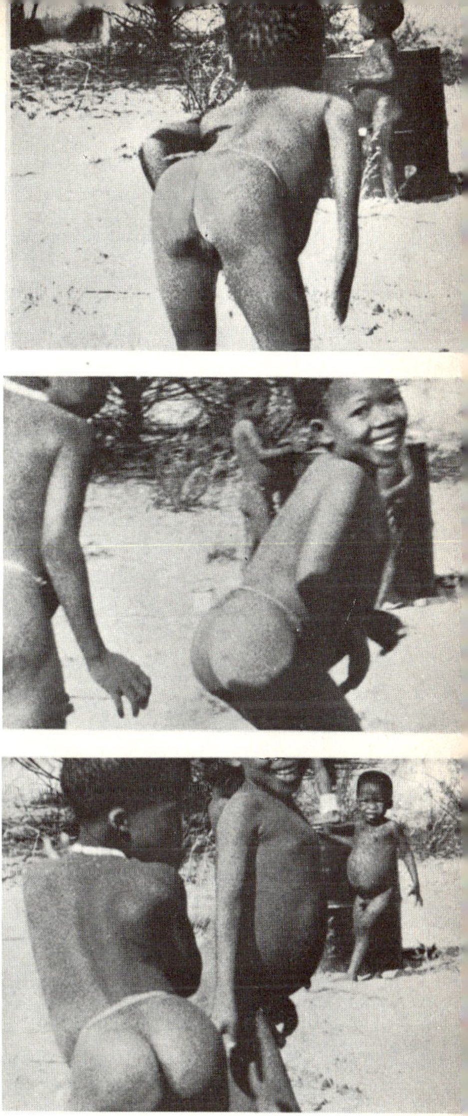

Abb. 49 (a-c). Spotten durch Präsentieren der Scham. Die Spottende weist dem mit Spiegel Filmenden die Kehrseite und verbeugt sich tief, danach dreht sie sich um und lacht, während ein zweites Mädchen ins Bild tanzt und ebenfalls präsentiert.

mich herankommend, ihre Schamschürzchen hoch (Abb. 48). Einige Kinder drehten sich auch in meiner Nähe um und präsentierten das Gesäß. Dabei verbeugten sie sich tief, und es fiel mir auf, daß in dieser Stellung die weibliche Schamspalte sehr deutlich zu sehen war

a

b

c

d

e

f

g

h

i

(Abb. 49). Ich vermute, daß es sich hier um ein sehr altes, primatenhaftes Schampräsentieren handelt. Es ist bemerkenswert, daß die vergrößerten kleinen Schamlippen der Buschleute in dieser Stellung den Scheideneingang in ganz auffälliger Weise markieren. In diesem Zusammenhang sei erwähnt, daß Buschleute sich bevorzugt von hinten begatten; sie liegen dabei auf der Seite. Sexuelles Präsentieren wird auch in anderen Kulturen als Spottverhalten eingesetzt.

Die Erklärung für diese merkwürdige Tatsache liegt wahrscheinlich darin, daß Verhaltensweisen sexuellen Präsentierens im allgemeinen tabu sind. Nur in ganz besonderen Situationen – etwa beim Tanz – werden sie von der Gesellschaft geduldet. Ihre Verwendung in anderem Zusammenhang verstößt gegen die guten Sitten. Benützt man sie dennoch, dann ist dieser bewußte Verstoß ein deutlicher Ausdruck der Mißachtung des Partners.

Daß es sich bei dem eben diskutierten Zeigen der Kehrseite um eine ursprüngliche sexuell motivierte weibliche Zurschaustellung handelt, zeigt die Untersuchung des Tanzverhaltens. Buschfrauen wippen bei Tänzen ihren Gesäßschurz hoch. Das üben die jungen Mädchen (Abb. 50) im Spiel (H. SBRZESNY 1973). Aus dem europäischen Kulturraum kennt man durchaus entsprechende Präsentierstellungen (Abb. 51, 52).

Das Genitalpräsentieren darf nicht mit dem sehr ähnlichen Gesäßweisen verwechselt werden. Dieses Verhalten beobachtet man bei beiden Geschlechtern als aggressive Drohung. Bei formaler Ähnlichkeit wird doch aus den Begleitumständen deutlich, daß es sich hier um eine anale Drohung handelt. So schaufelten Buschmädchen, die Jungen verspotteten, vorher Sand zwischen ihre Gesäßbacken, klemmten diese dann zusammen, schritten auf die Jungen zu, drehten sich dort um und entließen diesen Sand mit einer tiefen Verbeugung. Sie symbolisierten gewissermaßen den Akt des Defäkierens. Auch Winde wurden dabei abgelassen.

Das Zungezeigen ist schwieriger zu interpretieren. Zungezeigen kommt ja in sehr verschiedenen Formen vor. Beim verächtlichen Zungezeigen wird die Zunge in einer abwärtszeigenden Bewegung

Abb. 50, linke Seite. Tanzendes !Ko-Buschmannmädchen. Das Mädchen stellte sich vor einigen Burschen tanzend zur Schau, die gerade das Pfeilschnellen spielten. Sie sprang auf den von den Burschen aufgeworfenen Sandhügel, machte einige Tanzschritte und warf dabei ihr Gesäßschürzchen hoch, klatschte mit der flachen Hand auf eine Gesäßbacke und posiert zuletzt von vorne. (Aus einem 16-mm-Film von H. SBRZESNY.)

Abb. 51. Pariser Nachtklubtänzerin. Die Tänzerin bewegt sich von rechts nach links und präsentiert dann ihre Kehrseite. (Foto W. GEORGE, Gunpress.)

Abb. 52. Altgriechische Vasenbemalung. (Aus LAWLER 1962.)

weit herausgestreckt, als ob die Person im Begriff wäre, sich zu übergeben. Auch Ausspucken kommt in diesem Zusammenhang vor, und das deutsche Wort »spotten« ist mit dem Wort »spucken« verwandt. Es gibt jedoch auch andere Formen des Zungezeigens, z. B. beim sexuellen Flirt. Diese Bewegung leitet sich wohl von einer Leckbewegung ab.

6. Biologische und kulturelle Aggressionskontrolle

A. Ritualisierte Auseinandersetzungen

Das Gesetz »Du sollst nicht töten!« dürfte zu jenen ethischen Normen gehören, die eine biologische Grundlage haben. Wir führten aus, daß Menschen beim Töten eines Mitmenschen moralische Hemmungen überwinden müssen und den Gewissenskonflikt selbst dann erleben, wenn es sich um Feinde handelt. Allerdings mindert die Entwicklung der Waffentechnik und die Fähigkeit, den Gegner durch Selbstindoktrinierung zu verteufeln, die Wirksamkeit der biologischen Hemmungen (S. 99ff.).

Im persönlichen Umgang mit Menschen, die nicht ausdrücklich zu Feinden erklärt werden, reichen jedoch die biologischen Hemmungen aus, Konflikte mit tödlichem Ausgang zu verhindern. Entwickelt sich ein Konflikt, dann entfalten die Verhaltensweisen der Unterwerfung (Weinen, Klagen, Schmollen usw.) durchaus ihre beschwichtigende Wirkung. Da es für das Gruppenleben jedoch vorteilhaft ist, wenn aggressive Reibereien tunlichst ganz unterbunden werden, arbeitet man auf Kampfvermeidung hin. Die !Ko-Buschleute der Kalahari lösen Konflikte kampflos durch Ritualisierung der Auseinandersetzung (S. 140f.).

Über die Betonung und Pflege bindender Rituale (Teil- und Schenkrituale, Tänze, Spiele usw. siehe EIBL-EIBESFELDT 1972 a) werden schließlich wirksame Gegenspieler der Aggression aktiviert. Buschleute verfügen ferner in den Scherzpartnerschaften über Ventilsitten, über die gestaute Aggressionen abreagiert werden können. Wir finden vergleichbare Ritualisierungen in vielen Völkern. Kampfspiele, wie etwa das Fingerhakeln in Bayern, erfüllen ebenso diese Funktion wie die Wechselgesänge der Eskimos und Tiroler. Auch ernsthafte Auseinandersetzungen können zur Gänze gesanglich ausgetragen werden. Bei solchen Gesangsduellen fordern die Eskimos ihre Gegner heraus und singen vor Zuschauern abwechselnd Spottverse. Das Publikum entscheidet schließlich, wer gewinnt.

Die Waika-Indianer (Yanomami) kennen verschiedene Ritualisierungsstufen der Auseinandersetzung. Bei milderen Formen hocken oder stehen die Gegner einander gegenüber und schlagen einander abwechselnd mit der Faust kraftvoll gegen die Brustmuskeln, so lange, bis einer aufgibt. Das wird oft als freundschaftliches Turnier geübt. Ernsthafter ist bereits der Schlagabtausch mit Holzkeulen. Die Kämpfer stehen einander gegenüber, und einer hält seinem Partner den Kopf zum Schlag hin. Dieser schlägt oft so heftig zu, daß sein Gegenüber zusammenbricht und eine Platzwunde davonträgt. Er muß dann warten, bis der Geschlagene wieder erwacht und nun seinerseits den Schlag zurückgibt. So geht es abwechselnd, bis einer aufgibt (CHAGNON 1968). Die Wunden lassen Narben zurück, auf die man stolz ist. Da sich die Waika-Indianer Tonsuren scheren, sind die Narben gut zu sehen. In der Serra Parima habe ich sogar gesehen, daß ein junger Mann, der keine Narbe hatte, sich eine tiefe Spur in die Tonsur rasierte und so die Narbe vortäuschte. Konflikte zwischen verfeindeten Dörfern versucht man durch ritualisierten Schlagabtausch mit Keulen zu lösen, um so eine Eskalation zum Pfeilschießen zu vermeiden.

Helena Valero, die Jahre als Gefangene unter den Waika-Indianern gelebt hatte, berichtet, daß über eine solche Auseinandersetzung mitunter eine Versöhnung eingeleitet wird (BIOCCA 1972). Im von ihr beschriebenen Falle hatten die Namoeteri die mit ihnen verfeindeten Pischaanseteri zu einem Fest geladen. Nachdem Gastgeber und Gäste Bananensuppe getrunken hatten, begannen sie einander ein berauschendes Schnupfpulver (Epená) in die Nase zu blasen.

»Als sie von dem *epená* halb berauscht waren, sagten die, welche zum *schapuno*[1] gehörten: ›Ihr seid aufgeregt, wir sind aufgeregt, wir müssen uns beruhigen‹, und dann fingen sie mit den Kämpfen an. Zwei stellten sich gegenüber. Der erste hob den gebeugten Arm, und der, welcher hier zu Hause war, teilte den ersten Stoß mit der geschlossenen Faust aus, indem er dem anderen sehr kräftig gegen die Brust schlug. Manchmal gaben sie auch drei oder vier Schläge hintereinander, dann sagten sie: ›Jetzt bist du an der Reihe!‹ und der andere gab die Schläge zurück. Einige fielen nach drei oder vier Schlägen zu Boden. Einige stützten den Fuß hinter dem Knie auf, und schlugen dann los, andere hockten zusammengekauert mit dem Gesicht einander gegenüber da und schlugen dann aufeinander los. Sie hatten Knüppel zurechtgemacht, die an der Seite, mit der sie schlugen, dicker waren als an der Seite, an der sie sie mit den Händen hielten. Sie wollten miteinander kämpfen, um dann wieder Freunde

[1] Schapuno = Dorf

zu werden. Sie suchen für diese Knüppel schweres Holz aus, und sie ziehen es vor, daß sie nicht lang sind, weil sie es oft nicht schaffen, mit den langen Knüppeln richtig auf den Kopf zu schlagen, sondern nur die Arme treffen.

Sie fingen zu zwei und zwei an. Aber wenn einer fiel, dann kam der Bruder, um ihm zu helfen, und auch der Schwager und der Schwiegervater kamen herbei. Wenn sich vier, fünf oder sechs um einen herum versammelten, dann sagte der *tuschaua*[2]: ›Nein, nein, der Kampf ist nur für zwei. Haltet euch abseits. Der gefallen ist, muß sich rächen.‹ Sie hoben den Niedergefallenen auf, schütteten ihm Wasser auf den Kopf, strichen ihm die Ohren glatt, wischten das Blut ab, hoben ihn nochmals auf und gaben ihm wieder den Knüppel. Der andere stützte sich dann auf seinen Knüppel und erwartete den Schlag, wobei er den Kopf senkte. Sie müssen dorthin schlagen, wo sie abrasiert sind. Sie führen die Schläge mit einem Schwung aus, wobei sie den Knüppel mit beiden Händen halten. Während sie sich schlugen, sagten sie zueinander: ›Ich habe dich rufen lassen, um zu sehen, ob du wirklich ein Mann bist. Wenn du ein Mann bist, dann werden wir jetzt sehen, ob wir gleich Freunde werden und ob unsere Wut vergeht ...‹ Der andere antwortete: ›Sprich ruhig so zu mir, sprich so zu mir, schlage mich, wir werden wieder Freunde!‹ Wenn einer hinfiel und nicht wieder aufstand, trugen ihn die anderen fort. ... Jedesmal hatte jeder nur einen Gegner. Auch die Knaben standen Knaben gegenüber, und schlugen sich mit denen, die ebenso alt wie sie.

Nach den Knüppeln nahmen sie die Äxte. Sie hatten sie vor langer Zeit einer Gruppe von Gummiarbeitern gestohlen. Der *tuschaua* gab dem, der ihm gegenüberstand, zwei Schläge mit der Seite, die nicht schneidet, wobei er ihn von der Seite aus kräftig auf die Brust schlug, und jener fiel nieder. Dann kam der Bruder, der vier Schläge auf die Brust des *tuschaua* zurückschlug, aber Fusiwe[3] fiel nicht um. Dann sagte Fusiwe: ›Jetzt nimm dich gut zusammen!‹ und er gab ihm zwei Schläge. Der junge Mann wurde sehr bleich und stürzte. Die Frauen kamen herbeigelaufen und hoben ihn auf. Dann kam ein anderer Bruder und ließ viele Schläge mit der Axt auf die Brust des *tuschaua* niedersausen. Aber der *tuschaua* war stark und hielt stand. Er gab die Schläge zurück, und auch dieser fiel. Schließlich kam der Bruder von Raschawe, sein Name war Maharaschiwe, und sagte: ›Mit diesen, die jünger sind, und die auch nicht so stark sind wie du, wirst du gut

[2] Tuschaua = Häuptling
[3] Fusiwe = Name des Häuptlings

fertig. Jetzt versuche dich an mir!‹ Der *tuschaua* hob den Arm, und der andere schlug los: tuk, tuk, tuk, ›Mach weiter‹, sagte Fusiwe, ›mach ruhig mit der Axt weiter, bis du mich zu Fall bringst.‹ Maharaschiwe schlug und schlug, er teilte Hiebe aus, aber der *tuschaua* fiel nicht um. ›Genug, jetzt ist es genug‹, sagten die, welche in der Nähe waren. Da nahm Fusiwe seine Axt auf und brachte mit wenigen Schlägen auf die Brust Maharaschiwe zu Fall.

Darauf kam Raschawe, der höchste *waiteri*, der mutigste Mann ... ›Jetzt bin ich da‹, sagte er, ›versuche dich an mir.‹ Fünf junge Männer waren schon unter den Schlägen von Fusiwe niedergefallen. Der *tuschaua* schlug mit der Axt von der einen und dann von der anderen Seite auf ihn ein, aber Raschawe fiel nicht hin. Raschawe war wirklich stark. Er gab darauf den Schlag zurück. Sie schlagen sich gegenseitig und teilen so lange Hiebe aus, bis einer niederfällt. Ich sah mit einer anderen Frau zusammen von der Seite aus zu. Zuletzt setzte Fusiwe sich hin und erbrach warmes Blut aus dem Mund.

Als alle damit fertig waren, sich zu schlagen, waren sie wieder Freunde geworden und sagten: ›Wir haben euch tüchtig geschlagen, und ihr habt auch uns tüchtig geschlagen. Unser Blut ist geflossen, und wir haben auch euer Blut fließen lassen. Ich bin nicht mehr aufgeregt, unser Zorn ist vorüber.‹ (BIOCCA 1972, S. 139)

Vergleichbare Ritualisierungen kennt man von Stämmen in Zentralaustralien. So schreibt MEGITT (1962) von den Walbiri, daß verärgerte Männer einander mit den Steinmessern Rücken und Schultern zerfleischen. Sie sitzen dabei einander gegenüber und greifen mit der bewaffneten Hand über die Schulter des anderen hinweg. »Charley and Paddy meanwhile had hacked each other's back and shoulders to ribbons, until both collapsed, exhausted. As each had drawn blood in great quantities, their dispute was ended; so they sat peacefully side by side and watched the rest of their countrymen brawl around them« (S. 183). (»Charley und Paddy zerfetzten einander unterdessen Rücken und Schultern, bis sie erschöpft zusammenbrachen. Auf beiden Seiten war viel Blut geflossen, und das beendete den Streit. Nun saßen sie friedlich nebeneinander und sahen zu, wie die übrigen Stammesgenossen um sie herum krakeelten.«) Hat einer den anderen schwer beleidigt, etwa im Konflikt um Frauen, dann hat der Beleidigte das Recht, den anderen zu speeren. Sein Gegner muß sich dazu als Ziel aufstellen. Er darf den Würfen ausweichen. Der Speerwerfer muß anderseits darauf achten, daß er bestenfalls die Beine und Oberschenkel seines Gegners trifft (WARNER 1958, JONES 1971). Eine Konfliktlösung, die quasi Ventilsitte ist, beschrieb neuerdings PETERSON (1971). Bei den Walbiri hat der Onkel das Recht, seine Nichte an einen Mann zu verheiraten, und nicht der Vater, obgleich dieser der Ältere ist. Das führt zu Konflikten und Spannungen. Die Spannung wird in Form einer ritualisierten Aggression gelöst, bei der die im Zwist liegenden Gruppen mit Feuerbränden ihren Ärger aneinander abreagieren.

B. Die Verhinderung territorialen Konflikts bei zentralaustralischen Stämmen

Die zentralaustralischen Stämme haben territoriale Konflikte so gut wie gänzlich ausgeschaltet, und zwar durch eine Ortsbindung über Mythen und eine Funktionszuteilung an die verschiedenen territorialen Gruppen, die bewirkt, daß jede Gruppe für die andere wichtig wird. Die mythische Ortsbindung ist schon seit langem bekannt, während auf die Funktionsteilung in diesem Zusammenhang meines Wissens noch nicht hingewiesen worden ist.

Bereits MEGITT (1962) erwähnt, daß die patrilinealen Gruppen der Walbiri auf Grund von Mythen emotionell stark an bestimmte Lokalitäten gebunden sind. Jede Gruppe führt ihre Existenz auf halb tierliche und halb menschliche Totem-Ahnen zurück, die in grauer Vorzeit (der sogenannten Traumzeit) das Land bevölkerten und deren Tätigkeit Spuren in Form von Bergen, Felsen, Höhlen, Wasserlöchern und dergleichen hinterließ. Runde Felsen werden als Eier oder Ausscheidungen gedeutet, Höhlen als Orte, an denen sie aus der Erde kamen oder auch nur gruben, und dergleichen mehr (siehe auch MOUNTFORD 1968). Diese Totem-Ahnen haben nun der jeweiligen Gruppe das Gebiet zugeteilt, in dem sie heute lebt. Die betreffenden Menschen sind in gewissem Sinne deren Nachkommen. Die Orte, an denen die Totem-Ahnen ihre Spuren hinterlassen haben, werden als heilige Stätten zu kultischen Zwecken (Initiation) regelmäßig besucht (Abb. 53, 54). Die Bindung an diesen Ort – den übrigens nur Männer des Totemclans und ausdrücklich eingeladene Gäste besuchen dürfen – ist gefühlsbetont. Die Eigentümer des Gebietes sprechen von ihrem Land. Jeder erwachsene Mann besitzt als symbolische Repräsentation der Stätte ein heiliges Brett oder einen heiligen Stein. Diese Objekte sind sowohl Wappen der Lokalität als auch der Person. Auf ihnen sind in stilisierter Weise die markanten Punkte der heiligen Stätten und die Wanderungen der Totem-Ahnen verzeichnet. Konzentrische Kreise und Spiralen deuten Hügel, Wasserlöcher oder Personen an, Striche die Wanderwege und Halbbögen die Lager, die der Ahne errichtete. Die Eingeborenen können die Zeichen interpretieren. Mitunter sind die Darstel-

Abb. 53. Die heilige Stätte der Totem-Schlange Jarapiri bei Ngama (Zentralaustralien), eine Totemstätte der Walbiri.

Abb. 54. Felsmalerei, die heilige Schlange darstellend. (Foto: Verfasser.)

lungen jedoch so extrem stilisiert, daß der Interpretierende zuerst wissen muß, welchem Clan der Besitzer des Objekts angehört (Abb. 55, 56). Die heiligen Bretter und Steine werden sorgsam gehütet und nur bei den Zeremonien vor den anderen gezeigt. Sie verkörpern den Träger und werden nach dessen Tod als heilige Ahnenbretter weiter gepflegt.

Die Zentralaustralier sind über diese Symbole und über die Rituale, die sie an den heiligen Stätten abhalten, an ihr Land gebunden. Zu anderen Lokalitäten fehlen entsprechende Bindungen, und Megitt weist darauf hin, daß jede Eroberung eines fremden Gebietes die Eroberer daher in größte Verlegenheit bringen würde. Die mythische Landbindung haben auch Strehlow (1970) und Peterson (1972) hervorgehoben. Peterson spricht ganz richtig von ritualisierter Territorialität. An den heiligen Stätten präsentiert sich die Gruppe als Eigentümer und achtet auf strikte Einhaltung aller Tabus. »I would suggest that clan totemism is the main territorial spacing mechanism in Aboriginal society. By contrast with animal territoriality, however, Aboriginal territoriality is inward-looking, sustained by beliefs and affective bonds to focal Points of the landscape and the cultural symbols associated with these points« (S. 23). (»Ich möchte behaupten, daß in der Gesellschaft der Ureinwohner der Clan-Totemismus der hauptsächliche Mechanismus ist, um territoriale Abgrenzungen herbeizuführen. Im Gegensatz zur Territorialität der Tiere ist jedoch die Territorialität der Ureinwohner einwärtsgewandt und wird genährt durch den Glauben und gefühlsmäßige Bindungen an bestimmte Brennpunkte der Landschaft und an kulturelle Symbole, die mit diesen Punkten verbunden sind.«)

Die verschiedenen territorialen Gruppen sind überdies durch für die Gesamtheit wichtigen Aufgabenzuteilungen miteinander verbunden. Jede Gruppe sorgt durch besondere Rituale, daß die von

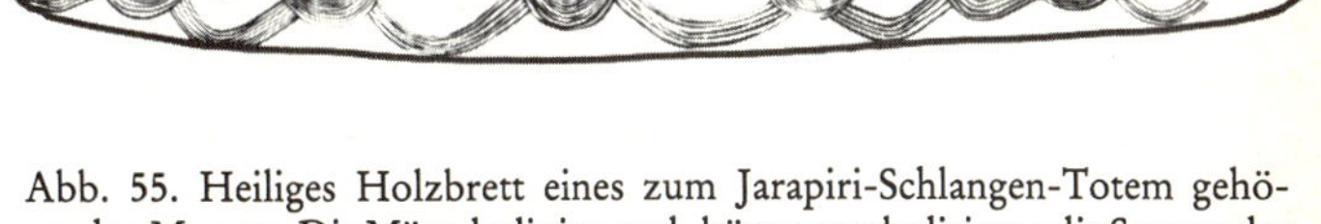

Abb. 55. Heiliges Holzbrett eines zum Jarapiri-Schlangen-Totem gehörenden Mannes. Die Mäanderlinien und -bögen symbolisieren die Spuren der mythischen Schlange Jarapiri, die konzentrischen Kreise die Wanbanbiri-Leute, die der Sage zufolge die Schlange auf ihrer Reise nach Ngama begleiteten. (Aus Mountford 1968.)

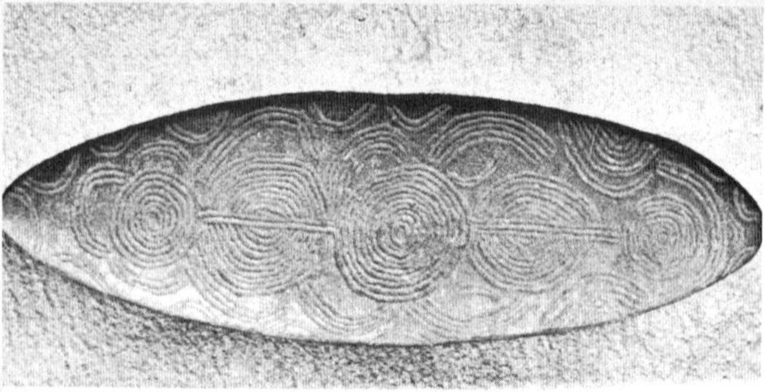

Abb. 56. Ein heiliger Stein des Honigameisenclans (Walbiri). Die drei konzentrischen Kreise stellen Berge dar. Die sie verbindenden Geraden geben die unterirdisch vom Totemtier (Honigameise) gelaufenen Strecken an, von diesen abgehende Halbbögen bezeichnen die Strecken, die der Totemahne auf der Suche nach Honig zurückgelegt hat, und die frei verteilten Halbbögen Orte, an denen er lagerte. (Foto: Verfasser.)

ihrem Totem-Ahn abgeleiteten Totemtiere oder -pflanzen gut gedeihen, und dies nicht nur in ihrem Gebiet, sondern im ganzen Umkreis. So sorgt der Honigameisenclan für das Gedeihen der Honigameisen, der Emuclan für die Emus, der Känguruhclan für die Känguruhs usw. Ja, es gibt sogar einen Regenclan, der für den Regen verantwortlich ist. Damit hat jede Gruppe für die Gesamtheit eine wichtige Funktion, und es wäre geradezu unsinnig, würde eine Gruppe die andere ausrotten. Ich glaube, daß die Mythenbindung erst mit dieser Aufgabenteilung die territoriale Aggression wirksam blockierte. Es muß ferner durch Geburtenkontrolle dafür gesorgt werden, daß die Bevölkerung auf ungefähr dem gleichen Niveau gehalten wird, was u. a. auch durch das späte Heiratsalter erreicht wird. Schließlich können sich stabile Verhältnisse dieser Art nur in Gegenden mit relativ gleichförmigen stabilen Klimaverhältnissen herausbilden. Wo rasche klimatische Änderungen Völker und Stämme zu Wanderbewegungen zwingen, dürfte es schwerfallen, den Frieden zu erhalten.

Das Beispiel ist aber dennoch von großem Interesse, weil es belegt, daß der Mensch das Bedürfnis hat, Frieden zu halten, und ihm dies über besondere kulturelle Erfindungen auch gelingt. Ganz sind die Zwischengruppenkonflikte damit allerdings auch in Australien nicht beseitigt. Man raubt einander z. B. gelegentlich die Frauen, und dann gibt es Strafexpeditionen, bei denen es auch Tote geben kann. Auch Tabuverletzungen werden streng geahndet. Mörderischen Eroberungskriegen ist jedoch ein wirksamer Riegel vorgeschoben.

Diskussion

Die oft vorgetragene These der ursprünglichen Friedfertigkeit der Jäger- und Sammlervölker hält einer kritischen Prüfung nicht stand. Die in diesem Zusammenhang zitierten Buschleute zeigen, entgegen der landläufigen Meinung, Territorialität und aggressives Verhalten, obgleich ihr kulturelles Ideal Friedfertigkeit lehrt. Die aggressiven Verhaltensweisen der Buschleute gleichen durchaus jenen, die man auch in anderen Kulturen vorfindet. Es handelt sich um Universalien. Ihre Universalität erklärt sich nur zum Teil aus der Funktion etwa des Schlagens und könnte damit auch unabhängig erworben worden sein. Für viele der komplizierteren Formen des Imponier- und Drohverhaltens (Drohstarren, Drohmiene usw.) sowie der Submission (Weinen, Kopfsenken, Blickvermeidung, Schmollen usw.) müssen wir jedoch die Grundlage eines gemeinsamen stammesgeschichtlichen Erbes annehmen.

Buschleute sind nicht kriegerisch. Sie meiden auch den Konflikt innerhalb der Gruppe und erreichen ein friedliches Zusammenleben durch eine Reihe von Ritualisierungen der Aggression (Scherzpartnerschaften, S. 141), verbale Aggression (S. 141 f.) sowie durch Förderung bindender Rituale (Schenken, Teilen, Tanz usw.). Die Sozialisierung der Aggression findet im wesentlichen in den Kinderspielgruppen statt. Bereits Säuglinge zeigen aggressives Verhalten und setzen es gegen Rivalen oder zur Verteidigung eines Objektes durchaus zweckmäßig ein. Auch das spricht gegen die ursprüngliche Friedfertigkeit des Menschen. Erst im Prozeß der Sozialisierung wird das Kind zum friedfertigen Menschen erzogen, vorausgesetzt, daß dies das Erziehungsziel der betreffenden Kultur ist. Was bei den Buschleuten auffällt, ist nicht der Mangel an Aggressionen, sondern die Tatsache, daß diese Menschen ihre Aggressionen so gut zu kontrollieren wissen und daß bei den Erwachsenen die freundlich-bindenden Verhaltensweisen dominieren. Diese Menschen sind täglich über viele Stunden damit beschäftigt, freundliche Kontakte zu pflegen; sie plaudern, lausen einander, spielen mit den Kindern und lassen das Rauchrohr kreisen (EIBL-EIBESFELDT 1972b). Da die Frauen für den täglichen Nahrungserwerb nur zwei bis drei Stunden am Tag Feldkost sammeln und die Männer nur in größeren Zeitintervallen auf eine Jagdexkursion gehen, bleibt diesen Menschen auch Zeit, sich einander zu widmen. Man könnte sagen, diese Menschen haben reichlich Zeit, im eigentlichen Sinne Mensch zu sein.

Vergleicht man Naturvölker, dann stellt man, über erhebliche Verschiedenheiten der Lebensweise und kulturellen Ideale hinaus, hinsichtlich ihrer Aggressionskontrolle doch einige bemerkenswerte Gemeinsamkeiten fest. Eine Kultur mag friedlich oder kriegerisch sein, immer läßt sich die Tendenz, die Aggressionen zu ritualisieren, nachweisen. Selbst die kriegerischen Waika-Indianer vermeiden tunlichst den blutigen Konflikt. Den Australiern ist es sogar gelungen, durch mythische Ortsbindung und Funktionsteilung (S. 151 ff.) territoriale Konflikte an der Wurzel aufzulösen. Generell scheint der Mensch das Töten eines Mitmenschen als Schuld zu erleben (siehe auch S. 101). Dieses moralische Empfinden ist eine allen Menschen eigene Anlage. Sie ist die Wurzel aller Friedenssehnsucht, die somit nicht allein in Angst begründet erscheint. Stabile Verhältnisse vorausgesetzt, erreicht der Mensch den Frieden zuletzt auch über die kulturellen Ritualisierungen, wie es die Australier zeigen. Natürlich sind deren spezielle Lösungen ebensowenig auf uns direkt übertragbar wie etwa jene der Buschleute. Sie sind als Phänomen interessant und lassen gewisse universale Gesetzlichkeiten erkennen, die uns helfen können, die für unsere Gesellschaft adäquaten Lösungen zu finden. Grundsätzlich zeigt es uns, daß der Friede durchaus kein utopisches, sondern ein realisierbares Ziel der kulturellen Evolution ist, da er unseren biologischen Anlagen entspricht.

III. Buch: Rituale der Bindung

Gesellige Tiere leben ihren aggressiven Neigungen zum Trotz verträglich in Verbänden. Diese Gruppen sind im allgemeinen geschlossen, das heißt, Gruppenmitglieder kennen einander und verwehren Fremden den Zutritt. Der Neigung, Distanz zu halten, wirkt der Drang entgegen, seinesgleichen aufzusuchen und ein freundliches Band zu stiften. Auch der Mensch lebt in diesem Spannungsfeld zwischen Liebe und Haß, wobei der Drang, mit Mitmenschen bekannt zu werden und freundliche Beziehungen aufzunehmen, so stark ist, daß selbst kriegführende Parteien im Stellungskrieg nach einiger Zeit Zigaretten austauschen und aufhören, einander zu beschießen. Bei der Umkehr der Werte im Kriege spricht man dann von einer Demoralisation der Truppe.

Diese Beobachtung stellt uns vor ein Problem: Welche Motivationsstrukturen liegen dem Anschlußstreben zugrunde? Welche selektionistischen Vorteile bietet das Gruppenleben? Wie wird das Band über die Aggressionsbarriere geknüpft und erhalten? Und schließlich, wie hat sich die Kapazität zum geselligen, kooperativen Zusammenleben stammesgeschichtlich entwickelt?

Der Zusammenschluß bietet den Tieren verschiedene Vorteile. Bestimmte Arten tropischer Asseln ballen sich zur Trockenzeit zu großen Klumpen zusammen und verhindern so die Austrocknung. Sie locken einander durch Lockstoffe besonderer Duftdrüsen. Es liegt also soziale Attraktion vor. Viele Fische bilden Schwärme. Hier handelt es sich im wesentlichen um Schutzverbände. Während der einzelne Fisch im freien Wasser leicht fixiert, verfolgt und geschnappt wird, schützt ihn der Verband, denn viele sich durcheinander bewegende »Zielpunkte« verwirren dort den Raubfisch. Es gelingt ihm nur schwer, einen Fisch zu fixieren und aus dem Schwarmverband zu fangen. Schwarmfische, die vom Schwarm getrennt wurden, suchen, geradezu panikartig hin und her schießend, den Anschluß an den Schwarm. Haben sie ihn gefunden, dann sind sie wieder beruhigt. Hier wird der Mitfisch gewissermaßen zum Fluchtziel. Dieses Schutzbedürfnis ist sicher eine der ältesten Motivationswurzeln für den Zusammenschluß. Allerdings ist so ein Fischschwarm ein recht einfacher Verbandstypus. Die Fische kennen einander nicht als Individuen. Der Verband ist offen. Fremde können jederzeit dazustoßen, und ebensoleicht teilt sich so ein Schwarm. Er stellt keine dauerhafte Einheit dar. Auch fehlen partnerbezogene kooperative Verhaltensweisen. Uns interessiert jedoch der durch solche Beziehungen ausgezeichnete exklusive Gruppentypus, der ja auch für uns Menschen so typisch ist. Solche geschlossene Verbände entwickelten sich offenbar nicht allein aufgrund des Sicherheitsbedürfnisses, obgleich dieses bis zum Menschen hinauf eine wichtige Motivationswurzel für den Zusammenschluß darstellt.

Kinder flüchten bei Angst zur Mutter, dort sind sie geborgen. In ähnlicher Weise suchen wir bei Ranghohen Schutz – im übertragenen Sinne bei höheren Mächten; bei Gefahr schließen sich selbst Fremde einander an. Man könnte gewissermaßen von einer Angstbindung sprechen. Sie wird gerne politisch genutzt, wenn es gilt, von inneren Schwierigkeiten abzulenken und eine Gruppe zu festigen. Man tut dies etwa, indem man auf Feinde hinweist, die die Gruppe angeblich bedrohen.

Ein weiterer mächtiger Antrieb, einen Artgenossen aufzusuchen, entwickelte sich mit der sexuellen Fortpflanzung. Individualisierte Verbände, die allein über die sexuelle Motivation zusammengeführt und zusammengehalten werden, entwickelten sich jedoch im Tierreich nicht. Erst beim Menschen gewinnt die Bindung über den Sexualtrieb eine besondere Bedeutung. Dieser wird jedoch zusätzlich in den Dienst der Bindung gestellt (Einzelheiten bei WICKLER 1969 und EIBL-EIBESFELDT 1970a).

Einen Schlüssel zum Verständnis der Entwicklung individualisierter, kooperativer Verbände erhält man, wenn man feststellt, was allen Tieren, die in individualisierten Verbänden leben, gemeinsam ist und welche Verhaltensweisen sie in den Dienst der Bindung stellen. Wenn wir unter diesem Gesichtspunkt die vierfüßigen Wirbeltiere untersuchen, dann werden wir schnell feststellen, daß Amphibien und Reptilien keine individualisierten Verbände bilden, wohl aber viele Vögel und Säuger. Und während die ersteren eine Brutpflege nur selten in Ansätzen entwickeln, jedenfalls nie bis zur Stufe individualisierter Betreuung, ist solche bei Vögeln und Säugern die Regel. Sie füttern, wärmen, putzen und verteidigen ihre Kleinen, und zwar sehr oft nur die eigenen Jungen, die sie von fremden Jungen unterscheiden – fremde töten sie mitunter. Silbermöwen tun dies z. B., wenn Jungvögel benachbarter Paare die Reviergrenze überschreiten. LORENZ beschrieb, daß verschiedene Entenvögel zwar auf den Notruf fremder Jungen zu Hilfe eilen, dann aber das gerettete Fremde umbringen. Wir begegnen hier wieder der schon öfter erwähnten Besonderheit, daß Bekanntheit Aggression hemmt. Diese Fremdenablehnung ist wohl ein Mittel, Familien getrennt zu halten und damit die Aufzucht der Bruten zu gewährleisten. Ohne eine solche bestände die Gefahr der Jungenvertauschung und des

Jungenraubes. Ein Selektionsdruck auf Züchtung der Exklusivität ist somit verständlich (EIBL-EIBESFELDT 1970a).

Aus dieser Familiengruppe dürfte sich der exklusive, partnerbezogene Verband entwickelt haben. Gruppen sind im Grunde erweiterte Familienverbände. Die These wird durch eine Fülle von Beobachtungen gestützt. So bedienen sich auch erwachsene Gruppenmitglieder im Verkehr untereinander der bindenden Verhaltensweisen, die in der Mutter-Kind-Beziehung entwickelt wurden. Kindliche Appelle lösen Betreuung aus; Fütterungsrituale, Streichelrituale und dergleichen spielen eine große Rolle im Leben der Erwachsenen. Bindungen werden auf dieser Basis sowohl gestiftet als auch erhalten. Die exklusive Gruppe ist aber nicht absolut exklusiv. Besondere Rituale erlauben es dem Fremden, Kontakt aufzunehmen und über Bekanntwerdung eine Adoption zu erreichen. Die Fähigkeit des Menschen zur Symbolbildung erlaubt es ihm schließlich, Gruppen aufzubauen, die nur über Symbolidentifikation zusammenhalten. Auch diese anonymen Verbände, wie sie etwa Nationen repräsentieren, sind im Grunde exklusiv, und daß dem Verband zugrunde liegende Ethos ein erweitertes Familienethos ist, lehren uns die Begriffe wie Vaterland und Landesvater; auch erklären wir unsere Mitmenschen zu Brüdern. Und so wie wir über Bekanntheit Feindschaft abbauen können, so können wir über Symbolidentifikation lernen, in allen Menschen Brüder zu sehen. Die Wurzeln zu dieser Bereitschaft liegen phylogenetisch und ontogenetisch in der Motivationsstruktur des Familienverbandes begründet.

Was bei Tieren ein Band stiftet und erhält, hat man recht gut erforscht. Dagegen ist die Erforschung der bandstiftenden und -erhaltenden Rituale des Menschen unter biologischen Gesichtspunkten erst kürzlich systematisch in Angriff genommen worden. Hier eröffnet sich der kulturenvergleichenden Humanethologie ein faszinierendes Arbeitsfeld. Neben funktionellen Aspekten gilt es dabei insbesondere die Frage zu klären, ob und, wenn ja, in welcher Weise der Mensch durch stammesgeschichtliche Anpassungen zur Geselligkeit vorprogrammiert ist.

Gerade in den letzten Jahren werden wieder Stimmen laut, die an die alte These des englischen Philosophen Thomas HOBBES anknüpfen und behaupten, der Mensch sei von Natur ein unverträglicher Einzelgänger, den erst die Kultur zusammenzwinge. So spricht SZONDI (1969) davon, daß der Mensch von einem Kaintrieb beherrscht werde, der ihn dazu dränge, seine Mitmenschen zu morden und zu quälen. – Daß diese Ansicht unhaltbar ist, dürfte bereits aus

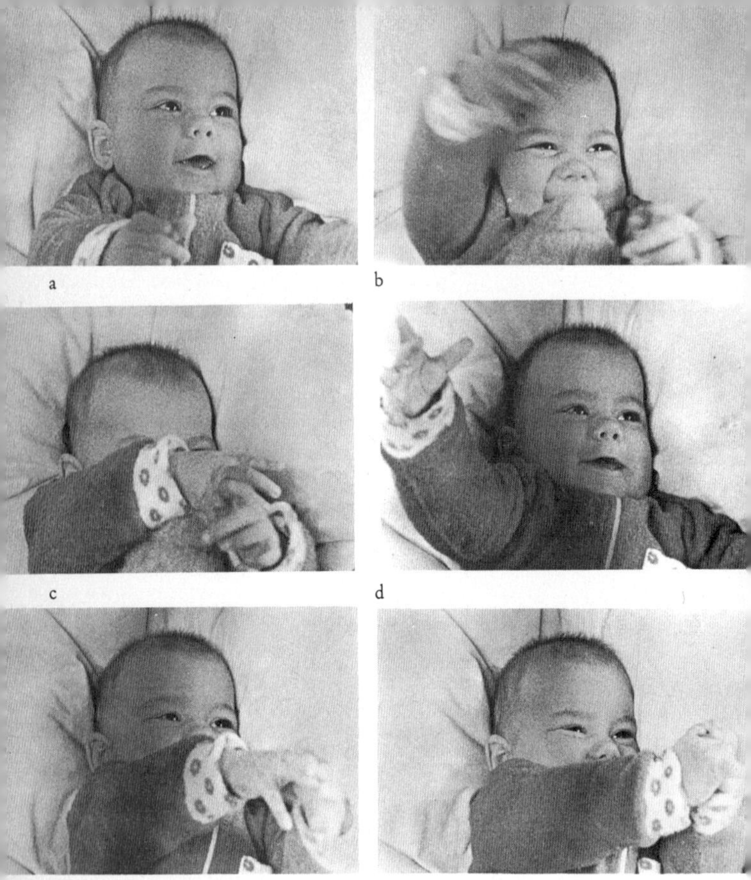

Abb. 57. Vorprogrammiert zum freundlichen Kontakt: Ein vier Monate alter Säugling (Deutschland) lächelt beim Blickkontakt und greift offenbar nach Kontakt strebend mit den Händen in die Luft. Die Hände werden danach in der Körpermitte zusammengeführt und fassen einander. Aus dem Bewegungsablauf ist ersichtlich, daß hier eine Klammerintention besteht. Es handelt sich um zwei aufeinanderfolgende Verhaltensabläufe (a–c) und (d–f). (Aus einem 16-mm-Film des Verfassers.)

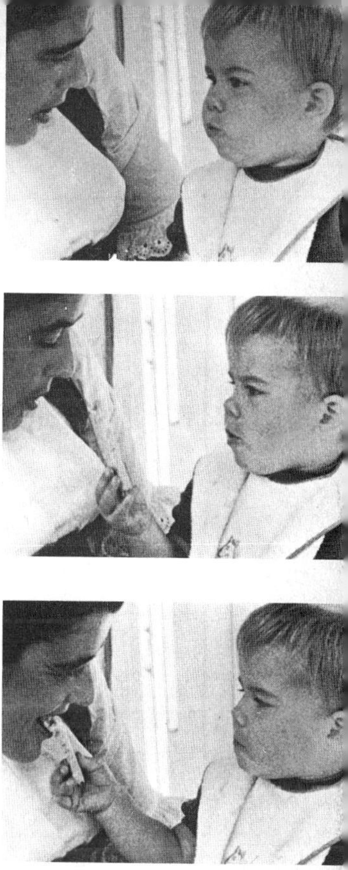

a

b

c

Abb. 58. Etwa einjähriges Mädchen (Deutschland) essend und einer zusehenden Freundin der Mutter vom Brot anbietend. (Aus einem 16-mm-Film des Verfassers.)

den vorangegangenen Abschnitten über die menschliche Aggression hervorgegangen sein.

Wir wollen uns hier jedoch noch eingehender mit den natürlichen Gegenspielern der Aggression auseinandersetzen und durch kulturenvergleichende Studien belegen, daß unser freundliches Verhalten in entscheidender Weise vom Erbe mitbestimmt wird. Wir sind zur Nächstenliebe gewissermaßen vorprogrammiert. Wir wählen als Beispiel zwei kulturenvergleichende Arbeiten über das Grußverhalten, eine über ein Werberitual einer Volksgruppe Neu-Guineas und eine über ein Fest der Waika-Indianer Südamerikas. Allen diesen Ritualen ist gemeinsam, daß sie ein Band knüpfen und festigen helfen. Manche Ähnlichkeit des Prinzips ergibt sich aus der Funk-

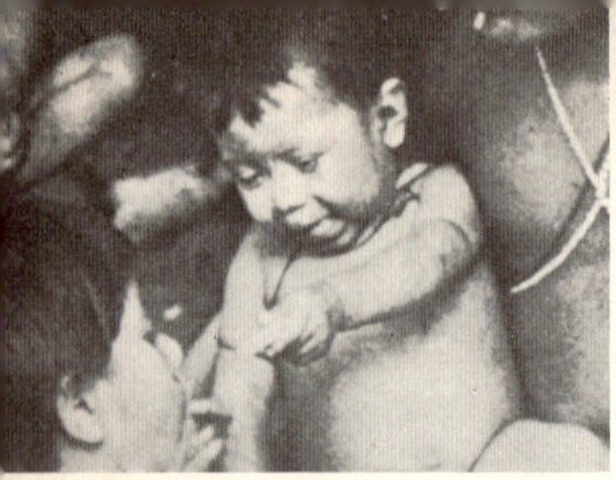

a

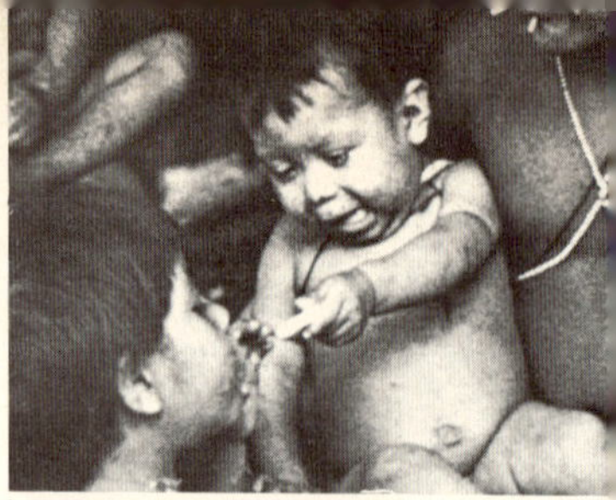

b

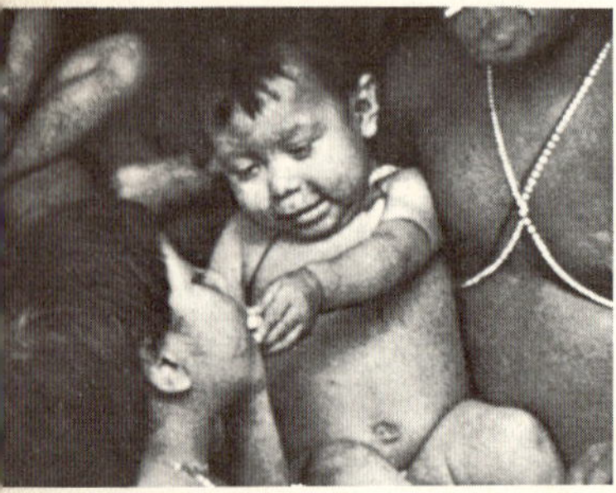

c

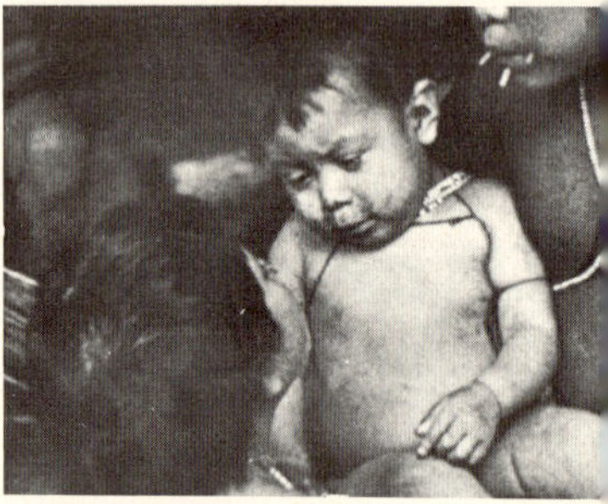

d

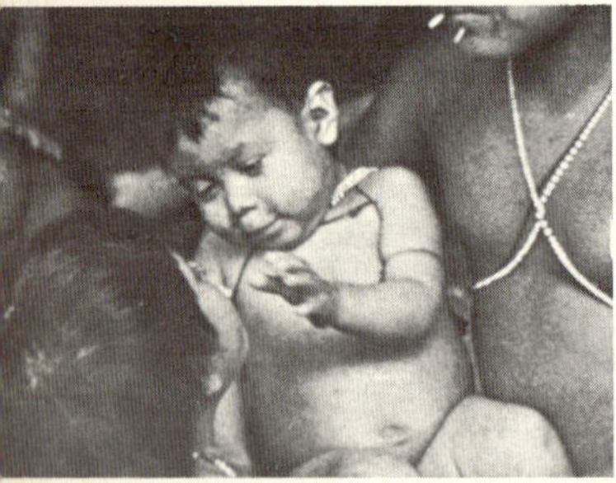

e

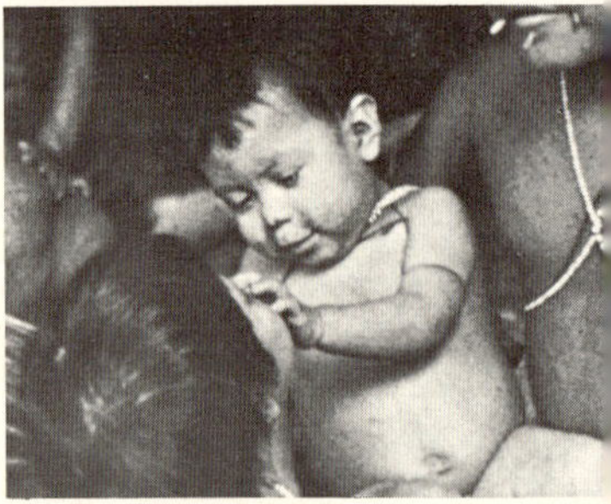

f

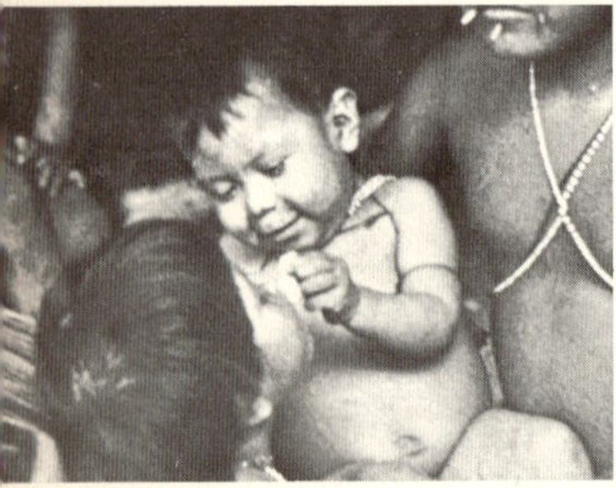

g

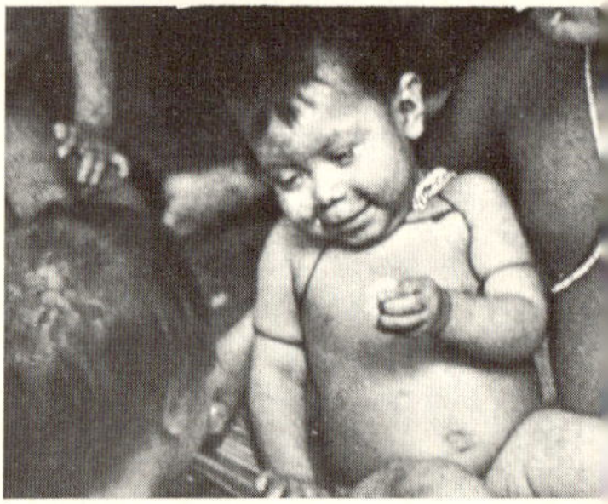

h

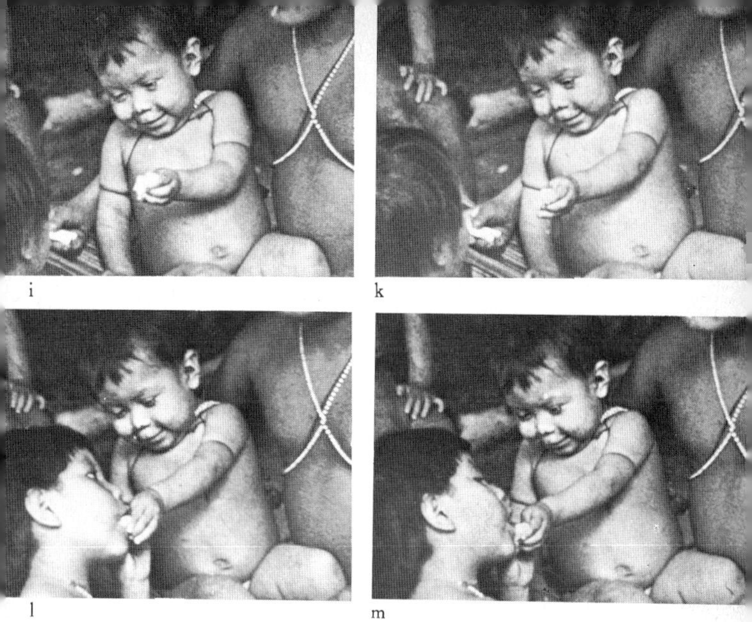

Abb. 59. Vorprogrammiert zum freundlichen Kontakt: Kontaktinitiative eines Waika-Säuglings. Er reicht seiner Schwester einen Leckerbissen zum Mund. Es entwickelt sich daraus ein Dialog des Gebens und Nehmens. Bei der ersten Übergabe öffnet der Säugling seinen Mund in einer Mitbewegung, die auch wir oft machen, zum Beispiel dann, wenn wir einen Säugling füttern. (a), (b). (Aus einem 16-mm-Film des Verfassers.)

tion. So kündigt man friedliche Absicht von weitem durch Ausrufen an und beim Herankommen, indem man die Waffen präsentiert. Wie man das macht, ist je nach dem Kulturbereich verschieden. Darüber hinaus gibt es jedoch überraschende formale Ähnlichkeiten, die sich nur durch die Annahme erklären lassen, daß hier gemeinsame stammesgeschichtliche Anpassungen vorliegen. Erhärtet wird diese These durch die Entwicklung menschlichen Sozialverhaltens in der Jugend. Säuglinge zeigen bereits in sehr frühem Alter Kontaktinitiative, und zwar zunächst fast nur Erwachsenen gegenüber. Sie lächeln, wenn man sich über sie beugt, senden also ein freundliches Kontaktsignal, das bei Erwachsenen regelmäßiger Bestandteil des Grußverhaltens ist. Sie greifen ferner nach dem Partner in deutlicher Intention der Kontaktsuche (Abb. 57). Kleinkinder, die gerade laufen können, reichen dem erwachsenen Besucher ihr Spielzeug, wenn sie beginnen, ihre Scheu abzulegen. Sie füttern ihn auch mit Leckerbissen, die sie gerade zur Hand haben, und zwar durchaus spontan, ohne erst dazu ermuntert zu werden. Daraus entwickeln sich Dialoge des Gebens und Nehmens (Abb. 58, 59). Haben sie auf diese Weise den Kontakt hergestellt, dann laden sie zu gemeinsamem Spiel ein. Sie führen den neugewonnenen Freund zum Spielplatz, zeigen ihm die Sachen und machen ihm auch Spiele vor. Dabei äußern sie den Wunsch, er möge es doch nachmachen. Schließlich stellen sie sich durch Imponiergehabe zur Schau. Alle diese Verhaltensmuster, von der Fütterung über die Rituale gemeinsamen Tuns bis zur Zurschaustellung, kehren in mehr oder weniger starker Abwandlung in den Ritualen der Erwachsenen wieder.

Hier wie dort laufen offenbar vorgegebene Verhaltensprogramme ab. Sie sind keineswegs starr, sondern der kulturellen Ausgestaltung unterworfen, zeichnen sich aber durch regelmäßig wiederkehrende Strukturelemente aus.

Kapitel 1: Zur Ethologie des menschlichen Grußverhaltens: Vergleichende Beobachtungen an Balinesen, Papuas und Samoanern

Von vielen Wirbeltieren gehen gleichzeitig Signale aus, die beim Sozialpartner einander entgegengesetzte Verhaltensimpulse auslösen. Einige Signale aktivieren geselliges (Kontaktstreben, Beistands- und Paarungsverhalten), andere dagegen aggressives Verhalten. Wo das so ist, müssen besondere Einrichtungen vorhanden sein, die verhindern, daß die aggressiven Impulse den für die Arterhaltung notwendigen geselligen Kontakt blockieren. Vergleichende Untersuchungen zeigen, daß dies im allgemeinen auf zwei Wegen erreicht wird: Die Tiere können einmal durch besondere Haltungen die aggressionsauslösenden Signale verbergen (Lachmöwen drehen einander bei der Paarbildung in auffälliger Weise den Hinterkopf zu und verbergen so die schwarze aggressionsauslösende Gesichtsmaske, TINBERGEN 1959). Ein anderer Weg besteht in der Beschwichtigung der aktivierten Aggression durch besondere Verhaltensmuster. Bei Seeschwalben wirbt das Männchen mit einem Fisch im Schnabel. Verschiedene Reiherarten überreichen einander bei der Werbung Nestmaterial. In beiden Fällen handelt es sich um Verhaltensweisen aus dem Bereich der Brutpflege. Auch kindliches Verhalten wird gelegentlich herangezogen, wo es gilt, die Aggressionsbarriere zu überwinden. Balzende Bartmeisen, Spechtfinken und viele andere Singvogelmännchen zittern mit den Flügeln wie bettelnde Jungtiere. Auch in der Balz der Albatrosse und Fregattvögel finden wir von Bettelbewegungen abgeleitete Balzbewegungen (EIBL-EIBESFELDT 1970b, 1972a).

Leben Tiere, die auch aggressionsauslösende Merkmale tragen, ständig im geselligen Verband, dann werden beschwichtigende Verhaltensweisen als »Grußriten« oft bei jeder Begegnung ausgeführt. Löst ein flugunfähiger Kormoran seinen Partner beim Brüten oder Hudern ab, dann überreicht er ihm ein Tangbüschel oder einen Seestern, und nur dann duldet dieser ohne Abwehr seine Annäherung. Nimmt man dem Ankommenden sein Tangbüschel weg, was bei diesen zahmen Tieren der Galapagosinseln durchaus möglich ist, so wird der ohne Geschenke Ankommende mit Schnabelhieben empfangen. Er sucht sich dann schnell ein Hölzchen oder Tangbüschel, und mit dieser Gabe kann er gefahrlos wieder nahen (EIBL-EIBESFELDT 1965, 1972a). Auch die Grußzeremonielle sind häufig vom Brutpflegeverhalten abgeleitet. WICKLER (1967b) hat unter anderem gezeigt, wie sich verschiedene Grußzeremonien der Säuger aus der Mund-zu-Mund-Fütterung entwickelten. Das gilt unter anderem für die Schimpansen, die einander bei Begegnung umarmen und kußartig die Lippen aufeinanderpressen (VAN LAWICK-GOODALL 1967).

Auch im menschlichen Alltag spielen Grußzeremonien eine große Rolle, sowohl bei der Anknüpfung als auch bei der Erhaltung des Gruppenbandes. Die beschwichtigende und Freundschaft stiftende Funktion steht im Vordergrund. Bei den Mbowamb Neu-Guineas gehört es zum Beispiel zum guten Ton, mit einem Entgegenkommenden einen Gruß zu tauschen und einige freundliche Worte zu wechseln. »... es wäre ein Zeichen eines schlechten Gewissens, der Furcht oder zumindest grober Taktlosigkeit, wollte man ohne ein Wort aneinander vorbeigehen. Ein Gruß ist immer ein Zeichen eines gewissen Wohlwollens. Nur wenn man fürchtet, angebettelt zu werden, hält man sich nicht mit Entgegenkommen auf. Wenn ein Mann von einem Schlachtfest kommt und Fleisch bei sich hat, geht er möglichst schnell an den Leuten vorbei oder seitlich in den Busch, solange er noch nicht gesehen ist, damit er das Fleisch nicht verschenken muß ... Kommt aber ein freigebiger Mann daher, so fängt er eine Unterhaltung an, lacht, scherzt und teilt von seinem Fleische aus.« (VICEDOM und TISCHNER 1943–1948, S. 63.) Der Fremde wird bei diesen Eingeborenen zuerst gegrüßt, denn der Gruß soll ihm zeigen, daß er nichts zu befürchten braucht.

Im Mittelalter war die Aufsage des Grußes gleichbedeutend mit einer Fehdeansage; das wird eigentlich auch heute noch so empfunden. Umgekehrt wird der Gruß als Zeichen des Friedens gedeutet; nach einem Gruß durfte ein Ritter nicht mehr zum Kampf gefordert werden (BOLHÖFER 1912). Allerdings kommen beim Menschen neben beschwichtigenden und freundlich stimmenden Gesten auch noch andere Komponenten zum Grußverhalten, so z. B. die aggressive des Sich-Abschätzens (s. Händedruck S. 190). Schließlich werden die Verhältnisse dadurch komplizierter, daß die Grußriten nach Geschlecht und Stellung der einander Begrüßenden abgewandelt sein können.

In den vergangenen Jahren bemühte ich mich vor allem um eine kulturenvergleichende Dokumentation des Grußverhaltens. Obgleich die Untersuchung noch keineswegs abgeschlossen ist, treten bereits einige grundsätzliche Gemeinsamkeiten hervor. Auf einige sei hier hingewiesen, wobei ich insbesondere die Ergebnisse mehrerer Reisen nach Bali, Neu-Guinea und Samoa auswerten möchte, die ich 1967–1972 durchführte[1].

Während sich die bisherige völkerkundliche Forschung vor allem um die menschlichen Verschiedenheiten bemühte, suchen wir nach dem Gemeinsamen, im Bestreben, so die als stammesgeschichtliche Anpassung vorgegebenen Invariablen im menschlichen Verhalten aufzuspüren. Finden wir bei den verschiedensten Menschengruppen bis ins Detail übereinstimmende Verhaltensmuster, dann dürfen wir annehmen, daß es sich mit großer Wahrscheinlichkeit um angeborene Verhaltensweisen handelt, es sei denn, daß dem Verhalten die gleichen formenden Umwelteinflüsse zugrunde liegen, was man in den meisten Fällen ausschließen kann. Sehr oft stößt man auf Verhaltensweisen, die kulturell abgewandelt werden, aber nur in einer ganz bestimmten Richtung; so z. B. bei der weltweit verbreiteten, demütige Unterwerfung ausdrückenden (s. a. OHM 1948) Geste der Verbeugung, die vom leichten Kopfnicken über die tiefe Verbeugung bis zum Fußfall reicht. Immer macht sich der Betreffende kleiner. Es könnte sich hier um verschiedene Intensitätsstufen einer Erbkoordination handeln oder um ein auf der Basis einer angeborenen Lerndisposition erworbenes Verhaltensmuster. Das zu entscheiden, ist zunächst unmöglich, doch hoffen wir durch natürliche Kaspar-Hauser-Versuche (taubblind und blind Geborene) Aufschluß zu bekommen.

Methodisches

Als Ablaufstrukturen lassen sich Verhaltensweisen nur mit Hilfe des Films objektiv festhalten und archivieren. Diese Art der Dokumentation bereitet bei den Tieren im allgemeinen keine größeren Schwierigkeiten. Menschen dagegen ändern ihr Verhalten, sobald sie eine auf sich gerichtete Kamera wahrnehmen, und zwar interessanterweise auch dann, wenn sie keinerlei Einsichten in den technischen Vorgang besitzen. Selbst Menschen auf steinzeitlicher Kulturstufe werden unruhig, wahrscheinlich weil sie das auf sich gerichtete Objektiv mit dem gebeugt dahinter stehenden Kameramann als bedrohlich empfinden.

Diese Schwierigkeiten wurden mit dem bereits weiter oben (S. 29 ff.) beschriebenen Spiegelobjektiv zum Seitwärtsfilmen gemeistert.

[1] Der A.-v.-GWINNER-Stiftung möchte ich an dieser Stelle herzlich für die gewährte Hilfe danken. Mein Dank gilt ferner meinem Freunde Dr. Derek FREEMAN und seiner Familie für die gastliche Aufnahme und Hilfe auf Samoa, der Familie des Rev. Russell WEIER (Kwaplalim), Herrn Dr. R. G. CROCOMBE (New-Guinea Research Unit, Port Moresby) sowie den christlichen Missionen und den Patrouillenoffizieren, die meine Arbeit im Felde in jeder möglichen Weise unterstützten.

Besuchte Gebiete

In den vergangenen Jahren bereiste ich teils gemeinsam mit meinem Freund Hans HASS, teils allein viele Gebiete. Die hier wiedergegebenen Beobachtungen machte ich in folgenden Gegenden (in Klammer steht immer die genauere Ortsbezeichnung sowie kursiv der Stammesname): Groß-Nicobar *(Schompen)*, Süd-Bali (Sanur), Australien (*Pintubi, Walbiri* u. a.), Neu-Guinea (Ikumdi – *Kukukuku*, Bimin – *Woitapmin*, Tari – *Huri*, Karamui – *Daribi*, Sedado – *Biami*), West-Samoa (Sa'anapu auf Upolo, Papa auf Sawaii), Bora Bora, Japan (Kyoto, Tokio), Hongkong, Brasilien, Peru (Hochlandindianer bei Cuzco und Pisac – *Quechua*), Ecuador (Ambato, Quito), Venezuela *(Waika)*, Paraguay *(Ayoréo)*, Ostafrika (*Nilotohamiten: Karamojo* bei Kaabong und Kotidu, *Turkana* und *Elmolo* – Rudolfsee, *Bantu: Sonjo* – Samunge, *Massai* – Naberera, Serengeti, *Bantu*–Mwanza, Bihamarulu usw.), Kalahari *(Buschleute)*, Südwestafrika *(Himba)*, West- und Mitteleuropa (Frankreich, Italien, England, deutsche Länder).

Die meisten Orte sind auf Spezialkarten verzeichnet, nicht jedoch einige Orte Neu-Guineas, die ich 1967 besuchte. Von den Kukukuku sammelte ich die meisten Beobachtungen und Filmdokumente im Dorfe Ikumdi, das zweieinhalb Tagemärsche südsüdwestlich von Menyamya im Einzugsgebiet des Tauri-Flusses auf papuanischem Gebiet liegt. Das Dorf wurde sieben Monate vor meinem Besuch zum ersten Mal von einer Regierungspatrouille aufgesucht. Dabei kam es zu einem Zwischenfall. Ein Träger wurde von den eingeborenen Kukukuku mit einem Pfeil getötet. Zur Bestrafung verbrannte man zwei Hütten, zerstörte Waffen und Schilde und fesselte einige Männer mit Handschellen. Eine von P. J. LANCASTER geführte Patrouille besuchte den Ort danach von Menyamya aus, befreite die Gefesselten und verteilte Geschenke. Mir und meinen Trägern gegenüber waren die Eingeborenen zunächst zurückhaltend, durch Geschenke (Salz, Messer) stimmten wir sie freundlicher. Kulturell stehen sie auf Steinzeitstufe. Sie haben allerdings in den letzten Jahren über Nachbardörfer Eisenäxte eingehandelt; so kommen die Steinbeile allmählich außer Gebrauch. Die Jagd- und Kampfpfeile werden aus Holz geschnitzt. Männer und Frauen bekleiden sich mit Grasschürzen, wobei die Männer viele Schürzenlagen übereinander tragen (Abb. 60). Gegen die unwirtliche Witterung des Berglandes schützen sie sich ferner durch Umhänge aus geklopfter Baumrinde. Man erreicht Ikumdi, indem man von Lae mit einem Charterflugzeug nach Menyamya fliegt. Von dort marschiert man nach Kwaplalim, wo es eine kleine Missionsstation (Lutheraner) gibt und man

Gelegenheit hat, Träger zu mieten. Von hier erreicht man in zwei Tagesmärschen Ikumdi. Wir übernachteten auf dem Wege im Dorf Hyatingli.

Das zweite von mir besuchte und noch nicht kartographisch erfaßte Dorf liegt im westlichen Bergland etwa zwei Tagesmärsche

Abb. 60. Zwei Männer vom Stamme der Kukukuku. (Foto: Verfasser.)

von Oksapmin, das man mit kleinen Charterflugzeugen erreichen kann. Der Weg führt über die Tekin-Mission bis zum Orte Teka den Tekin-Fluß entlang. Man überquert danach eine Bergkette, passiert den Ort Kweptana und den Bak-Fluß und erreicht schließlich nach Überqueren eines sehr steilen Gebirgszuges Bimin am Tekin-2-

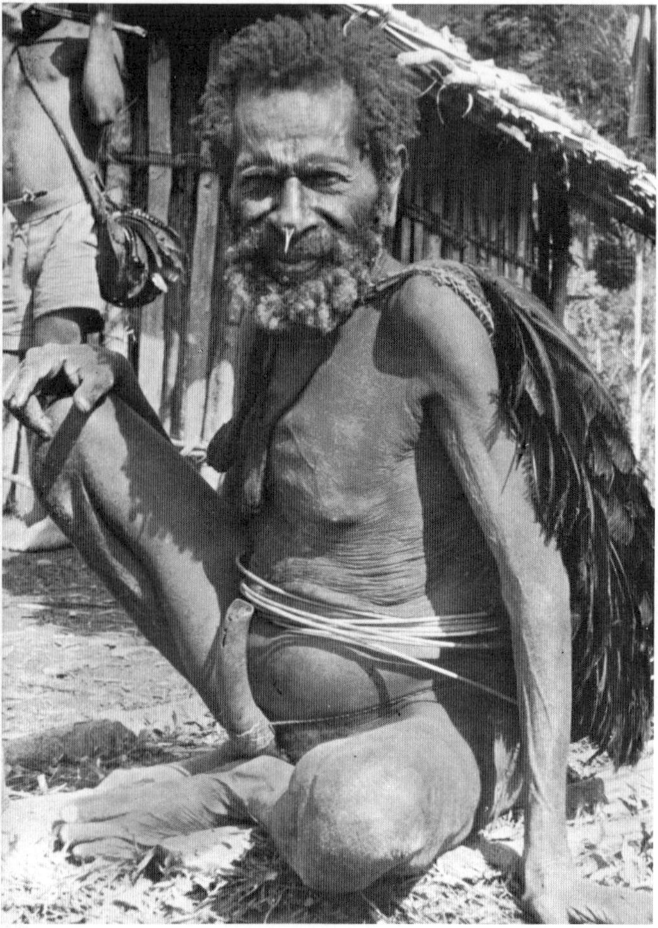

Abb. 61. Woitapmin. Die Männer dieses Stammes tragen als Penisbekleidung einen Phallokrypt, der aus einer Zierkürbisart hergestellt wird. (Foto: Verfasser.)

Fluß. Dieses Dorf wurde zuerst 1957 und zum zweiten Mal 1965 von einer Patrouille besucht. Die Dorfbewohner stehen auf einer vergleichbaren Kulturstufe wie die von uns besuchten Kukukuku und waren wie diese bis vor kurzem Kannibalen. Als Stammesnamen gaben sie »Woitapap« an. Man nennt sie Woitapmins. Sie sind mit den um Telefomin lebenden Eingeborenen nahe verwandt; die Männer tragen wie diese Phallokrypten (Abb. 61). Weder in Bimin noch in Ikumdi war die Mission tätig gewesen. 1972 besuchte ich die Biami und Daribi und sammelte weitere Beobachtungen über das Grußverhalten. Die Biami gehören zu den wenigen noch nicht akkulturierten Stämmen Neu-Guineas. Erst 1967 ließ sich eine Mission in diesem Gebiet nieder. Die Daribi haben bereits etwas länger Kontakt mit Weißen. Die ersten Regierungspatrouillen kamen 1953 in das Gebiet, und ein Patrouilleposten wurde 1960 errichtet.

Das zentrale Bergland Neu-Guineas wurde im wesentlichen erst in den letzten fünfzehn bis zwanzig Jahren erschlossen. Einen guten Überblick über die Geschichte der Erstkontakte gibt SIMPSON (1963).

I. Das Grüßen auf Distanz

Begegnen Menschen einander ohne feindliche Absicht, dann begrüßen sie sich bereits über größere Entfernungen. Die Grußdistanz wechselt. Im offenen Gelände grüßt man über größere Distanzen als etwa im Bereich einer Siedlung. Über große Entfernungen grüßt man durch Gesten, wie etwa durch das Heben der offenen Hand, Lüften des Hutes oder das Zeigen eines Friedenszeichens (Blattwedel oder dergleichen). Einige Gesten, wie das Handheben, sind weit verbreitet. Oft meldet man seine Annäherung über große Distanzen durch Ausrufen an. Auf meinen Fußmärschen durch das noch recht wilde Gebiet der Kukukuku, Biami, Daribi und Woitapmins meldeten meine Träger unsere Ankunft durch laute Rufe von den Berghängen über einige Kilometer. Als einmal dieses Aussingen unserer Ankunft versäumt wurde, war der Empfang in dem betreffenden Dorfe ausgesprochen unfreundlich. In solchen und ähnlichen Fällen grüßt der Ankommende zuerst, so seine friedliche Absicht verkündend. Das Anmelden der Ankunft von weitem gehört auch bei anderen Völkern zum guten Ton. DORNAN (1925) beschreibt, daß die Buschleute der Kalahari ihr Anliegen schon von weitem ausrufen. Er erwähnt die gleiche Sitte von den Nambiquara Brasiliens (s. auch S. 208) und von den alten Sachsen, die ein Gesetz hatten, nach dem ein Mann, der ohne zu rufen oder das Horn zu blasen, sich einer fremden Gruppe näherte, getötet werden konnte. Nach SPENCER und GILLEN (1904) unterrichtet bei den nordaustralischen Stämmen ein Besucher die Gruppe, der er sich nähert, durch eine Reihe von Rauchfeuern.

Ist man nahe genug an seinen Grußpartner herangekommen, so daß dieser mimische Äußerungen lesen kann, dann grüßt man auch mit Kopf- und Gesichtsbewegungen. Neben verschiedenen kulturellen Mustern gibt es ein offenbar weltweit verbreitetes Grundmuster. Selbst jene Papuas, die kaum Kontakt mit Europäern gehabt hatten, grüßten durch Zunicken, Lächeln und ein schnelles Anheben und Senken der Augenbrauen, genau wie wir. Bei einer anderen, eher »herablassenden« Form des Grüßens, werden die Augenlider für kurze Zeit über das Auge herabgezogen. Auch dabei nickt man und lächelt ein wenig, aber das Anheben der Augenbrauen unterbleibt.

1. Mimik und Kopfbewegungen beim Distanzgruß

Zunicken, Lächeln und den Augenbrauengruß in einem Ablauf filmten wir u. a. in Europa (Frankreich, Schweden, Österreich), Bali (Sanur, Insel Nusa Penida), West-Samoa (Sa'anapu auf Upolo, Papa auf Sawaii), Neu-Guinea (*Huri* bei Tari, *Woitapmin* in Bimin, *Daribi* und *Biami*), in der Kalahari *(Buschleute)*, Australien, Südamerika *(Waika, Ayoréo)*. Wir beobachteten es ferner, ohne es filmen zu können, in Neu-Guinea (*Kukukuku* bei Kwaplalim), Afrika (*Sonjo*-Dorf Samunge-Bantu, *Karamojo* bei Kotido-Nilotohamiten), Japan (Tokio), Hongkong, Peru (Cuzco).

Zunicken und Lächeln in Kombination, aber ohne Augengruß, konnten wir an allen von uns besuchten Orten (s. o.) beobachten und in Europa, Afrika *(Elmolo, Sonjo, Karamojo, Turkana)*, Bali, Neu-Guinea *(Kukukuku, Woitapmin, Huri)*, Peru (Cuzco) und Samoa auch filmen. Wir wollen diese offenbar weitverbreiteten Verhaltensweisen im folgenden besprechen.

Um sie zu filmen, lösten wir sie oft aus, indem wir während des Filmens aufblickten und bei laufender Kamera wie zufällig zu den Gefilmten hinüberschauten, leicht lächelten, aber sonst keine der übrigen Verhaltensweisen des Grüßens zeigten. Als Antwort bekamen wir dann Lächeln oder auch Lächeln mit Augengruß und Nicken.

A. Das Lächeln

Das Lächeln ist eine gut untersuchte, zweifellos angeborene Ausdrucksbewegung (KOEHLER 1954, AMBROSE 1960, 1961; FREEDMAN 1964, 1965). Selbst taub und blind Geborene lächeln (THOMPSON 1941, EIBL-EIBESFELDT 1972a). Der Ursprung dieser Bewegung liegt noch im dunklen. Man findet bei verschiedenen Altweltaffen formal ähnliche Bewegungen, die ihrem Ursprung nach Drohbewegungen (Zähnezeigen als Beißdrohung) sind, und hat versucht, Lächeln von solchen Drohbewegungen abzuleiten. Nach ANDREW (1963) »grinsen« Paviane, Meerkatzen und andere höhere Affen mit einer dem Lächeln ähnlichen Grimasse, wenn sie von einem Ranghöheren bedroht werden. Es handelt sich um eine defensive Gebärde. Auch beim Menschen gibt es so ein defensives Lächeln, das beschwichtigend wirkt. So könnte das Lächeln des Menschen aus einer defensiven Drohung entwickelt worden sein, die ja zugleich auch Kontaktbereitschaft ausdrückt. Beim Menschen ist die Geste zum rein freundlichen Appell geworden – im Unterschied zum Lachen, das deutlich noch Drohcharakter besitzt. Lachende wenden sich meist gegen jemanden, den sie auslachen. Daß sie dies gemeinsam tun, verbindet die Gruppe. Die rhythmischen Lautäußerungen erinnern an jene vieler Affen beim sogenannten Hassen (EIBL-EIBESFELDT 1972a). Das Lachen ist sicher nicht einfach eine höhere Intensitätsstufe des Lächelns. Die aggressive Komponente tritt neu hinzu. Im Lächeln scheint sie dagegen heute durchaus zu fehlen. Wenn also Vergleiche die Hypothese stützen sollten, derzufolge sich das Lächeln von einem defensiven Drohen ableitet, dann müßte sich wohl auch gleichzeitig ein Motivationswechsel vollzogen haben. Die neuen Untersuchungen von VAN HOOFF (S. 54) sprechen dafür, daß sich das Lächeln von einem Submissionsakt (Defensivdrohen) ableitet.

Beim Grüßen tritt das Lächeln allein oder in Kombination mit den im folgenden zu diskutierenden Verhaltensweisen, Augengruß und/oder Nicken auf. In den Kombinationen geht es den eben genannten Verhaltensweisen in der Regel als Einleitung voran.

B. Der Augengruß

Ein sehr auffälliges Gesichtszeichen, über das ich bisher im Schrifttum keine Angaben fand, ist der »Augengruß«. (Ich nenne dieses Verhalten »Augengruß«, obgleich die auffällige Bewegung von den Augenbrauen stammt, während die Lidspalte sich nur geringfügig oder gar nicht öffnet. Dennoch wird durch das Brauenheben ein weites Augenöffnen vorgetäuscht.) Die Augenbrauen werden dabei schnell angehoben und für etwa 1/6 Sek. in dieser Stellung gehalten. Ein Lächeln geht dem Zeichen stets voran, verstärktes Lächeln und oft auch Kopfnicken schließt sich an. Das Verhalten ist uns Europäern vertraut. Es ist ein verbreitetes Zeichen sehr freundschaftlicher Kontaktaufnahme. Mädchen grüßen so ihre Freunde und senden dieses Signal beim Flirten. Eltern senden es auch ihren Kindern, und schließlich, bei uns allerdings seltener, beobachten wir dieses Zeichen auch zwischen Partnern gleichen Geschlechts, wenn diese enge Freundschaft verbindet.

Die Bewegung ist trotz ihres schnellen Ablaufes überaus auffällig, wohl auch wegen der deutlich abgesetzten Augenbrauen. Für deren Signalfunktion spricht, daß Frauen ihre Augenbrauen färben und durch Schminke betonen.

Dauer des Augengrußes ausgezählt nach Zeitlupenaufnahmen (48 B./Sek.)

Personen	Gesamtdauer in Bildern	Dauer der maximalen Augenbrauenhebung in Bildern
Brasilianerin (Mulattin)	10	7
Schwedin	14	7
Französin	22	7
Samoanerin	16	6
Balinesin	14	7
Balinesin	20	6
Papua-Huri	14	7
Papua-Woitapmin	20	6
Papua-Woitapmin	18	8
Papua-Woitapmin	14	7

Wir haben diesen Augengruß bei den verschiedensten Völkern beobachtet und gefilmt (Abb. 62–66). Wenn jemand seinen Partner zum ersten Mal so begrüßt, dann ist der Ablauf ziemlich stereotyp. Erst bei Wiederholung ändert sich das Muster etwas. Die Tabelle zeigt, wie viele Bilder bei einer Aufnahmegeschwindigkeit von 48 B/s vom ersten Ansatz des Brauenhebens bis zur Rückkehr in die Ausgangslage vergehen und wie viele Bilder lang die Brauen maximal gehoben sind. Man kommt dabei auf eine durchschnittliche Gesamtdauer des Augengrußes von 16,2 Bildern oder 1/3 Sek., wobei die Augen durchschnittlich 6,8 Bilder oder 0,14 Sek. maximal gehoben sind.

Der so Grüßende dürfte oft eine entsprechende Antwort erwarten. Ich vermied es meist, auf diese Aufforderung einzugehen, wenn

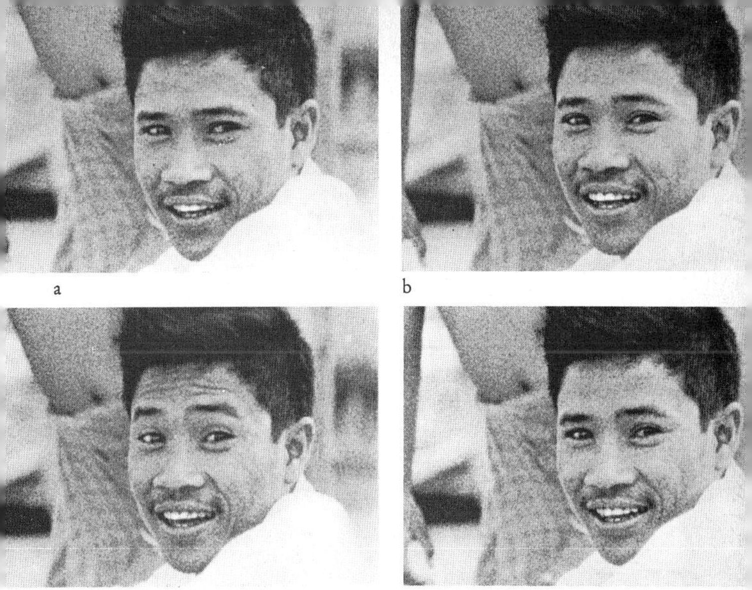

Abb. 62. Augengruß eines Balinesen (Insel Nusa Penida bei Bali): Die Folge (a–d) umfaßt 19 Bilder; (b) zeigt die 6. und (c) die 11. Aufnahme. Beim 6. Bild der Folge setzte die Aufwärtsbewegung der Augenbrauen ein. Beim 11. Bild waren sie maximal gehoben. Die Abwärtsbewegung begann mit dem 17. Bild und endete mit dem 22. (Aus einem 16-mm-Film des Verfassers.)

sie an mich adressiert war, und lächelte nur. In diesem Falle fiel mir besonders bei den Papuas und Balinesen auf, daß sie des öfteren ihren Augengruß wiederholten, wobei sie die Brauen langsamer und betonter hoben. Man hatte den Eindruck einer Rückfrage. Dich habe ich gemeint, merkst du es nicht?

Antwortete man dagegen durch schnelles Heben der Augenbrauen, dann bekam man meist noch ein freundliches Nicken, gelegentlich auch einen weiteren Augengruß oder einen Lidgruß (S. 182) als Zeichen des Verstehens, und damit war die Person offenbar beruhigt, denn sie hörte zu grüßen auf. Stellt man von sich aus den Kontakt durch einen Augengruß her, dann erhält man mit großer Regelmäßigkeit und geringstem Zeitverzug (gewissermaßen »reflektorisch«) einen Augengruß als Antwort, und zwar bei allen von mir besuchten Kulturen. Ich löste den Augengruß allerdings immer erst aus, nachdem ich mich von dessen Vorhandensein in der betreffenden Gruppe überzeugt hatte, um so die mögliche Einführung eines Verhaltens zu vermeiden. Der Gegengruß auf einen Augengruß

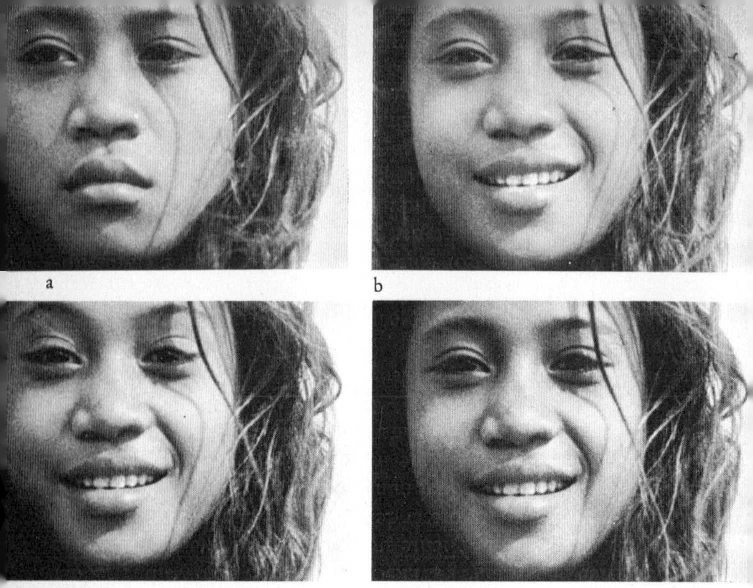

a b c d

Abb. 63. Augengruß einer Samoanerin (Dorf Papa, Insel Sawaii): Die Folge (a–c) umfaßt 124 Bilder. Beim 41. Bild lächelt sie den Partner an (b). Das 107. Bild (c) zeigt sie mit gehobenen Augenbrauen. Die Samoanerin hatte den Kameramann wiederholt angeblickt. Acht Bilder nach einem solchen Blickkontakt (sie lächelte bereits vorher) begann sie die Augenbrauen zu heben. Vom 11. bis zum 16. Bild blieben sie maximal gehoben, dann setzte die Abwärtsbewegung ein. (Aus einem 16-mm-Film des Verfassers.)

scheint unbewußt zu erfolgen, was auch erklären würde, weshalb dieses Verhaltensmuster bisher übersehen wurde. Eine experimentelle Prüfung ist geplant.

Der Augengruß ist immer ein betont freundliches Zeichen. Die Kukukuku von Ikumdi, die kurz vor meinem Besuch eine unangenehme Erfahrung mit Europäern gesammelt hatten, grüßten uns nur durch Nicken und Lächeln. Im Hakwangi-Tal, nahe der Missionsstation von Kwaplalim, grüßte mich jedoch ein Kukukuku im Vorübergehen mit deutlichem Augengruß (Brauenheben). Die Papuas von Tari (Huri) und Bimin (Woitapmin) dagegen grüßten einander ebenso wie uns mit vollem Augengruß (Abb. 64–66). Auf Samoa ist dieses Augenzeichen überdies eine Geste der Bejahung im Gespräch. Hier wurde also das ursprünglich rein soziale »Ja« (Bejahung eines Sozialkontaktes) zum allgemeinen Zeichen der Bejahung, also auch zum sachlichen Ja. Bei den Japanern ist dagegen der Augengruß nur selten zu beobachten, er gilt als unfein. Er ist ein zu deutliches Ja und daher ursprünglich auf die Intimsphäre beschränkt. Über den Ursprung dieser Brauenbewegung haben wir uns bereits geäußert (S. 33).

a b c d

Abb. 64. Augengruß eines Huri (Papua) aus der Umgebung von Tari (Neu-Guinea). (Aus einem 16-mm-Film des Verfassers.) Die Folge (a–d) umfaßt 45 Bilder; (b) zeigt die 30. und (c) die 36. Aufnahme. Der Aufgenommene begann 26 Bilder nach dem ersten Anflug eines Lächelns die Augenbrauen zu heben. Die maximale Anhebung war nach dem 4. Bild erreicht und wurde über sieben Bilder beibehalten.

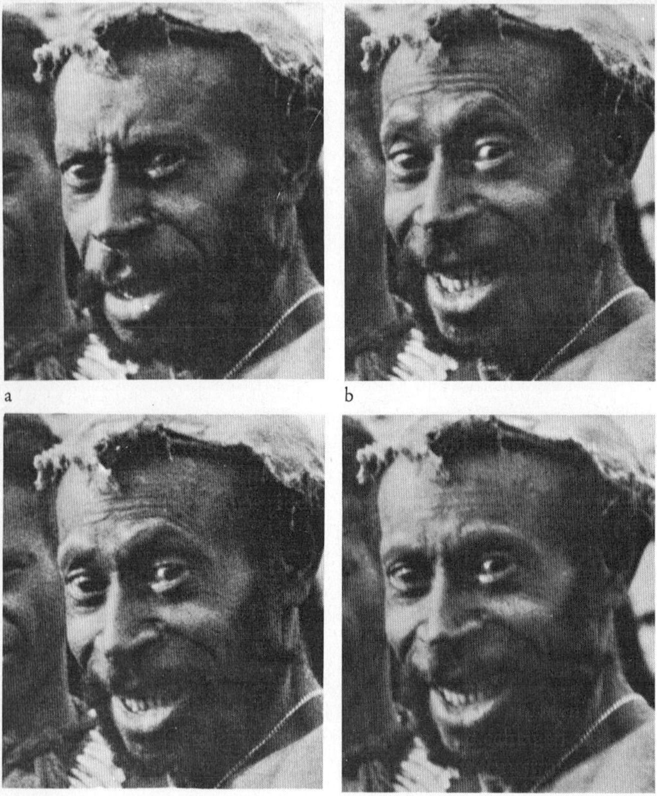
a b c d

Abb. 65. Augengruß eines Woitapmin (Bimin). (Aus einem 16-mm-Film des Verfassers.) Die Folge (a–d) umfaßt 85 Bilder; (b) zeigt die 75. und (c) die 79. Aufnahme. Drei Bilder nach Aufnahmebeginn sieht der Mann zur Kamera. Er beginnt bei dem 16. Bild andeutungsweise zu lächeln und beim 75. Bild die Augenbrauen zu heben. Sie sind vom 78.–84. gehoben.

C. Das Nicken

Diese Geste ist uns Mitteleuropäern als Form der Bejahung durchaus vertraut; bereits DARWIN diskutiert sie in diesem Zusammenhang. Sie dürfte sich als Intentionsbewegung der Unterwerfung, als eine auf die Kopfbewegung beschränkte Verbeugung gewissermaßen deuten lassen (HASS 1968). Als Ja der Zustimmung habe ich

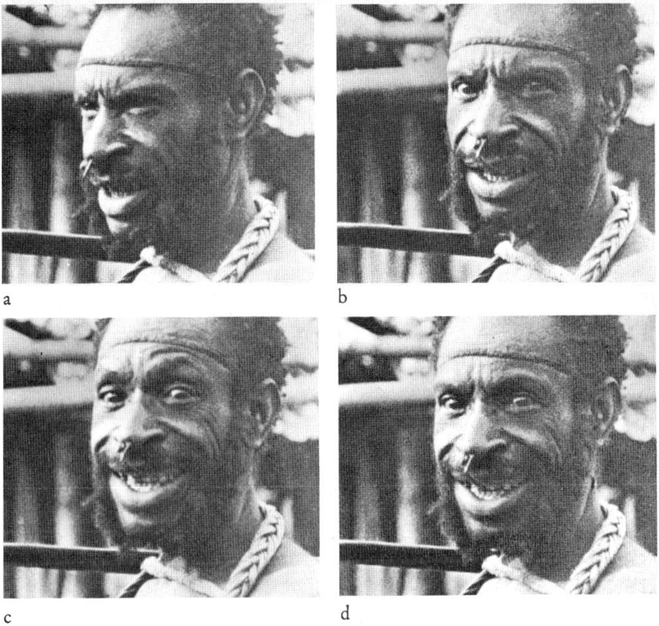

Abb. 66. Augengruß eines Woitapmin (Bimin). (Aus einem 16-mm-Film des Verfassers.) Die Folge (a–d) umfaßt 36 Bilder; (b) zeigt die 19. und (c) die 27. Aufnahme. Beim 10. Bild dieser Folge setzte er zum Lächeln an, beim 14. begann er die Augenbrauen zu heben. Er hielt sie zwischen 20. und 28. Bild maximal gehoben und hatte sie beim 32. wieder gesenkt.

diese Gebärde selbst bei den bereits erwähnten Papuas gefilmt, doch möchte ich eine Diskussion von Bejahung und Verneinung für eine spätere Arbeit vorbehalten, da es auch andere Formen der Bejahung gibt, die ich gerne vorher noch filmen möchte. Fest steht die weite Verbreitung des Kopfnickens zum Gruß, was durchaus im Sinne von Hass als ritualisierte Unterwerfung zu deuten ist.

Die Bewegung ist in Frequenz und Amplitude ziemlich stereotyp. Der Kopf wird nur wenige Zentimeter geneigt und wieder aufgerichtet, wobei der Blickkontakt oft kurz durch Lidschluß oder Blicksenken unterbrochen wird. Die Bewegung kommt einmal oder wiederholt vor, dann meist zwei- bis dreimal hintereinander mit etwas abnehmender Amplitude. Die Abwärtsbewegung kann dabei anfangs betont werden. Als zustimmendes Nicken beobachten wir dieses Verhalten ohne andere mimische Begleitung im Zwiegespräch als Antwort des Zuhörers. Das Nicken kann durch ein kurzes Anheben des Kopfes eingeleitet werden, vor allem dann, wenn dem Nicken Lachen oder der Augengruß vorangeht; sonst beginnt es im allgemeinen mit einer Abwärtsbewegung. Eine besondere Abwandlung des Nickens ist das betonte Kopfneigen mit betontem Lidersenken, das wir gesondert besprechen wollen.

Beim Grüßen folgt das Nicken häufig dem Lächeln in der Kombination Lächeln-Nicken oder Lächeln-Anlachen-Nicken. Beim vollständigen Distanzgruß ist die Folge: Blickkontakt – Lächeln – Augenbrauenheben mit Aufwärtsbewegung des Kopfes und anschließendem Nicken.

D. Das Senken der Augenlider (Lidgruß)

Eine bei uns gelegentlich als Zeichen stillen Einverständnisses und als geheimer Gruß zu beobachtende Geste ist das langsame Senken der Augenlider mit betontem Augenschluß. Dabei nickt man. Eine ähnliche Geste kommt im Grußverhalten vor; ich filmte sie bei Tari von einem männlichen Angehörigen des Huri-Stammes. Er grüßte so mit leichtem Kopfnicken und dem Anflug eines Lächelns und schaute dann weg. Das Auge blieb für 0,31 Sek. geschlossen. Der Lidschluß unterbricht den Blickkontakt vorübergehend. Auf den Beobachter wirkte die Geste »herablassend«. Eine ähnliche Lidbewegung beobachteten wir bei flirtenden Mädchen. Wir filmten das Lidsenken grüßender und flirtender Frauen und Mädchen in Ostafrika (Massai, Turkana, Sonjo), verschiedenen Ländern Europas, auf Bali, Japan, Neu-Guinea (Woitapmin), Samoa und in Peru (Quechua). Die Dauer des Augenschlusses ist ähnlich wie im vorangehenden Fall. Beim Augenschluß senken Flirtende Kopf und Lid. Der Lidgruß wird oft, aber nicht immer, von einer leichten Nickbewegung begleitet und tritt, auch wenn er allein aufscheint, immer in Situationen der Zustimmung – reservierter oder geheimer – auf. (Als eine Abwandlung des Lidgrußes würde ich das freundliche Zublinzeln auffassen.) Er ersetzt gewissermaßen ein Nicken und leitet sich möglicherweise sogar von einer Nickbewegung ab, allerdings sicherlich nicht einfach aus einer Intentionsbewegung des Nickens, denn man sieht oft intentionales Nicken mit geringfügigem Kopfausschlag ohne die geringste Intention zum Lidschluß. Es sieht vielmehr so aus, als wäre im Prozeß einer Ritualisierung die Nickbewegung auf ein anderes Organ übertragen worden, so wie ja gelegentlich auch das verneinende Kopfschütteln gleichzeitig von Schüttelbewegungen der offenen Hand begleitet und in einigen Fällen

a b c d

Abb. 67 (a–d). Augengruß mit Lidschluß bei einer Himba-Frau. (Aus einem mit 50 Bildern/Sekunde aufgenommenen 16-mm-Film des Verfassers: 1., 3., 9. und 19. Bild der Aufnahmefolge.)

allein durch solches Handschütteln mitgeteilt wird. Diese interessante Erscheinung der Bewegungsübertragung ist bisher zu wenig beachtet worden.

Was auch immer die Wurzel dieser Geste gewesen sein mag, sie führt stets zu einem betonten Abreißen des Blickkontakts, und das scheint mir eine wichtige Funktion der Gebärde. Anstarren wirkt bedrohlich und war bei uns in früheren Zeiten Anlaß für eine Forderung zum Duell. Auch bei anderen Primaten ist Anstarren Drohung, z. B. bei Gorillas (SCHALLER 1963). Das Abreißen des Blickkontaktes beim Lidgruß läßt sich als ein »Entstarren« mit beschwichtigender Funktion deuten. Dafür spricht, daß wir auch in anderen Situationen den Blickkontakt immer wieder abreißen lassen, zum Beispiel beim normalen Gespräch durch wiederholtes Wegschauen. Tun wir das nicht, so wird unser Partner bald unruhig.

Ein vergleichbares Entstarren des Blickes beobachten wir auch bei anderen Augengebärden. Beim koketten Schauen wird der Kopf schiefgehalten, was wohl die Drohwirkung des Blickes abschwächt; denn man weiß aus Experimenten, daß Personen auf Augenflecke mit stärkster Pupillenerweiterung reagieren, wenn diese Flecke horizontal, mit geringerer, wenn sie schräg oder vertikal angeordnet sind (COSS 1972). Eine weitere Methode, die Drohwirkung des Blickes zu mildern, ist das einseitige Augenzwinkern, das als Zeichen freundlichen und zugleich stillen Übereinkommens oft gebraucht wird. Man schließt dabei kurz ein Auge, nachdem man eine Person ausdrücklich anblickte. Während ich Schräghalten des Kopfes in vielen Kulturen beobachten konnte (Papuas, Polynesier, Europäer, Afrikaner, Japaner), und zwar als weibliche Koketterie, kann ich über die Verbreitung des Augenzwinkerns noch keine Angabe machen.

Wiederholt filmte ich betontes Lidsenken in Verbindung mit einem Augengruß bei Frauen. So unter anderem bei den Waika-Indianern und bei den Himba Südwestafrikas (Abb. 67 a–c). Während beim vorhin beschriebenen Lidgruß die Lidbewegung oft von einer Nickbewegung begleitet wird und daher ein Zusammenhang vermutet werden kann, ist hier eine solche Verbindung nicht sichtbar. Der Kopf wird sogar in einer Rückwärtsbewegung leicht angehoben. Das weist auf eine formalisierte Abkehr hin. Das Gesamtverhalten wäre dann als Ausdruck gleichzeitiger Ambivalenz zu deuten, wobei Zuwendung durch Augengruß und Lächeln, Abkehr durch Kopfheben und Lidschluß ausgedrückt wird.

Diese Verhaltensweisen des Distanzgrußes wurden in verschiedenen Erdgebieten beobachtet, aber seltener gefilmt. Wie verbreitet sie sind, muß noch festgestellt werden. Wir möchten aber kurz auf einige Grundmuster hinweisen, die wir in sehr verschiedenen Kulturen vorfanden, um anzuregen, weitere Informationen zu sammeln.

A. Das Handheben

Durch Gesten der Hand kann man über größere Entfernungen grüßen. Sehr oft geschieht das durch das Heben der Hand, wobei die offene Handfläche dem Grußpartner zugekehrt wird. Eine formal recht ähnliche Geste verwenden wir auch, wenn wir jemandem Halt gebieten. Als Gruß sah und fotografierte ich das Heben der offenen Hand bei einem Schom-Pen auf Groß-Nicobar (EIBL-EIBESFELDT 1964), ferner bei den Karamojo und Turkana in Ostafrika. Bei Kwaplalim begrüßte mich ein Kukukuku im Vorbeigehen durch Handheben, bei Lake Kopiago ein Papua, der mich aus seinem Hütteneingang beobachtet hatte, als ich ihn ansah (Abb. 68).

Das Dorfoberhaupt von Bimin grüßte mich beim Abschied mit erhobener offener Hand, wobei er die Hand einmal schloß und betont wieder aufspreizte, die Handfläche zu mir weisend. Bei Tari grüßte ein Huri mit fast horizontal vorgestrecktem Arm und mir

Abb. 68. Durch Handheben grüßender Schom-Pen (Groß-Nicobar). Die Schom-Pen hatten keinerlei Fremdkontakte. (Foto: Verfasser.)

zugekehrter offener Handfläche. Die Hand war in diesem Falle gegen den Arm nach oben abgewinkelt; die Geste hatte etwas Abweisendes, als würde der Grüßende etwas wegschieben. Vielleicht ist dieses abweisende Element im Gruße enthalten. Wir finden diese Geste auch bei dämonenabweisenden Wächterfiguren (Eibl-Eibesfeldt und Wickler 1968). Das Handheben im Gruße mag wohl ursprünglich eine bannende Funktion gehabt haben. Die Begegnung mit dem Fremden bewirkt ja, wie eingangs ausgeführt, aggressive Spannungen. Man droht jedoch nicht, sondern die offene waffenlose Hand drückt zugleich die Absicht zur friedlichen Begegnung aus.

Oft ist das Handheben mit einer Winkbewegung kombiniert. Das filmten wir unter anderem von Japanern. Eltern begrüßten mit schnellen seitlichen Winkbewegungen der erhobenen offenen Hand auf einem kleinen Jahrmarkt ihre in Spielbahnen vorbeifahrenden Kinder. Wir können das gleiche Verhaltensmuster auch bei uns in Europa beobachten.

B. Das Heranwinken

Bei den Kukukuku fiel mir ein Verhalten auf, das ich in ganz ähnlicher Ausprägung auch in Italien beobachtet hatte: Frauen, die bei der Feldarbeit waren, begrüßten uns Vorbeigehende, indem sie uns die Hand entgegenstreckten und mit nach oben gehaltener Handfläche wiederholt herbeiwinkten. Eine der Frauen winkte auch mit nach unten gekehrter Handfläche, als wollte sie uns zu sich scharren.

C. Das Entgegenstrecken der Hände

Dieses Verhalten ist wohl eine Intention zum Kontaktgruß (Umarmung beziehungsweise Händegeben). Der mit Umarmung Grüßende geht seinem Partner oft mit bereits ausgebreiteten Händen entgegen. Der zum Handschlag Auffordernde reicht eine Hand. Wir pflegen dabei die Hand in Greifintention mit nach der Seite zeigender Fläche dem Grußpartner entgegenzustrecken. Bei den Papuas (Kukukuku und Woitapmin) fiel mir auf, daß sie uns die Hand immer mit nach oben gekehrter Handfläche entgegenhielten, so daß ich die Bewegung zunächst für eine Bettelbewegung hielt und erst allmählich daraufkam, daß sie einzig zum Handgeben aufforderten. Das gleiche beobachtete ich bei Sonjokindern (Bantudorf Samunge, Ostafrika). Das ist deshalb bemerkenswert, weil man von Schimpansen eine ganz ähnliche Gebärde der Kontaktaufforderung kennt. Rangniedere betteln um Kontakt und damit um Bestärkung, indem sie dem Ranghöheren die ausgestreckte Hand mit nach oben gekehrter Handfläche hinhalten. Der Ranghohe legt seine Hand darauf, was den Grußpartner beruhigt; VAN LAWICK-GOODALL (1967), ebenso wie WICKLER (1967b) und EIBL-EIBESFELDT (1972a) neigen dazu, in diesem Verhalten die Wurzel zum Händegeben des Menschen zu sehen. Ein Gedanke, den wir noch einmal aufgreifen werden.

D. Das Zeigen von Geschenken

Wer sich in friedlicher Mission einer potentiell feindlichen Gruppe nähert, zeigt oft wirkliche oder symbolische Gaben als Friedenszeichen. Das Überreichen der Friedenspalme ist ja bei uns Sprichwort geworden, über ähnliche Verhaltensmuster aus anderen Erdgebieten gibt es zahlreiche Berichte. Wir kennen solche von den Massai Ostafrikas ebenso wie von Südseevölkern. Als Beispiel sei eine Beobachtung KOTZEBUES (1825) von den Hawaii-Inseln (damals Sandwich-Inseln) zitiert:

»... ein ältlicher Mann hielt auf Baumblättern etwas Weißes in der Hand, was er mir bestimmt zu haben schien, wagte aber nicht, mir näher zu treten; inzwischen brach er einen belaubten Ast von einem Baume, wahrscheinlich als Friedenszeichen; ich tat sogleich dasselbe und trat auf ihn zu; der Mann wich anfangs scheu zurück, doch reichte er mir endlich seine Gabe und wiederholte immer das Wort: Aidara; ich empfing sein Geschenk... Hierauf reichte mir das Weib, welches bei ihm, und wahrscheinlich das seinige war, einen Pandanuszweig, und die dritte Person, ein junger Mensch von zwanzig Jahren, der kein Geschenk für mich bereit hatte, reichte mir seinen eigenen Halsschmuck ...« (S. 66).

Als der erste Schom-Pen sich zögernd unserem Expeditionsschiff näherte, zeigte er ein grünes Blatt, das er uns dann auch als symbolische Gabe überreichte (EIBL-EIBESFELDT 1964). Daß man mit Geschenken Freundschaft anbahnt, und seien es auch solche rein symbolischer Art, ist uns so vertraut, daß wir daran kaum einen Gedanken verlieren (Abb. 69).

Sehr oft stiftet man ein freundliches Band durch Überreichen von Nahrungsmitteln. Schon kleine Kinder freunden sich auf diese Weise mit einem Fremden spontan an (EIBL-EIBESFELDT 1972a). Die überreichten Speisen werden meist auch gemeinsam verzehrt, was das Band festigt. Viele Bräuche, etwa der Hochzeitskuchen, das Empfangsessen, gehen auf dieses Verhaltensmuster zurück. Man bindet einander durch das gemeinsame Mahl. Das ist bei Naturvölkern ebenso.

NEVERMANN (1941) schildert eine Begegnung mit den Makleugas auf Neu-Guinea: »... Als die Rede auf Ingwer kam, zog Mitu eine

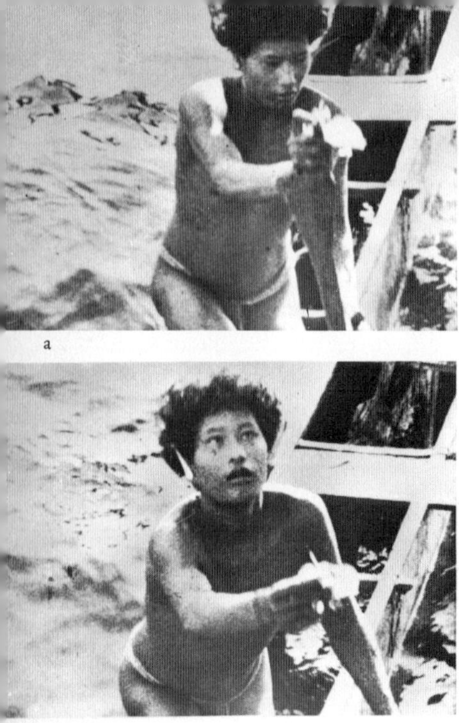

a

b

Abb. 69. Den ersten Kontakt mit einem Fremden herstellender Schom-Pen. Nachdem er unser Expeditionsschiff »Xarifa« einige Male aus sicherer Entfernung umkreist hatte, ruderte er heran und reichte uns ein grünes Blatt. (Aus einem 16-mm-Film von Hans HASS.)

Pflanze mit der Wurzel aus, klopfte die Erde etwas ab und biß herzhaft in die Wurzel. Dann schob er mir ihren Rest in den Mund. Später kam bei einer ganz anderen Gelegenheit die Rede auf die Kopfjagden der Makleuga, und ich fragte zum Abschied, ob ich denn mit Recht so ruhig bei den Makleuga geschlafen hätte, wie ich es getan hatte. Mitu seufzte heimlich und sagte mir mit bedauerndem Ton: Deinen Kopf hätte ich ja ganz gerne gehabt, wenn er auch nicht mehr sehr schön ist, aber wir haben doch zusammen gegessen, und nun bist du kein Fremder« (S. 44). Weitere Beispiele über die gruppenbindende und beschwichtigende Funktion von Nahrungsgeschenken und gemeinsamen Mahlzeiten bei EIBL-EIBESFELDT (1970 a). Die weite Verbreitung ähnlicher bindender Sitten weist auf eine angeborene Disposition des Menschen hin. Auffällig sind in diesem Zusammenhang die zahlreichen Analogien im Tierreich.

E. Das Präsentieren von Waffen

Auch die Waffe wird ins Grußritual einbezogen. Kam im Mittelalter ein Ritter auf eine Burg, so wartete er zunächst auf die Einladung. Die Diener halfen ihm dann vom Pferd und aus den Waffen, und er sprach zu Fuß und aufrechtstehend seinen Gruß. Speer, Schild und Helm wurden vorher abgelegt (BOLHÖFER 1912). Hutabnehmen, schon im Nibelungenlied erwähnt, soll die ritualisierte Form des Helmabnehmens sein. Noch heute gehört es zum Reglement, daß ein Waffenträger beim Betreten einer Wohnung die Waffen ablegt. Gelegentlich wird mit der Waffe gegrüßt. Ein uns allen vertrautes Beispiel ist das Präsentieren des Gewehrs als soldatischer Gruß. Die Waffe wird dabei in eine Stellung gebracht, in der sie nicht bedrohlich wirkt. Dazu gibt es sowohl Parallelen bei anderen Völkern als auch zahlreiche Prinzipanalogien im Tierreich (TINBERGEN 1959, EIBL-EIBESFELDT 1970a).

Allerdings gibt es auch Begrüßungen mit aggressivem Charakter, die man wohl als die weniger ritualisierte Form auffassen kann, da es dabei nach SPENCER und GILLEN (1904) oft zu einem Blutvergießen kommt. Die Genannten beschreiben, daß in Australien oft ganze Gruppen von Reisenden einander in voller Bewaffnung grüßen, was aber ständig zu mißlingen droht, da Zwischenfälle die Zeremonialform zerbrechen und zu Blutvergießen führen. (Vgl. dazu auch das über die Waika Gesagte, S. 202.) Aggressive Begrüßungsformen von Australien beschreibt auch HOWITT (1904). Ein hochrangiger Besucher wird nach seinen Angaben mit erhobenen Waffen empfangen und macht dann seinerseits einen Scheinangriff, den die anderen mit ihren Schilden abwehren. Anschließend wird er umarmt, ins Lager geführt und dort von den Frauen mit Nahrung bewirtet.

F. Verbeugen und Verwandtes

Wir erwähnten das Nicken als ritualisierte Verbeugung; beides kommt durchaus nebeneinander vor. Durch Verbeugung grüßen unter anderen Europäer, Chinesen, Inder, Japaner, Afrikaner und Polynesier. Es verbeugt sich immer der Rangniedere zuerst. Wenn sich ein Massai-Mädchen dem Dorfältesten nähert, dann verbeugt es sich tief vor ihm; er legt ihr die Hand auf den Scheitel, und erst dann richtet sie sich wieder auf. Als Steigerungsstufen der devoten Unterwerfung würde ich den Kniefall und den Fußfall ansehen, den wir ebenfalls in sehr verschiedenartigen Kulturen beobachten können. In allen Fällen handelt es sich um einen demütigen Appell des Grüßenden. Die Parallelen zu den Demutshaltungen vieler Tiere sind auffällig.

Dem Grüßen auf Distanz schließt sich meist eine Begrüßung mit genau festgelegten Formen körperlicher Berührung an. Wieder finden wir im Prinzip gleiche Verhaltensmuster mit weiter Verbreitung.

A. Das Händegeben

Auf Neu-Guinea fiel mir auf, daß sich Kinder und Erwachsene zum Händegeben drängten, und zwar vor allem die am wenigsten von der Zivilisation berührten Kukukuku und Woitapmin. Ich glaubte zunächst an einen europäischen Einfluß. Auf Befragen erklärten die Leute jedoch übereinstimmend, daß sie einander immer so begrüßt hätten. Dazu paßt, daß sie sich gegenseitig bei Begegnung völlig ungezwungen die Hand reichten, was bei einem eben erst eingeführten Brauch wenig wahrscheinlich wäre.

Einige Patrouillenoffiziere versicherten ferner, daß Händereichen und Händeschütteln schon vor der Ankunft der Europäer üblich war. Im Gebiete von Lake Kopiago schüttelten die Grüßenden einander zweimal die Hand, dann ließen sie die ergriffene Hand im Schwunge der Abwärtsbewegung los (Frank CARTER, mündl.). P. J. LANCASTER, der verschiedene Dörfer am oberen Sepik erschloß, erinnert sich, daß ein ihm nicht besonders freundlich gesinnter Hewa-Häuptling beim Händeschütteln die ergriffene Hand nach einigen Schüttelbewegungen geradezu abschleuderte. Im Gebiet von Telefomin klemmt einer der Grüßenden das vorgewinkelte Mittelfingergelenk des Partners zwischen sein ebenfalls abgewinkeltes Zeigefinger- und Mittelfingergelenk und schleudert die Hand des Partners abwärts. Das wird dreimal wiederholt. Nach jedem Abschütteln müssen die Grüßenden neu zufassen (Jan SMALLEY, mündl.).

Bei den Kukukuku sah ich Händeschütteln nach unserem Muster: Die Partner faßten einander fest mit der Hand und schüttelten sie einige Male. Einmal sah ich zwei Jünglinge des gleichen Stammes, die sich beim Grüßen jeweils am Unterarm packten und schüttelten. Dabei lachten sie.

Bei den Biami und Daribi faßt man einander zum Händedruck nach dem bei uns üblichen Muster (Abb. 70). Man schüttelt auch die Hände, und dann, wenn sie sich voneinander lösen, schnalzen beide mit dem Mittelfinger gegen den Daumenballen. Der Mittelfinger des Partners dient dabei anfangs beim Abziehen als Widerlager. Es

Abb. 70. Biami, einander durch Händegeben begrüßend. (Aus einem 16-mm-Film des Verfassers.)

schnalzt hörbar (Abb. 71 a, b). Mißlingt der Schnalzer, dann wird der Fehler belächelt. Es handelt sich um eine ritualisierte Kraft- und Geschicklichkeitsdemonstration. Frauen reichen einander die Hand ohne Fingerschnalzen.

In dieser Form der Kontaktaufnahme steckt auch ein ritualisiertes Sich-Abschätzen. Kann unsereins den Händedruck eines Mannes nicht richtig erwidern, etwa weil man aus Ungeschick an den Fingern ergriffen wurde, dann fühlt man sich beschämt. Eine vergleichende Untersuchung dieses bemerkenswerten Verhaltens steht noch aus. In zivilisierten Völkern ist das Händegeben weit verbreitet. Schon Homer beschreibt die Sitte. In der Bibel wird der Handschlag als Gelöbnis erwähnt.

Auf ein ähnliches Grußverhalten der Schimpansen wiesen wir bereits hin (S. 186). Es ist durchaus möglich, daß es sich um eine homologe Bewegung handelt.

B. Die Umarmung

Sowohl die Kukukuku in Ikumdi als auch die Woitapmin von Bimin und die Kweana im mittleren Wahgi-Tal (etwa 50 Meilen von Mt.

a

b

Abb. 71. Das Fingerschnalzen beim Lösen des Händegriffes nach dem Händeschütteln. (Aus einem 16-mm-Film des Verfassers.)

Hagen) umarmten einander bei freundlicher Begrüßung. Sie legten dabei einen Arm um die Schulter und oft den anderen um die Hüfte des Partners und tätschelten ihm zugleich Lende oder Schulter. Ich sah solche Begrüßung nur zwischen Männern, und zwar einander befreundeten Erwachsenen, sowie zwischen Vater und Sohn. Eine Mutter oder Schwester soll aber bei den Kukukuku und Woitapmin nahe Anverwandte ebenso begrüßen. Vom Kugika-Stamm im Wahgi-River-Tal beschreibt SIMPSON, wie die Frauen eine Missionsfrau zur Begrüßung umarmten. Der gleiche Autor berichtet, daß eine Frau im Chimbu-Tal weinend einen Träger umarmte, da sie in ihm ihren verstorbenen Sohn zu sehen glaubte.

Nach READ (zit. n. SIMPSON) umarmen sich bei den Papuas um Goroka Personen beiderlei Geschlechts, indem sie sich um die Hüften fassen und ihre Genitalregionen aneinanderpressen. Dabei rufen sie aus »Serokowe«, was der Autor als »I eat your faeces« übersetzt. Diese merkwürdige Begrüßungsformel ist auch bei den Bena (Neu-Guinea) üblich.

Auf Samoa sah ich Befreundete einander umarmen. Sie legten einen Arm um die Schulter des anderen und preßten die Wangen aneinander. KOTZEBUE wurde von Eskimos mit Umarmung begrüßt. Bei uns gilt es als sehr freundschaftlicher Gruß. Auf Bali sah ich Kinder ihre Mütter umarmen, und diese wohl ursprünglichste Form der Umarmung beobachtete ich ferner bei Afrikanern, Europäern, Asiaten (Japan), peruanischen Hochlandindianern und Papuas. Wie weit Umarmung als Erwachsenengruß verbreitet ist, müssen wir noch untersuchen. Als Grußform zwischen Mutter und Kind scheint Umarmung weltweit verbreitet. Es ist in diesem Zusammenhang bemerkenswert, daß auch Schimpansen einander durch Umarmung begrüßen (VAN LAWICK-GOODALL).

C. Der Kuß

»Wir Europäer sind an das Küssen als Zeichen der Zuneigung so gewöhnt, daß man es für die Menschheit angeboren halten könnte. Dies ist indessen nicht der Fall ... Jemmy Button, der Feuerländer, sagt mir, daß diese Gewohnheit in seinem Vaterlande unbekannt sei. Sie ist gleichfalls unbekannt bei den Neu-Seeländern, den Eingeborenen von Tahiti, den Papuas, den Australiern, den Somalis von Afrika und den Eskimos. Es ist aber insoweit eingeboren oder natürlich, als es allem Anscheine nach von dem Vergnügen abhängt, mit einer geliebten Person in nahe Berührung zu kommen. In verschiedenen Teilen der Welt wird es durch das Reiben der Nasen aneinander ersetzt ...« (Ch. DARWIN 1872, S. 196).

Bei den Kulturvölkern ist der Kuß weit verbreitet. Er wird bereits im alten Testament erwähnt, ebenso im mittelhochdeutschen Schrifttum. HERODOT erzählt, daß die Perser Personen gleichen Standes zur Begrüßung auf den Mund, höherrangige auf die Wange küssen. Bei den Römern galt es als unschicklich, Personen in Gegenwart von anderen zu küssen. Der alte Cato ließ nach Plutarch den Praetor Manilius aus der Senatorenliste streichen, weil er seine Frau im Beisein der eigenen Tochter geküßt hatte (zit. n. OHM 1948). Ebenso dürfen sich in Japan Liebende nur im Verborgenen küssen. Kinder küßt man in Japan auf die Wange (OHM 1948).

Auf meinen Reisen achtete ich insbesondere darauf, ob nicht doch bei jenen Kulturen, die Nasenreiben als zärtliche Geste ausüben, entgegen der verbreiteten Meinung auch noch das Küssen vorkommt. Für die Papuas schreibt READ (zit. n. SIMPSON), daß die Leute bei Goroka einander küssen würden. Er betont es als Ausnahme. SORENSEN und GAJDUSEK (1966) veröffentlichten die Aufnahme einander küssender Geschwister vom Stamme der Fore. Das

Abb. 72. Papua vom Stamme der Daribi, seine kleine Tochter auf die Wange küssend. (Aus einem 16-mm-Film des Verfassers.)

Ältere hält das Jüngere mit einem Arm umfangen und preßt seinen Mund gegen den des Geschwisterchens. Nach SCHULTZE-WESTRUM (1968) ist der Kuß von Mund zu Mund zwischen Mutter und Kind den Papuas des Bosavi-Gebietes eigen und nicht von den Europäern übernommen. Ich sah sowohl bei den Kukukuku als auch bei den Woitapmin, daß Mütter ihre Kinder auf Wange und Kopf küßten. Im mittleren Wahgi-Tal, etwa 50 Meilen von Mt. Hagen, gesellte sich eine Frau zu einer Mutter, tätschelte deren Baby mit einer Hand und küßte es. Ein Kukukuku-Vater küßte seinen erwachsenen Sohn auf die Wange, als er ihn nach langer Trennung zur Begrüßung umarmte. Bei allen von mir besuchten Stämmen sah ich, daß Väter ihre Säuglinge herzten und küßten (Abb. 72). Auf Befragen, ob Kukukuku-Männer auch ihre Frauen küßten, erhielt ich die Antwort, sie täten das nicht, und der Übersetzer, ein von der Mission aufgezogener Kukukuku, begründete das mit der Bemerkung, sie könnten sonst keinen anderen Menschen bekämpfen; wohl aber würde ein Bruder gestatten, daß seine Schwester ihn mit einem Kuß begrüßt, auch darf eine Frau ihren Mann küssen. Ich konnte jedoch nicht erfragen, ob auf die Wange oder auf die Lippen. Auf Samoa sah ich, wie ein Vater seine erwachsene Tochter auf die Wange küßte, als er sie nach längerer Trennung wiedersah. Mütter küssen ihre Kinder, wenn sie sie herzen. Das gleiche sah ich auf Bali, wo ebenfalls Nasenreiben als zärtliche Geste geübt wird. In Afrika beobachtete ich bei Maralal ein etwa sechsjähriges Mädchen, das spontan zu einem im Rückentuch der Mutter ruhenden Baby hinlief, dessen herabhängende Hand ergriff und die Handfläche zweimal küßte, wobei es über das ganze Gesicht strahlte. In einigen Rassengruppen, für die DARWIN annimmt, sie kennten kein Küssen, kommt es also doch vor. Sowohl Papuas als auch Polynesier und Nilotohamiten küssen – allerdings, soweit ich erfahren konnte, nur in den oben beschriebenen Situationen. Samoaner sagten mir auf Befragen, sie würden nicht küssen, nahmen aber wohl an, ich hätte den sexuellen Kuß zwischen Mann und Frau gemeint. Der dürfte entweder wirklich durch Nasenreiben ersetzt sein, oder der Vorgang ist mit einem Tabu belastet, so daß man nicht darüber spricht. Auf der Suche nach menschlichen Gemeinsamkeiten sollte man mehr als bisher auf das Verhalten der Mütter und Kinder achten, das ja spontaner und weniger kulturell umgeformt ist. In diesem Zusammenhang ist die Bemerkung von BERNATZIK (1947) aufschlußreich, daß die Akha das Küssen in europäischem Sinne nicht kennen, »wenn man dazu nicht die Küsse der Akha-Mutter rechnet, die mit ihren Lippen die Wangen ihres Kleinkindes berührt« (S. 96). S. LECHNER-KNECHT (brieflich) verdanke ich die Angabe, daß in Nepal Mütter ihre Kleinkinder küssen. Für alle anderen sei es jedoch nicht gestattet, und auf Befragen geben Ehepartner an, daß der Kuß beim Liebesspiel nicht üblich sei.

Die Tatsache, daß Schimpansen einander durch Kuß begrüßen, macht es an sich wahrscheinlich, daß das formal gleiche menschliche Verhalten eine alte Wurzel und demnach eine weite Verbreitung hat. Man sieht im Kuß eine ritualisierte Form der Mund-zu-Mund-Fütterung. Als Brutpflegehandlung ist diese auch beim Menschen gelegentlich üblich, bei uns z. B. in Schleswig-Holstein (PLOOG 1964). Nach BIRT (1928) fütterten die Griechen ihre Kinder nach dem Abstillen mit vorgekauter Nahrung.

D. Der Nasengruß

Wie schon ANDREE (1889) betont, ist der Nasengruß im Grunde freundliches Beschnüffeln. Die Luft wird dabei eingesogen; in Burma nennt man diesen Riechkuß »namtschui« (von Geruch – nam, einsaugen – tschut). Die Nasen können dabei einander berühren und aneinander gerieben werden. Mitunter ergreift der Grüßende auch nur eine Hand seines Partners und reibt sich damit seine Nase, wie es COOK (1784) von den Neuseeländern und WILKES (1849) von den Samoanern beschreibt. Wir finden den Nasengruß bei den Lappen, Eskimos, im hinterindisch-malaiischen Raum, auf Madagaskar, auf Neu-Guinea und im polynesischen Inselgebiet (ANDREE 1889). Als intime Freundschaftsbezeigung im heterosexuellen Verkehr saugen auch wir in betonter Weise den Duft unseres Partners ein, und der Ausdruck, »man könne jemanden nicht riechen«, lehrt, daß der Geruchssinn auch bei uns eine große Rolle im sozialen Verkehr spielt.

E. Skrotum-, Penis- und Bruststreicheln

Bei den Biami sah ich, daß eine alte Frau einem Mann – wie sich später herausstellte, handelte es sich um ihren Sohn – bei der Begegnung an das Skrotum griff und mit einer von unten nach oben geführten Bewegung zart über Hoden und Penis strich. Der Mann war bekleidet. Bei den Daribi war dieses Grußverhalten bis vor kurzem üblich. Bei den Chimbu im Hochland von Neu-Guinea faßt der Grüßende an den After des Grußpartners und führt danach die Hand zum Mund. Das ist Ausdruck großer Unterwürfigkeit. Bei den Hagenberg-Stämmen machen das Bittsteller, wenn sie ein dringendes Anliegen vortragen (VICEDOM und TISCHNER 1943). TISCHNER (mündliche Mitteilung) sah Skrotum- und Penisstreicheln als Gruß bei den Hagenberg-Stämmen. Dieses merkwürdige Grußverhalten leitet sich nach meinen Beobachtungen von einer zärtlichen Verhaltensweise ab, mit der Mütter ihre Säuglinge und Kleinkinder bedenken. In Neu-Guinea wie auch bei Australiern, Buschleuten der Kalahari und Waika-Indianern sah ich wiederholt, daß Mütter ihre Kleinen über Penis und Skrotum streicheln. Sind die Kinder älter, dann wird daraus ein flüchtiges Begrüßungsstreicheln, das man z. B. dann beobachtet, wenn ein Junge von seiner Spielgruppe zur Mutter läuft. Formal ist dieses Begrüßungsstreicheln nicht von dem der Erwachsenen zu unterscheiden. Als Erwachsenengruß beobachtete ich es bisher nur auf Neu-Guinea. Bei den Daribi sah ich, wie ein etwa zehnjähriges Mädchen zur Begrüßung ihrer Mutter wiederholt zart über die Brust strich.

F. Das Grußzeremoniell des Rauchrohrkreisens

Begegnen Biami-Männer einander unterwegs, dann gehört es zum guten Ton, daß man sich nach dem Händeschütteln niedersetzt. Beide Parteien rollen aus Tabak eine kleine Zigarre, die sie in einen Zigarrenhälter aus Bambus stecken. Das Bambusrohr ist an einem Ende geschlossen. Die Öffnung für die Zigarre befindet sich an der Seite, nahe dem geschlossenen Ende des Rauchrohres. Der Rauch wird nun in das Bambusrohr eingesogen. Dann wird die Zigarre entfernt und das mit Rauch gefüllte Rohr zurückgereicht. Der Eigentümer des Rauchrohres steckt dann die Zigarre wieder in die Öffnung, saugt von neuem Rauch an und reicht dann das Rauchrohr weiter. So kreist das Rohr, wobei beide Gruppen einander wechselseitig so bedenken. Kommt ein Gast in ein Dorf, dann werden von den Männern des Dorfes sogleich die Rauchrohre angesteckt, und jeder läßt den Gast von seinem Rauchrohr ziehen. Dabei werden ihm oft von mehreren Personen gleichzeitig die Rauchrohre angebo-

a

b

c

d

e

f

Abb. 73 (a–h) Pfeifenkreisen bei den Biami. Der Gastgeber im Hintergrund saugt den Rauch an (a) und reicht dann das gefüllte Rauchrohr an den Gast, nachdem er die Zigarre entfernte (b), (c). Der Gast saugt den Rauch aus dem Rohr (d) und reicht es dann zurück. (Aus einem 16-mm-Film des Verfassers.)

ten. Das gehört zum guten Ton und wird nie versäumt. Daß Männer jedoch mitreisenden Frauen ihr Rauchrohr angeboten hätten, sah ich nie. Frauen lassen untereinander das Rauchrohr kreisen. Das Rauchrohr kreist, wann immer Männer beisammen sitzen. Ich habe nie gesehen, daß einer allein geraucht hätte. Das Rauchrohrkreisen spielt im Alltag der Biami als Ritual der Bindung eine große Rolle (Abb. 73). Vergleichbares ist mir von den Buschleuten der Kalahari bekannt (Eibl-Eibesfeldt 1972b).

Diskussion

»Wer die ganze Reihe nationaler Begrüßungsarten aufführen wollte, könnte damit leicht ein Buch füllen. Der wissenschaftliche Gewinn aus solchen wäre aber ein geringer. Man würde nur auf eine ungeheure Mannigfaltigkeit stoßen, mehr oder minder unerklärbar scheinende Sonderbarkeiten finden und sich über die Zeitverschwendung oder die fein ausgebildete Etikette der Grußformen wundern« (Andree 1889).

Bei aller Vielfalt menschlicher Grußriten gelingt es doch, eine Reihe von Gemeinsamkeiten herauszuschälen. Wo die formale Ähnlichkeit bei den verschiedensten Völkern so groß ist wie beim Lächeln, Augengruß und Nicken im Distanzgruß, darf man wohl annehmen, daß es sich um Erbkoordinationen handelt. Das gilt wohl auch für Umarmung und Kuß. Letzterer ist entgegen der weitverbreiteten Annahme auch bei jenen Völkern zu finden, die einander durch Nasenreiben begrüßen. Der Kuß kommt schließlich auch bei Schimpansen als Grußgeste vor. Auf angeborene Lerndispositionen gehen wohl die verschiedenen Prinzip-Ähnlichkeiten zurück, wie etwa die Verwendung von Nahrungsmittelgeschenken zur Bandstiftung. Angeboren ist sicher auch die Neigung, einander durch Tätscheln, Streicheln, Händegeben und andere Formen der Berührung zu begrüßen. Das Bewegungsmuster kann dabei erheblich wechseln. Mehrere Stämme im Hochland von Neu-Guinea begrüßten einander, indem sie den Grußpartner ans Skrotum faßten. Die Eskimos in der Bering-Straße begrüßten einander nach Kotzebue, indem sie sich mehrere Male mit beiden Händen vom Gesicht bis zum Unterleib hinabstrichen. Kotzebue selbst wurde von einem begrüßt, der ihn zuerst umarmte, dann seine Nase an der seinen rieb und schließlich in die Hände spuckte und ihm einige Male übers

Gesicht fuhr. BERNATZIK (1944) schreibt über einen Besuch im Dorfe Sigoyabu (Neu-Guinea, Stamm Bena Bena):

»Peinlich war auch die Art der Begrüßung. Die Eingeborenen reichten uns nicht etwa die Hände, sondern drückten uns an sich und streichelten und betätschelten uns von Kopf bis zu den Füßen, wobei sie immer trachteten, die unbedeckten Stellen unseres Körpers zu erreichen. Da es nun aber Hunderte von Eingeborenen waren, die uns tagein, tagaus in dieser Weise begrüßten und sich die Eingeborenen dick mit Öl und Ruß einzuschmieren pflegen, so sahen wir bereits nach kurzer Zeit wie zwei der ihrigen aus.«

Auffällig ist die weite Verbreitung des Händegebens in Neu-Guinea. Es werden dabei ähnliche Riten des Kräfte-Abschätzens befolgt wie bei uns in Europa. Bemerkenswert sind nicht allein die überall vorkommenden gleichen Bewegungsweisen, sondern auch die grundsätzlich gleichen Verfahrensregeln, die auf angeborene Regelstrukturen hinweisen. Im Prinzip drückt man im Gruß überall das gleiche aus, nämlich die friedliche Absicht, die Anteilnahme – im extremen Fall durch Tränengruß – und den Wunsch, ein Band zu knüpfen. Der Mensch kann dies alles auch in Worte kleiden und verwendet dann als Schlüsselreize verbale Klischees. Diese Klischees sind überall die gleichen. Man beteuert »gut Freund«, fragt: »Wie geht es dir?« und wünscht einander einen »guten Tag« oder andere gute Dinge. Bei den !Ko-Buschleuten sagt man zum Beispiel beim Abschied »geh gut, schlaf gut«. Grüßende wünschen Gesundheit, Heil, Frieden und vieles andere mehr. Auch solche Wünsche sind Gaben. Der gute Wunsch ist eine hochritualisierte Form des Beschenkens.

Was im einzelnen als biologische Basis den Grußritualen zugrunde liegt, kann erst eine ausführliche vergleichende Dokumentation erweisen. An dieser mangelt es, und zwar insbesondere an Dokumentationen von Erstkontakten mit Naturvölkern. Auf Neu-Guinea werden zur Zeit in einem großangelegten Programm von Regierungsseite tunlichst alle bisher noch nicht aufgesuchten Eingeborenengruppen besucht, ohne daß man sich dabei um eine filmische Erfassung des Geschehens bemüht. Damit gehen letzte Möglichkeiten unwiderruflich verloren. Gleiches gilt für andere Teile der Erde. Wir wollen uns in den nächsten Jahren um die Dokumentation von Erstkontakten bemühen.

Kapitel 2: Das Grußverhalten und andere Muster freundlicher Kontaktaufnahme der Waika

1. Die Grußsituation

Es gibt eine Reihe von typischen Grußsituationen. Am häufigsten ist wohl der einfache »*Begegnungsgruß*«, der nicht zu einem weiteren Engagement führen muß. Er kann zwischen Fremden und Bekannten stattfinden und in Abständen wiederholt werden. Leute, die einander begrüßen und nun gemeinsam an einem Tisch sitzen, nikken und lächeln z. B. einander zu, wenn sich ihre Blicke zufällig kreuzen. Beim Begegnungsgruß spielen beide Partner gleiche Rollen. Das ist beim »*Willkommensgruß*« anders, der vorliegt, wenn ein Gastgeber einen Gast empfängt. Das Begrüßungsritual ist dann im allgemeinen auch komplizierter. Während der Begegnungsgruß sich als »Distanzgruß« abspielen kann (siehe S. 174), folgen beim Willkommensgruß in der Regel Riten, die den körperlichen Kontakt der Grußpartner zur Folge haben. Von den genannten Grußsituationen ist schließlich der *Abschied* zu unterscheiden, der ein Scheiden in Frieden ausdrückt und ein Band für die Zukunft bekräftigt. In dieser Zukunftsbezogenheit ist der Abschied typisch menschlich.

Wegen der großen Bedeutung des Grußverhaltens als Mittel der Aggressionsbewältigung, vor allem im Verkehr zwischen Gruppen, ist zu erwarten, daß es einige Signale gibt, die »international« und damit auch allgemein verständlich sind. Diese Erwartung fand ich beim Vergleich des Grußverhaltens einiger Papuastämme, der Balinesen, Samoaner und einiger anderer Menschengruppen bestätigt. In den Jahren 1969 bis 1973 beobachtete und filmte ich das Grußverhalten der Waika-Indianer.

2. Die Waika-Indianer

Die *Waika* bewohnen den Oberlauf des Orinoko und dessen Seitenflüsse. Sie gehören zur Volksgruppe der *Yanoáma*, die häufig auch unter der Bezeichnung *Guaharibo* zusammengefaßt wird. Abgeschlossenheit und kriegerisches Naturell bewahrten die Gruppen bisher vor Akkulturation. Wirtschaftlich stehen sie am Übergang von Wildbeutern und Sammlern zu Ackerbauern. Sie kultivieren einige Pflanzen, halten jedoch nur den Hund als Haustier. Ein großer Teil der Nahrung wird gesammelt, gefischt oder mit vergifteten Pfeilen gejagt. Die kleinen Dorfgemeinschaften hausen unter Pultdächern, die nach innen geneigt oft in geschlossenem Verband einen zentralen Platz umstehen. Jede Familie bewohnt einen kleinen Sektor dieses gemeinsamen Daches. Die Waika sind meist nur mit einer dünnen Schnur um die Leibesmitte bekleidet. Über ihre Kultur berichten ZERRIES (1964), BIOCCA (1966, 1969), CHAGNON (1968), STEINVORTH DE GOETZ (1970), COCCO (1972).

Ich hielt mich in den Jahren 1969, 1970, 1971, 1972 und 1973 jeweils mehrere Wochen im Gebiet der Waika auf, besuchte von Ocamo und Platanal aus verschiedene Dörfer am Ocamo und Orinoko. In einigen Dörfern (Wabutabuteri, Kachoroateri, Mayoböwäteri, Niyayobäteri) lebte ich mehrere Wochen[1].

3. Die Verhaltensweisen des Grüßens

A. Bei Begegnung mit Europäern

Wir sind auf unseren Reisen vielen Waika-Gruppen begegnet, oft nur flüchtig, gelegentlich wurden wir jedoch auch als Gäste empfangen. Manche Dörfer besuchten wir wiederholt und feierten dann Wiedersehen. Wir werden die verschiedenen Situationen der Kontaktaufnahme und Verabschiedung weiter unten besprechen.

Nähert man sich einer freundlich gesinnten Waika-Gruppe vom Fluß aus mit dem Boot, dann heißen einen die Waika durch eine Reihe von Zeichen willkommen. Sie winken mit den Händen, und zwar mit einer ritualisierten Heranholbewegung: Die Hände werden in einer Greifbewegung geschlossen und die Arme zum Körper gezogen. Die Handfläche kann nach oben oder nach unten weisen. Oft weisen sie auch zum Landeplatz und laden so zum Kommen ein. Sie zeigen Früchte, wenn solche gerade zur Hand sind, und schließlich rufen sie das Grußwort »Shori«, das »Schwager« bedeutet. Es

[1] Fr. Dr. GOETZ, die mich auf den Reisen zu den Waika in der großzügigsten Weise förderte, möchte ich an dieser Stelle ebenso herzlich danken wie der A.-v.-GWINNER-Stiftung, die meine erste Reise finanzierte. Ganz besonders danke ich ferner dem Ehepaar Karl-Friedrich und Elke FUHRMEISTER DE GOETZ sowie meinem Sohn Bernolf, die mich auf einigen Etappen dieser Reise begleiteten und mir bei der Arbeit halfen. Den salesianischen Missionaren danke ich herzlich für die gastliche Aufnahme auf ihren Stationen und im besonderen Padre Luigi COCCO und Padre José BERNO, die beide mit Rat und Informationen halfen. Padre COCCO hat mittlerweile ein ausgezeichnetes Werk über die Waika verfaßt (COCCO 1972). Der New Tribes Mission und den Ehepaaren SHALER und JANK danke ich für gastliche Aufnahme in der Serra Parima. Ich danke schließlich der Oficina Central de Asuntos Indigenas in Caracas.

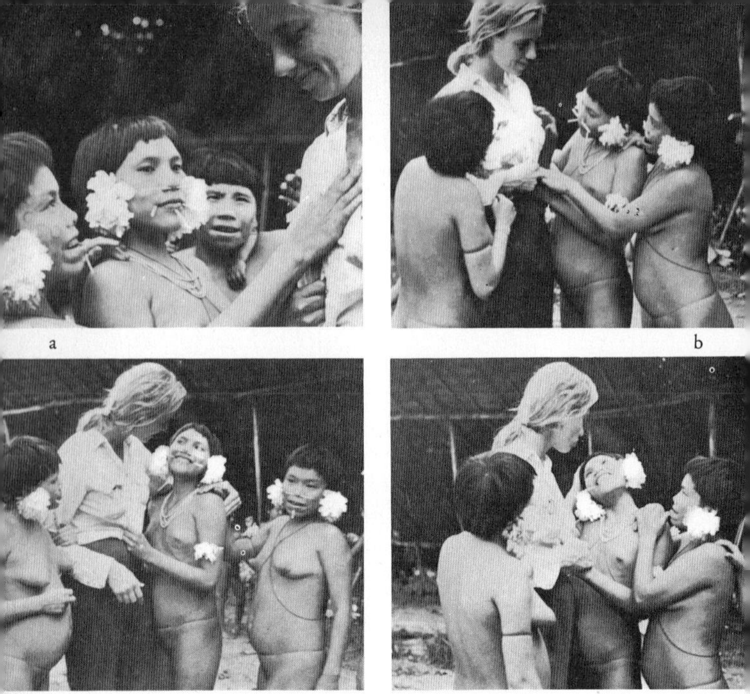

a b c d

Abb. 74, linke Seite. Waika-Indianerinnen (Kachoroateri), eine Europäerin explorativ betätschelnd (a), (b) und durch Anschmiegen und Gesichtszuwendung Kontakt suchend (c), (d). (Aus einem 16-mm-Film des Verfassers.)

wird gewissermaßen die Bereitschaft ausgedrückt, ein Verwandtschaftsverhältnis einzugehen. Das Wort wird sehr häufig gebraucht und viele Male wiederholt. Auch wenn die Waika einen Wunsch äußern, leiten sie das Gespräch mit Shori ein (»Shori, ich hätte gerne eine Machete«).

Oft hört man auch als Grußwort »Nohi«, was »mein Freund« heißt. Sagt man selbst Shori, dann bekommt man Nohi meist als Erwiderung. Es gibt verschiedene Dialekte. In der Serra Parima sagt man »Nofi« statt Nohi.

Gelegentlich drohen einige Männer der Gruppe, während andere freundlich herbeiwinken. Sie springen am Ort auf und ab und halten Pfeil und Bogen schußbereit, allerdings weist der Pfeil meist gegen den Boden und die Sehne wird im allgemeinen nicht gespannt. Es handelt sich deutlich um ein Imponieren, auf dessen vermutliche Bedeutung wir noch eingehen werden.

Abb. 75. Kontaktsuche einer Waika-Indianerin durch Anschmiegen und Gesichtzuwenden. (Aus einem 16-mm-Film des Verfassers.)

Ist man an die Grüßenden herangekommen, dann nimmt man auch andere Ausdrucksbewegungen wahr. Die Grüßenden lächeln, werfen den Kopf ruckartig hoch, heben im »Augengruß« rasch die Brauen und nicken anschließend. Den gesamten Komplex dieser Verhaltensweisen habe ich bereits als Muster des Distanzgrußes von verschiedenen Natur- und Kulturvölkern beschrieben (siehe S. 33 und S. 174ff.). Auch ein Distanzgruß kann im Laufe eines Tages wiederholt mit derselben Person ausgetauscht werden. Ich konnte z. B. Augengruß, Lächeln und Nicken wiederholt auslösen, wenn ich in Abständen Blickkontakt mit einer Person aufnahm. Beide Geschlechter senden und erwidern den Augengruß, und es scheinen dabei keine kulturellen Hemmungen zu bestehen, diesen Gruß zu senden. In der Nähe der Missionen grüßten einige auch durch Heben der offenen Hand. Weiter abseits sah ich das selten.

Landeten wir, dann kamen die Waika heran, begrüßten uns mit »Shori« und nahmen oft recht ungehemmt körperlichen Kontakt auf. Dabei wandten sich die Männer vor allem uns Männern zu, während die Frauen mehr unsere Begleiterinnen betätschelten und umarmten (Abb. 74). Nur selten betätschelten Waika-Männer unsere Begleiterinnen. Das schien gegen die guten Sitten zu verstoßen, denn ich beobachtete, daß Waika-Frauen die Männer dann wegschubsten und zurechtwiesen. Man nahm sich uns Fremden gegenüber oft kleine Freiheiten heraus, einerseits wohl neugiermotiviert, andererseits auch herausfordernd, in dem Bestreben, auszutesten, wie weit man bei uns gehen könne. Freundliche, wenn auch energische Zurechtweisung war in solchen Situationen geboten. CHAGNON (1968) berichtet in ganz anderem Zusammenhang über ähnliches herausforderndes Verhalten.

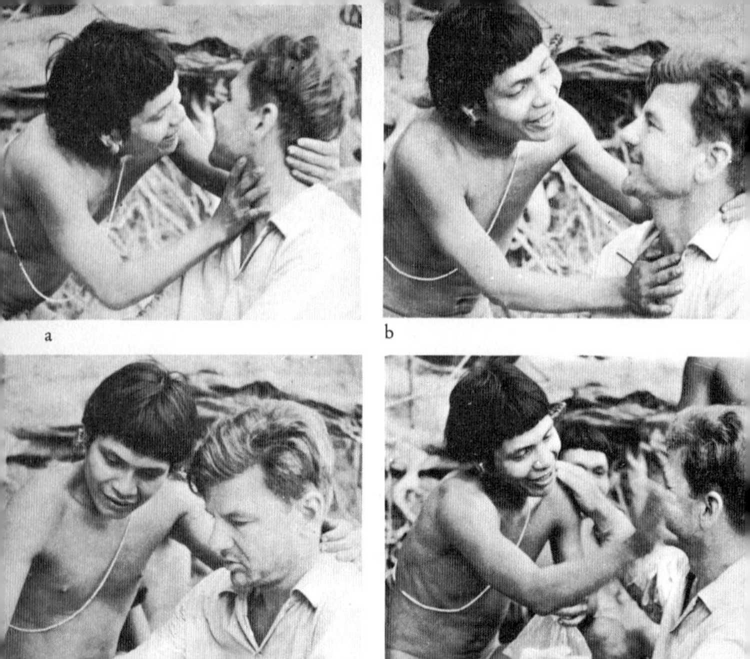

Abb. 76 (a–f). Waika-Mann, mich begrüßend: Bei der ersten Umarmung drückte er sein Gesicht an meine Wange, betätschelte er meine Brust (b). Er bekam einen Plastiksack mit einigen Kleinigkeiten und betätschelte daraufhin mein Gesicht (d), umhalste mich (e) und drückte einen Kuß auf meine Wange (f) (Jasubueteri). (Foto: K. F. Fuhrmeister.)

Zum Kontaktgruß umarmten uns die Waika und betätschelten unseren Rücken und Bauch. Manchmal legten sie eine Hand um unsere Schulter und betätschelten uns einige Male. Bei den *Shibarioteri* umfing ein alter Mann »Shori«-grüßend meine Unterschenkel und setzte sich zu mir. Ein anderer begrüßte jeden von uns, indem er beide Handflächen wiederholt auf unsere Brust legte. Eine Frau hielt lange die Hand von Frau Fuhrmeister und rieb ihre Wange daran. Beim Betätscheln von Rücken und Bauch eskalierten sie gelegentlich ins Grobe. Im gleichen Dorf begann mich ein Mann mit freundlichen »Shori«-Beteuerungen immer fester auf Bauch und Rücken zu schlagen, bis es mich zuletzt schmerzte und ich ihn freundlich, aber entschieden wegschob. Ich hatte den Eindruck, daß er mich herausfordern und austesten wollte, und in der Tat deutete er mir wenig später an, daß er sich gerne mit mir in einem jener freundlichen Zweikämpfe eingelassen hätte, bei denen die Waika einander mit der Faust abwechselnd auf den Brustmuskel schlagen.

Wir wurden oft an einer Hand ergriffen, ohne daß wir sie gereicht hatten. Ich sah nie, daß Waika einander die Hände auf unsere Art gereicht hätten, wohl aber, daß sie einander kurz zur Begrüßung anfaßten. Sehr häufig drückten sie dem Grußpartner kurz den Ober- oder Unterarm.

Als wir mit dem Boot bei einer Gruppe der *Jasubueteri* anlegten, stieg ein junger Mann zu meiner Begrüßung von der Uferböschung herab. Im Wasser stehend betätschelte er mir Rücken und Bauch, und da ich bei der Berührung mit den etwas klebrigen Händen ein wenig zusammenzuckte, steckte er die Hände ins Wasser, wusch sie und setzte mit nassen Händen das Betätscheln fort. Dabei sagte er immer wieder Shori, lächelte und machte wiederholt den Augengruß. Als ich ihm ein Plastiksäckchen überreichte, umarmte er mich noch einmal, gab mir einen Kuß auf die Wange und rieb dann einige Male seine Nase an ihr (Abb. 76).

Ein Waika aus dem Dorfe der Niyayobäteri, der mit mir zu den Noreshianateri gewandert war, begrüßte mich bei einem späteren Wiedersehen herzlich. Er ergriff dabei meinen Kopf und rieb seine Stirn kurz an meiner.

Zur Begrüßung faßten uns die Waika oft an Arm und Schulter an. Waika-Frauen begrüßten Dr. Goetz und deren Tochter durch Umarmung und Betätscheln. Und außer ihren Shori-Versicherungen sprachen sie immer munter darauf los.

Bart und Kopfhaar interessierten die Waika sehr, sie strichen über die Haare, zogen die Haarsträhnen auseinander und kämmten sie mit den Fingern durch (Abb. 77).

Abb. 77. Waika-Männer (Sacributeri), den Bart des Padre Luigi Cocco untersuchend.

Kamen wir in ein Dorf, dann wurden wir dort häufig mit Bananen oder gekochten Pijiguao-Früchten (der Guilielma-Palme) bewirtet. Man winkte uns zu den Feuerstellen und forderte uns zum Hinsetzen auf, nachdem sie den Platz zuvor mit einigen Handbewegungen sauberfegten. Diese kleine Aufmerksamkeit versäumten sie nie. Ein Mann, der sich freundlich anbiedern wollte, gebrauchte die höfliche Grußformel »ich bin dir nah«. Im allgemeinen hießen uns die Waika willkommen. Die Sacributeri, deren Dorf wir[2] als erste Weiße betraten, waren dagegen von unserem Besuch nicht erbaut. Sie kamen uns nicht in der sonst üblichen Weise entgegen und boten uns auch nichts an. Außer einigen sehr alten Frauen waren nur Männer und Jünglinge in dem Dorf. Offensichtlich hatten sie Angst. Ein Waika drehte mir betont die Kehrseite zu und zeigte mir das Gesäß. Eine solche Ablehnung ist jedoch auch bei Erstkontakten nicht die Regel. In zwei anderen Dörfern (*Otobuteri* und *Aratoteri*), die wir ebenfalls als erste Weiße betraten, wurden wir freundlich empfangen. Eine interessante Ablehnung eines Grußes erlebte ich bei den *Aueteri*[3] am Butaco. Dort waren wir aus irgendeinem Grund nicht willkommen (vielleicht weil sie gerade Totenasche trinken wollten, denn sie bereiteten einen großen Topf Bananensuppe). Man deutete uns mit wegscheuchenden Handbewegungen, daß wir uns wieder entfernen sollten, was wir jedoch nicht gleich taten. Wir handelten einige Bogen und Pfeile ein, verteilten Perlen, und ich filmte mit dem Spiegelobjektiv. Ein Mann drängte immer wieder darauf, wir sollten gehen und diesen grüßte ich durch freundliches Zunicken, Lächeln und Augengruß, worauf dieser in einem unmißverständlichen »An-

[2] Frau Dr. I. Goetz, Padre Cocco, Flugkapitän Arostegi und ich. Die *Sacributeri* und die *Otobuteri* wohnten einige Gehstunden südlich der ersten Stromschnelle des Ocamo, die *Arateri* einige Gehstunden nördlich davon.

[3] Früher nannten sie sich *Acocoiteri.*

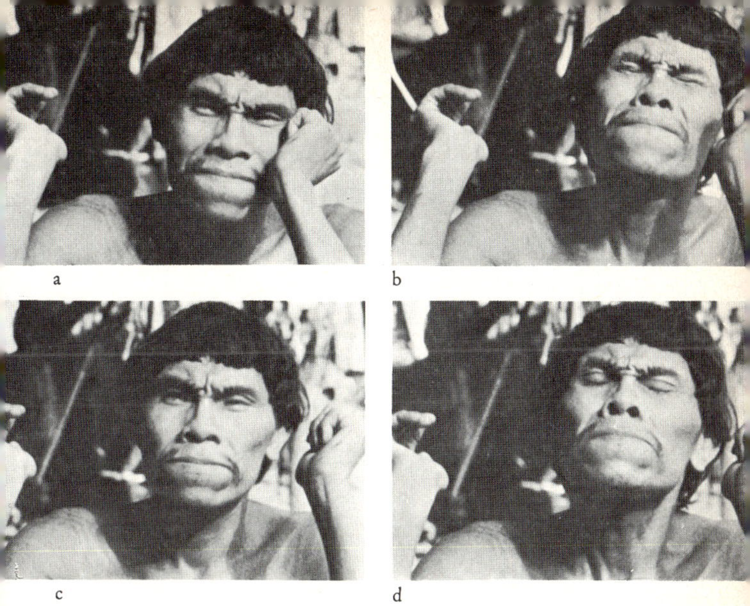

Abb. 78 (a–d). Die Ablehnung eines Grußes durch Augenschluß und Rückwärtsbewegung des Kopfes. Die Ablehnbewegung wird einmal wiederholt. Die Folge zeigt das 1., 8., 24. und 32. Bild einer 16-mm-Filmaufnahme des Verfassers. (Aueteri, früher Acrocoiteri.)

tigruß« den Kopf zurückwarf und als Zeichen der Ablehnung die Augen schloß (Abb. 78).

B. Wie Waika einander begrüßen

Die Bewohner eines Dorfes lächeln und nicken einander bei Begegnungen zu. Den Kontaktgruß mit Umarmung und Betätscheln, sowie das Austauschen von Grußformeln sieht man dagegen nur, wenn ein Dorfbewohner nach längerer Zeit der Abwesenheit heimkehrt oder wenn sie befreundeten Dorffremden begegnen, ferner wenn diese zu Besuch kommen und bei deren Abschied.

Eine interessante Ausnahme beobachtete ich bei den *Wabutabuteri.* Dort streichelte ein Mädchen die Brust einer Mutter, bevor sie sich deren Baby nahm und damit spielte. Ich sah dieses »Begrüßungsstreicheln« wiederholt, stets im gleichen Zusammenhang, und filmte es auch.

Bei zärtlichen Interaktionen tauschen Eltern und Kinder oft den Augengruß (Abb. 79).

a

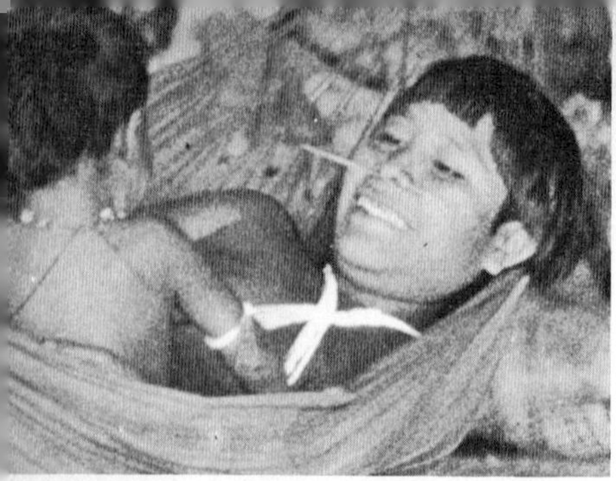

b

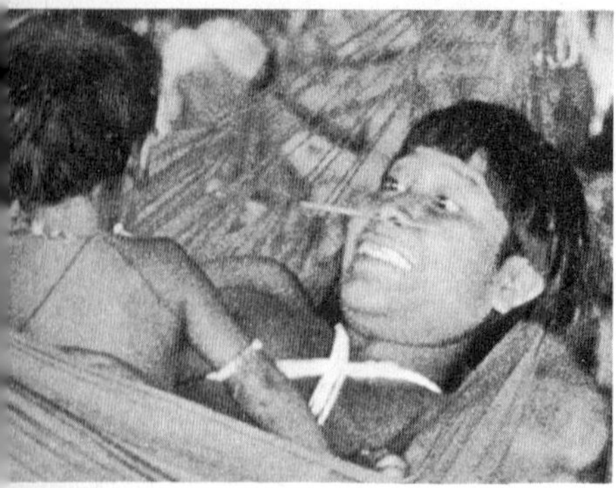

Abb. 79. Mutter mit ihrer Tochter schäkernd. Beim Blickkontakt sendet sie den Augengruß (Ocamo). (Aus einem 16-mm-Film des Verfassers.)

Der formlosere Begegnungsgruß wird oft durch Augengruß und Nicken und die Grußworte »Shori« und »Nohi« (S. 201 f.) eingeleitet. Dann betätscheln die Partner einander oder sie legen einen Arm um die Schulter des anderen und plaudern. Als höfliche, geschlechtsbezogene Grußformel hört man ferner die Anrede »Ai« (mit nasalem i), das älterer Bruder bedeutet bzw. »Ami« = ältere Schwester.

Von der Jagd heimkehrende Männer künden ihre Rückkehr durch Rufe an. Dann treten sie ein, gehen zu ihrem Wohnsektor, übergeben die Jagdbeute ihren Frauen und lassen sich in der Hängematte oder am Feuer nieder. Unverheiratete besuchen reihum ihre Eltern und Geschwister. Zum Willkommen werden sie bewirtet. Es gibt auch ein Begrüßungslausen. Oft sah ich, daß junge Männer gleich nach ihrer Heimkehr von einem Mädchen eingehend gelaust wurden. Nähern sich fremde Besucher einem Dorf, dann melden sie ihr Herannahen durch hohe einsilbige Rufe schon von weitem.

Verläßt einer die Gruppe, dann sagt er zum Abschied »Jako« oder

a

b

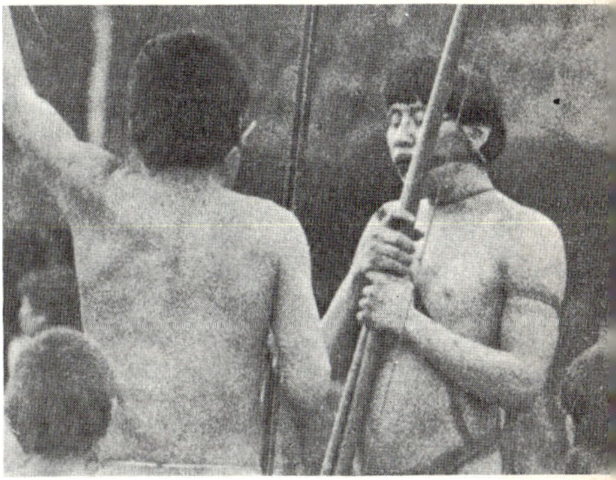

Abb. 80 (a–b). Ein Besucher vor seinen Gästen. Er kam eben in das Dorf der Niyayobäteri und stellt sich regungslos, seine Waffen präsentierend, auf. Seine Gastgeber bedrohen ihn scherzhaft. Der Besucher beweist durch sein Verhalten Mut und Vertrauen. (Aus einem 16-mm-Film des Verfassers.)

»Jakohamuja«, was »ich gehe (nach Hause)« heißt. Es verstößt gegen die guten Sitten, wenn der Scheidende diesen Gruß unterläßt. Der Grußpartner antwortet »Adacobeheri« – »gehe ruhig« – oder mit dem kurzen Ausruf »Ho«.

Besuchen Waika ein fremdes Dorf, dann schmücken sie sich vor dem Betreten der Siedlung durch eine frische Bemalung und sie bekleben ihr Kopfhaar mit weißen Flaumfedern. Dann erst eilen sie im Laufschritt ins Dorf und stellen sich dort auf dem freien Mittelplatz auf. Sie stützen sich auf Pfeil und Bogen, die sie schräg vor ihrer Brust halten und neigen oft leicht den Kopf. So verharren sie absolut regungslos etwa eine Minute. Dann erst suchen sie den Wohnsektor ihrer Freunde auf. Die Gäste werden mit lauten Rufen und oft auch durch Drohen mit den Waffen begrüßt (Abb. 80). Danach kommt es zu den schon erwähnten Formen des Kontaktgrußes.

Sehr formelle Begrüßungs- und Verabschiedungsriten beobachtet man, wenn Bewohner eines Dorfes als geladene Gäste in ein anderes

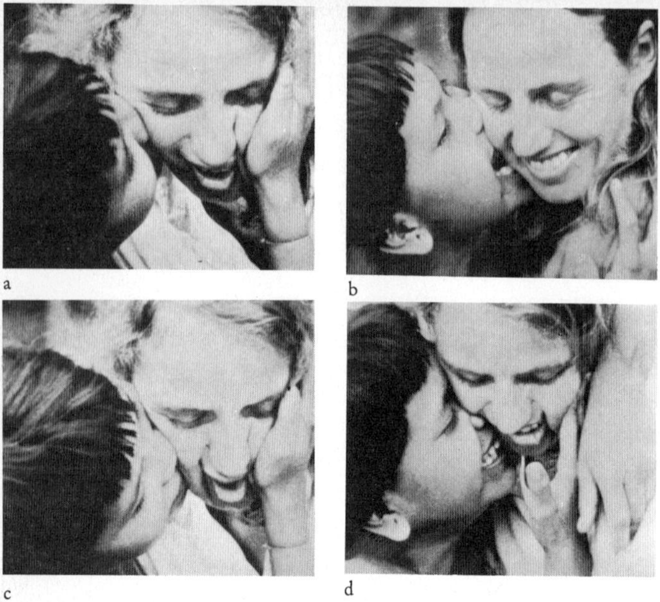

Abb. 81. Verhalten einer Anschluß suchenden Waika-Indianerin: (a) Anschmiegen des Gesichtes an das der Partnerin; (b) Beknabbern; (c) und (d) zwei Phasen des Mundreibens (Kachoraoteri). (Aus einem 16-mm-Film des Verfassers.)

Dorf zu einem Fest (Reaho) kommen. Die Besucher werden vor dem Dorf empfangen und bewirtet. Sie schmücken sich und tanzen dann ein. Zuerst die Männer, und zwar oft einzeln. Sie tanzen um den zentralen Platz des Dorfes und stellen sich so ihren Gastgebern vor. Sie sind bemalt, mit Federn geschmückt und tragen Pfeil und Bogen oder grüne, künstlich zerfaserte Palmwedel in den Händen. Tragen sie Waffen, dann tanzen oft Kinder hinterher, die grüne Wedel schwenken. So wird über das Kind beschwichtigt und das aggressive Imponieren der eintanzenden Krieger neutralisiert (EIBL-EIBESFELDT 1970a). Schließlich tanzen auch einige Frauen mit Kindern. Die Gäste lassen sich dann in Hängematten nieder und werden mit Bananensuppe bewirtet. Auch finden sich kleine Männergruppen zusammen, die gemeinsam das stark berauschende »Yopa«-Pulver *(Ebena)* schnupfen. Ein Höhepunkt der Feste ist das gemeinsame Betrauern der Toten und das Trinken der Totenasche, eine Zeremonie, an der Frauen und Männer in gleicher Weise teilnehmen, Kinder jedoch nicht. Über diese Riten wird von Dorf zu Dorf ein Band gestiftet und gefestigt. Das geschieht dann auch noch auf individueller Basis zwischen den Männern der beiden Dörfer, die einander paarweise gegenübersitzend in einer Art Wechselgesang (*Uayamou* = gesungener Kontrakt) Forderungen und Versprechungen mitteilen. Zum Abschluß des oft mehrere Tage währenden Festes beschenken Gastgeber und Gäste einander, dann wird noch einmal paarweise Kontrakt gesungen, diesmal von allen Freundespaaren gleichzeitig. Die Freundespaare sitzen dann alle auf dem freien Platz in der Mitte des Shabono, heftig gestikulierend und einander zwischendurch auch umarmend. Es handelt sich um eine Zeremonie, die nur von Männern ausgeführt wird. Letzten Endes geht es ja um das Stiften und Festigen von Kampfbündnissen. Eine ausführliche Beschreibung der Rituale geben wir im übernächsten Kapitel.

C. Das Verhalten einer Anschluß suchenden Waika-Frau

Bei den *Kachoraoteri* drängte sich eine junge Frau an Frau Elke FUHRMEISTER-GOETZ, umhalste sie, zog deren Kopf zu sich herab und begann Lippen und Wange abzulecken. Ich bat Frau FUHRMEISTER, das zu erdulden, aber nichts weiter zu tun, als zu lächeln. Auf diese Weise konnte ich das Verhalten der Waika-Frau filmen. Sie probierte in der Folge eine ganze Reihe von Verhaltensweisen aus. Immer wieder setzte sie ab und schaute lächelnd zu ihrer Partnerin hoch, anfragend und wohl eine freundliche Reaktion erwartend. Frau FUHRMEISTER lächelte jedoch bloß. Das genügte, die Indiane-

a

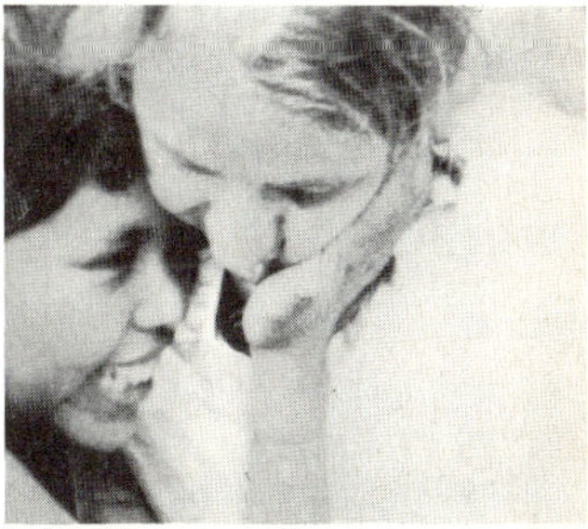

b

Abb. 82. (a) Stirnreiben, (b) Waika-Indianerin (Kachoroateri), mit einer Europäerin nasereibend. Sie hat die Haare der Europäerin auf ihren Kopf gelegt. (Aus einem 16-mm-Film des Verfassers.)

rin zu weiterem Tun zu ermutigen, es war aber offenbar nicht ganz das, was sie als Antwort erwartete. Ihr Verhalten wechselte. Anfangs rieb sie ihre Stirn heftig an der Wange Frau FUHRMEISTERS und biß sie auch gehemmt. Dann zeigte sie eine Reihe »zärtlicher« Verhaltensweisen, wie Nase-an-Nase-Reiben, Mund-an-Wange-Reiben (Abb. 81), zartes Beknabbern der Wange, Blasen mit aufgesetzten Lippen, kußartiges Berühren mit den Lippen, Streicheln und Sich-Anschmiegen. Diese Verhaltensweisen kann man als Gemisch betreuender und infantiler Appelle deuten. Durch Blasen mit aufgesetzten Lippen erfreuen Waika-Mütter z. B. ihre Säuglinge, und auch das Belecken, Nasereiben, Streicheln und Beknabbern kommt im Repertoire der mütterlichen Verhaltensweise vor. Die Waika-Frau zeigte sich ganz besonders an den langen blonden Haaren ihrer Partnerin interessiert, sie kämmte das Haar mit den Fingern durch und legte sich Strähnen über ihren angeschmiegten Kopf (Abb. 82). Als Infantilismen deutete ich das Lippenreiben. Ich habe oft gesehen, daß bei zärtlichem Verhalten Pendelbewegungen mit dem Kopfe »losgehen«, die formal ungemein jenen gleichen, mit denen ein Säugling nach der Brust sucht. Auch das Sich-Festklammern erinnerte an kindliches Verhalten. Die Waika-Frau hielt übrigens zeitweise die Unterschenkel ihrer Partnerin mit einem angehobenen Bein umfangen. Der zärtliche Antrag währte etwa eine Viertelstunde. Danach hielt sich die Waika-Frau in der Nähe von Frau FUHRMEISTER auf und hielt oft deren Hand oder Arm. Es war offensichtlich, daß sie deren Freundschaft suchte. Ungewiß ist, ob diese Zärt-

a

b

Abb. 83 (a). Waika-Mann, zu einer Europäerin züngelnd und danach verlegen das Gesicht hinter der Hand verbergend (b). (Aus einem 16-mm-Film des Verfassers.)

Abb. 84. Waika-Frau, zu einem Europäer züngelnd (Mahacoheteri).

lichkeiten auch homosexuell motiviert waren. Über weibliche Homosexualität hat BIOCCA (1966) Informationen von Helena VALERO erhalten, die von den Waika als Kind geraubt worden und unter diesen aufgewachsen war.

D. Heterosexuelle Bandstiftung

Wir reisten einige Tage mit einer Waika-Gruppe, die zu einem Fest geladen war. Auf dieser Reise und später auch in anderen Dörfern beobachteten wir, daß Männer meine Begleiterin anlächelten und dann »züngelten«: Die Zungenspitze wurde gerade aus der Mundspalte vorgeschoben, langsam seitwärts bewegt und wieder zurückgezogen. Das wiederholten sie gelegentlich (Abb. 83). Dann schauten sie oft wie verlegen weg. Bei uns würde man dieses Verhalten als

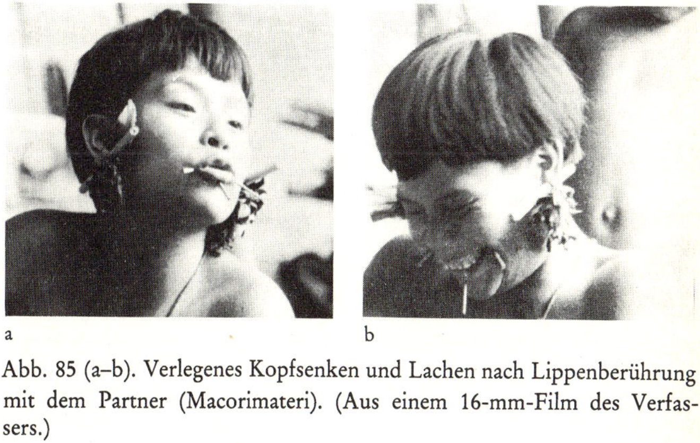

a b

Abb. 85 (a–b). Verlegenes Kopfsenken und Lachen nach Lippenberührung mit dem Partner (Macorimateri). (Aus einem 16-mm-Film des Verfassers.)

»kokett« interpretieren. Frauen züngelten gelegentlich mir und meinem Begleiter zu, und machten wir das nach, dann entwickelten sich Züngeldialoge, begleitet von Lachen und kokettem Wegschauen, auf das sogleich wieder Blickaufnahme folgte (Abb. 84). Das Verhalten war scherzhafter Flirt, und gingen wir darauf ein, dann rieben unsere Partner wohl auch die Nase an unserer Wange oder berührten kußartig mit den Lippen unser Gesicht (Abb. 85). Wir beobachteten diese Art zu züngeln immer nur im Verkehr mit dem anderen Geschlecht.

Ähnlich, aber doch deutlich genug durch die begleitenden mimischen Reaktionen zu unterscheiden, war das spöttische Zunge-Zeigen. Wiederholt zeigten mir halbwüchsige Jünglinge die Zunge. Die Zunge wurde in solchen Fällen mit einer gewissen Heftigkeit vorgestoßen; dem Verhalten war Zurücknehmen des Kopfes (Hochmutsgebärde?) überlagert. Einmal zeigte eine junge Waika-Frau, die Frau Dr. Goetz wiederholt vergeblich aufgefordert hatte wegzugehen und die nun deutlich verärgert war, dieser die Zunge, als sie wegsah (Abb. 86). Auch hier handelte es sich um eine heftige Bewegung, und die Miene war drohend (vertikale Stirnfurchen). Ablehnende Zungenbewegungen beobachtet man bereits beim Säugling, wenn man ihm Nahrung anbietet, die er nicht annehmen will. Die Zunge schiebt dann den Nahrungsbrocken weg. Bei wiederholtem Anbieten tritt sie bereits vor dem Kontakt mit dem Nahrungsbrocken in Aktion (Abb. 87). Von dieser ursprünglich funktionellen Ablehnbewegung könnten sich einige der abweisenden Ausdrucksbewegungen der Zunge ableiten. Das spöttische Züngeln jedoch leitet sich wahrscheinlich vom Flirtzüngeln ab, das seinerseits eine ritualisierte Leckbewegung sein dürfte.

Diskussion

Bei freundlicher Kontaktaufnahme zeigen die Waika-Indianer eine Reihe von Verhaltensweisen, die sowohl nach Bewegungsform als auch nach Situation des Auftretens in gleicher Weise bei anderen Völkern beobachtet werden können. Dies gilt für den Distanzgruß (Lächeln, Kopfhochwerfen, Augengruß, Nicken), ferner für einige Verhaltensweisen des Kontaktgrußes und Flirtens (Nase- und Mundreiben, Beknabbern, Küssen, Belecken, Umarmen, Betätscheln, Streicheln, Anfassen und Züngeln). Nicht alle der zuletzt

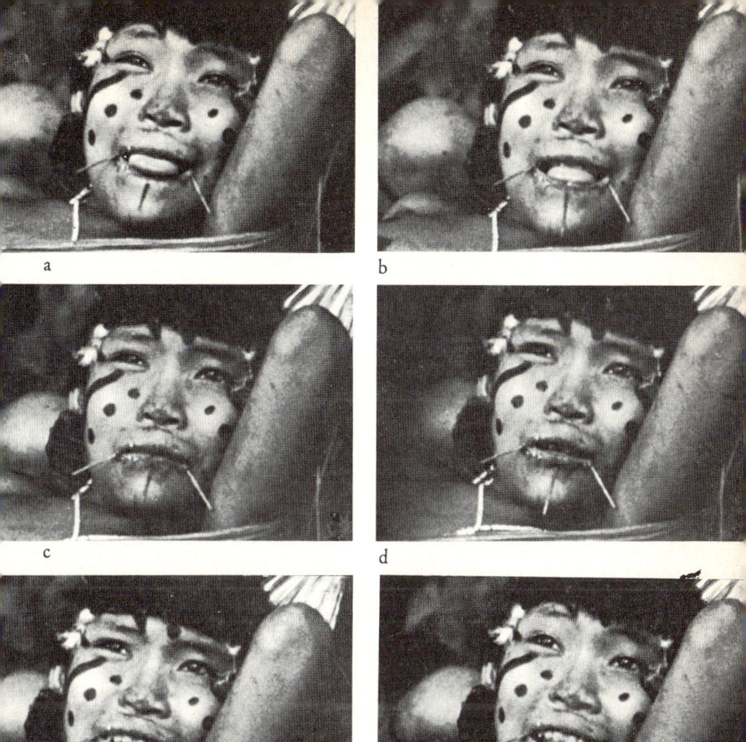

Abb. 86. Aggressives Zungezeigen einer Waika-Indianerin (Aratoteri). Die Folge zeigt das 1., 10., 15., 17., 31., 35., 68. und 83. Bild einer 16-mm-Filmaufnahme des Verfassers; Aufnahmefrequenz 48 Bilder/Sekunde.

genannten Verhaltensweisen sind regelmäßige Bestandteile des Grußverhaltens anderer Völker; kulturelle Filter unterdrücken das eine oder andere. Bemerkenswert ist jedoch, daß die Verhaltenswei-

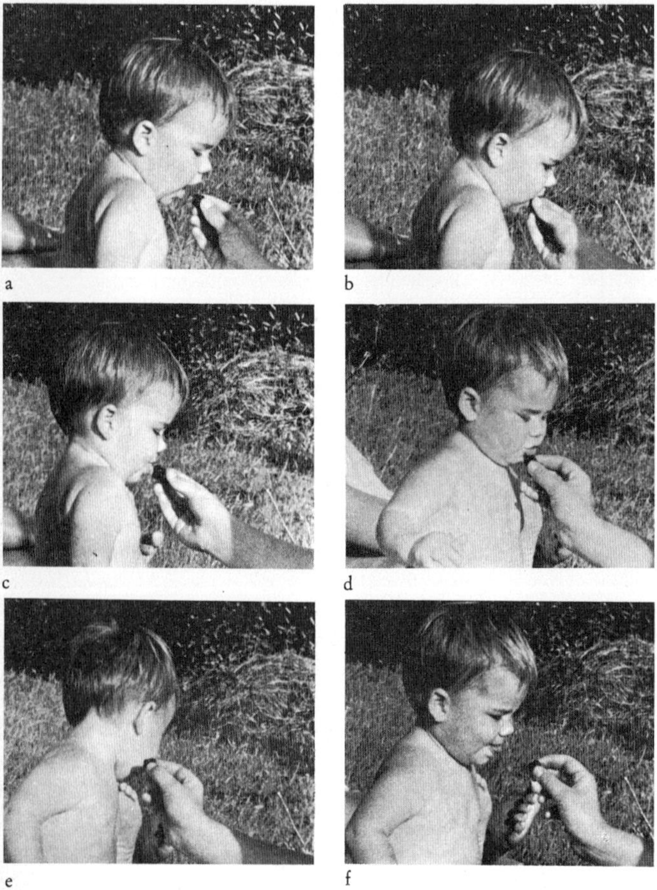

Abb. 87 (a–f). Zur Ableitung abweisender Zungenbewegungen: etwa einjähriges Mädchen (Deutschland), Nahrung ablehnend. Es kostet die angebotene Dörrpflaume und schiebt sie mit der Zunge weg (c). Bei neuerlichem Anbieten wendet sich das Kind zunächst ab und macht dann die Zungenbewegung des Nahrungwegschiebens ins Leere. (Aus einem 16-mm-Film des Verfassers.)

sen in einer Streuverteilung bei den verschiedensten Volksgruppen über die ganze Erde beobachtet werden können und daß ferner viele als zärtliche Verhaltensweisen zwischen Mutter und Kind weltweite Verbreitung haben. Ich habe bisher keine Volksgruppe gefunden, bei denen Mütter ihre Kinder nicht umarmen, betätscheln, küssen oder ihr Gesicht an ihnen reiben. Das Züngeln ist eine Verhaltensweise, die heterosexuelle Kontakte einleitet. Auch sie findet sich in dieser Form bei den verschiedensten Völkern. Bei uns gilt sie als unschicklich. In Amsterdam sprechen Dirnen die männlichen Passanten auf diese Weise an.

Formgleiche Bewegungsabläufe, die über die Kulturen hinweg stets in bestimmten Situationen auftreten, dürften wohl oft Erbkoordinationen sein. Dafür spricht auch in einzelnen Fällen, daß unsere nächsten Verwandten, Schimpansen und Gorilla, ähnliche Verhaltensweisen zeigen. Schließlich zeigt auch das Studium taubblind Geborener, daß viele unserer Ausdrucksbewegungen angeboren sind (Eibl-Eibesfeldt 1973).

Die Ableitung einiger Verhaltensweisen des Grüßens habe ich bereits in meiner ersten Grußarbeit diskutiert. Viele der zärtlichen Verhaltensweisen sind abgeleitete Brutpflegehandlungen (Umarmung, Streicheln, Küssen), manche infantile Verhaltensmuster (Mundreiben). Das Züngeln ist vielleicht eine ritualisierte Leckbewegung. Es gibt noch andere Formen des Zungezeigens; eine erinnert an die Speibewegung und drückt Verachtung aus. Ein dem Sexuellen formal ähnliches Züngeln wird häufig zum Spotten verwendet.

Neben formalen gibt es Prinzip-Ähnlichkeiten. Das trifft z. B. für Riten der gegenseitigen Beschenkung und Fütterung zu. Sie sind als bandstiftende Riten über die Kulturen hinweg zu finden (Eibl-Eibesfeldt 1970a) und werden wohl primär als freundlich verstanden, vielleicht aufgrund angeborener Detektoren, die unsere Wahrnehmung in bestimmten »Vorurteilen« festlegen. Das wäre eine Möglichkeit, die parallele Entwicklung ähnlicher Riten in verschiedenen Kulturen nach der Lerntheorie zu erklären. Auch ähnliche frühkindliche Erfahrungen könnten manche Parallele erklären. Die positiven Erfahrungen der täglichen Fütterung könnten dazu führen, daß Menschen verschiedener Kulturen das Füttern zum freundlichen Ritual erheben. Ob das zutrifft, wissen wir nicht. Es fehlen uns hier vor allem noch die kulturenvergleichenden ontogenetischen Untersuchungen. Fest steht, daß Kinder bereits sehr früh, ohne spezifische Unterweisungen, das Band zu Fremden spontan über Essensgeschenke zu knüpfen trachten, was eher eine angeborene

Disposition vermuten läßt. Ersatzweise bringen die Kinder auch ihr Spielzeug an. Sie zeigen ferner, was sie können, welche Spielzeuge sie haben und suchen damit eine gemeinsame Bezugsbasis; sie fordern schließlich zum Mitspielen auf. Auch die Selbstdarstellung kann man bereits bei ganz kleinen Kindern beobachten. Haben sie ein Band gestiftet, dann beginnen sie sich in den Brennpunkt der Aufmerksamkeit zu stellen, indem sie etwa Kunststückchen aufführen, die in ihren Augen Bewunderung heischen. Gerade im Begegnungs- und Kontaktanbahnungsverhalten der Kleinkinder werden elementare soziale Verhaltensweisen des Menschen besonders eindrucksvoll sichtbar. In Grußsituationen tauchen auch aggressive Verhaltensmuster auf. Ein gegenseitiges Sich-Abschätzen gehört zum Muster sozialer Kontaktaufnahme. In besonders ritualisierter Form erleben wir beschwichtigende, bandstiftende und selbstdarstellende Funktionen bei bestimmten Festen. Fest- und Grußriten haben vieles gemeinsam (eine ausführliche Diskussion bei EIBL-EIBESFELDT 1970a).

CALLAN (1970) hat kürzlich die Beziehungen zwischen Ethologie und Anthropologie kritisch diskutiert. Er hob unter anderem hervor, daß die Unterschiede, die Menschen verschiedener Kulturen in ihrem alltäglichen Verhalten zeigen, möglicherweise von Anthropologen übertrieben wurden:

»Certainly there is room for much cultural diversity in the structuring of social interactions at this everyday level. Yet it is possible that differences between societies in day-to-day social enactment have been exaggerated and wrongly interpreted. We are relatively un-observant about our own everyday rituals and about those of other societies, when they resemble our own, and this may have led us to obscure the essential unity of systems which may constitute ›universals‹ of human society. Whatever the truth of this, it is undeniable that this area of social life,–the relatively unimpressive kind, together with the rules which govern it–has been neglected in comparison with areas more formalized and perhaps more accessible to conscious description and prescription... Because the systems of behaviour under discussion are apt to be overlooked most of the time, one suffers from a lack of documentary material on the anthropological side« (S. 105).

›Gewiß ist in der Struktur gesellschaftlicher Kontaktnahmen im Alltagsleben breiter Raum für Verschiedenheiten zwischen den einzelnen Kulturen vorhanden. Nichtsdestoweniger ist es möglich, daß Unterschiede zwischen Gesellschaften im Alltags-Sozialverhalten übertrieben und falsch interpretiert worden sind. Wir sind verhältnismäßig betriebsblind, was unsere eigenen Alltags-Rituale und jene anderer Gesellschaften angeht, sobald diese unseren eigenen ähnlich sind. Dies könnte dazu geführt haben, daß die wesentliche Einheit der Systeme, die möglicherweise grundlegend für die menschliche Gesellschaft ist, im Dunkel geblieben ist. Was immer die Wahrheit sein mag, so ist es doch unleugbar, daß dieser Bereich des gesellschaftlichen Lebens – eine relativ wenig eindrucksvolle Form, zusammen mit Regeln, die sie kontrollieren –, im Vergleich mit mehr formalisierten Bereichen vernachlässigt worden ist, gegenüber Bereichen, die vielleicht auch der bewußten Beschreibung und Vorschreibung zugänglicher sind... Weil die Systeme der Verhaltensweisen, die wir hier besprechen, meist leicht übersehen werden, leidet man unter dem Mangel an dokumentarischem Material auf anthropologischer Seite« (CALLAN, S. 105). Unsere vergleichende Untersuchung der Grußriten ist eine Bestätigung dieser Vermutung.

Zusammenfassung

In ihren Grußriten folgen die Waika dem Grundschema aller bisher von mir daraufhin untersuchten Völker. Der Ablauf des Distanzgrußes ist mit Lächeln, Nicken und Augengruß formal nicht von dem anderer Völker zu unterscheiden. Das gilt auch für einige Verhaltensweisen des Kontaktgrußes. Europäer werden von den Waika vor allem mit solchen weltweit verbreiteten Verhaltensmustern begrüßt, die auch uns unmittelbar verständlich sind. Beim formlosen Begegnungsgruß verwenden die Waika sie auch untereinander. Bei offiziellen Besuchen allerdings begrüßen Gastgeber und Gäste einander mit komplizierten, traditionellen Ritualen. Diese Rituale lassen jedoch beim Kulturenvergleich ebenfalls viele Gemeinsamkeiten erkennen. Zu diesen Beobachtungen liegen Filmaufnahmen vor, die im Rahmen des Humanethologischen Filmarchivs der Max-Planck-Gesellschaft veröffentlicht wurden (EIBL-EIBESFELDT 1971 b).

Kapitel 3: Tanim Hed – ein Liebeswerberitual der Melpa im Hochland von Neu-Guinea

Wir Menschen halten Individualdistanzen und meiden körperlichen Kontakt mit Fremden. Diese Kontaktscheu ist auch zwischen verschiedengeschlechtlichen Partnern ausgeprägt, und jedermann weiß, daß es einer Reihe von besonderen Präliminarien bedarf, ehe man so weit ist, daß man einem Mädchen auch nur die Hand auf die Schulter legen darf.

Die Kontaktscheu wechselt allerdings kulturell. Sie ist dort besonders ausgeprägt, wo sexuelle Verbote den Verkehr der Partner einschränken. In solchen Fällen muß die Gesellschaft Möglichkeiten für eine Begegnung der verschiedengeschlechtlichen Partner vorsehen. Bei uns waren das in früheren Zeiten die Ballveranstaltungen. Eine ganz ähnliche Einrichtung gibt es bei einigen Papuastämmen im Hochland von Neu-Guinea. Kürzlich hatte ich Gelegenheit in der Nähe von Mount Hagen das Liebeswerben der Melpa zu beobachten und zu filmen. Darüber möchte ich berichten.

VICEDOM beschrieb 1937 als erster das von den Hagenberg-Stämmen im westlichen Hochland von Neu-Guinea geübte Werbezeremoniell Amb Kanant[1], das auch als Tanim Hed (Pidgin-English: Kopfrollen) bekannt ist. Weitere Beobachtungen dazu veröffentlichten VICEDOM und TISCHNER (1943). In der Folge erschienen dann zahlreiche kürzere Beschreibungen dieses Werbeverhaltens (z. B. SIMPSON 1963), das in den westlichen und östlichen Hochländern (Hagen, Minj, Benz, Kerowagi, Kundiawa, Chuave) verbreitet ist. Keine dieser Beschreibungen erreicht jedoch die Gründlichkeit der Erstbeschreiber. Eine Analyse des Vorganges fehlt. Wir wollen hier eine Beschreibung und Interpretation des Rituals vorlegen.

Das Ritual dient der Paarfindung. Es nehmen an ihm teil: unverheiratete Mädchen im heiratsfähigen Alter, unverheiratete Männer und schließlich verheiratete Männer, die einen weiteren Ehepartner suchen. Es handelt sich um eine gesellige Veranstaltung, zu der im allgemeinen die Familie eines der Mädchen einlädt. Die Burschen kommen immer von einem anderen Dorf. Das Werberitual findet im Dorfe der Mädchen, in Frauen- oder Familienhäusern und nur nachts statt. Die Geschlechter lernen sich auf dieser gesellschaftlich eingerichteten Plattform der Begegnung kennen, ähnlich wie einst

[1] Amb = Frau, kanant = Tanz. Die Schreibweise wechselt.

Abb. 88. Das Werberitual der Melpa. Mehrere Paare beim Kopfrollen. (Foto: Bernolf EIBL-EIBESFELDT.)

wir Mitteleuropäer bei den aus gleichem Anlaß veranstalteten Bällen. Feste Paarbeziehungen, die zur Ehe führen, werden angebahnt. Und hier wie dort achten die weiblichen Familienangehörigen der Mädchen darauf, daß die Form gewahrt wird und die Liebenden nicht in die Büsche entwischen. Hat ein Mann ein Mädchen liebgewonnen, dann bringt er den Eltern ein Stück Fleisch als Geschenk. Nehmen diese die Gabe an, dann beweisen sie damit ihr Einverständnis. Zu Trauerzeiten finden die Tänze nicht statt. Auch muß genug Nahrung vorhanden sein, damit die Gäste bewirtet werden können.

Die Burschen und Mädchen sitzen zunächst nebeneinander mit dem Rücken zur Hüttenwand. Sie haben ihr Gesicht mit bunten Farben bemalt. Auf dem Kopf tragen sie prachtvollen Federschmuck (Abb. 88). Ihnen gegenüber sitzen die Familienangehörigen und Gruppen von Gästen. Im Chor singen sie improvisierte und für das Dorf typische Lieder. Die Geschmückten stimmen leise in den Gesang ein. Dann wenden die Männer sich einer Partnerin zu und beginnen sitzend im Rhythmus der Melodie ihren Oberkörper und vor allem den Kopf zu wiegen. Während sich der Körper weitausholend hin und her wiegt, pendelt der Kopf im schnelleren Rhythmus in seitlich wiegenden Bewegungen. Diese Bewegungen werden durch das Mitschwingen der Federn unterstrichen. Nach einer Weile beginnt auch das umworbene Mädchen den Kopf zu wiegen. Wendet sie sich ihm schließlich zu, dann kommt es zur Stirnberührung, und dies leitet Nasenreiben im Rhythmus des Gesanges ein (Abb. 89). Weist sie ihm dagegen die Schläfe, dann muß er weitersingen. Nach längerem Nasenreiben verbeugen sich beide parallel zueinander tief, meist zweimal, und sie wechseln nunmehr zwischen Nasenreiben und Verbeugung. Ein Tanz dauert etwa zehn bis fünfzehn Minuten. Dann pausieren die Werbenden kurz. Von Gesang zu Gesang kann der Partner gewechselt werden, ähnlich wie bei unseren Tanzveranstaltungen. Haben sich zwei Partner jedoch gefunden, dann tanzen sie bevorzugt miteinander, und ihre Bewegungen sind sehr fein aufeinander abgestimmt.

Einverständnis und Sympathie wird auf verschiedene Weise erklärt, so z. B. durch viele Male (ich zählte bis zu zehn Mal) wiederholte Verbeugung in schneller Folge. Die Initiative dazu soll vom Mädchen ausgehen, das so ihr Einverständnis zur Kontaktpflege ausdrückt. Das heißt nicht immer, daß sie sogleich bereit ist, sich ihm hinzugeben, wohl aber, daß sie ihn gerne wiedersehen möchte.

Strauss und Tischner (1962) bemerken, daß Partner, die ernste Heiratsabsichten zu erkennen geben wollen, Blätter von Gewürzpflanzen kauen. »Der Partner merkt beim Nasenreiben den würzigen Geruch und weiß, woran er ist. Bei Zustimmung verständigt man den Partner auf dieselbe Weise« (S. 323).

Vicedom (1937) bemerkt: »Um besondere Zuneigung auszudrücken, zerkauen Freund und Freundin Zimtrinde und blasen sich während des Tanzes damit an. Sind beide Teile genügend miteinander bekannt geworden, so erlaubt sich der Freund auch, das Mädchen zu kitzeln oder ihre Brüste anzufassen. Weitere ›Ausschreitungen‹ gibt es nicht« (S. 192). »Das Mädchen antwortet darauf mit

a b

Abb. 89 (a–b). Zwei Phasen des Kopfrollens der Melpa. (Aus einem 16-mm-Film des Verfassers.)

Kichern, während ihr Vater zur Ordnung ruft« (VICEDOM und TISCHNER 1943, S. 162).

Von den Gesängen liegen vereinzelte Übersetzungen vor (TISCHNER 1937, VICEDOM und TISCHNER 1943, STRAUSS und TISCHNER 1962). Ein Gesang, der von den Moge-Andagalimp-Männern anläßlich eines Tanzes mit den Moge-Nambuge-Frauen bei Mount Hagen gesungen wurde, wurde von einem Angehörigen des Stammes aus der Melpa-Sprache ins Pidgin-Englisch übertragen. Ich danke Frl. Glenny KÖHNKE für die weitere Übersetzung ins Englische. Die Übersetzung lautet:

Woman you have stayed at your own house, and every night of every day, for a long time, I have come to »turn heads« with you. Now I have followed you wherever you have gone, now this time I would like to take you with me. Now what is it that troubles you yet, and causes you to remain in your own village (or on your own ground) far too long a time? Now this time that I have come, I have come to take you, give you a present and buy you from your mother and father. It is only me (I) who is going to buy you, you know that the reason is that it is I who has given you a present. Now all the time, even over long distances, during the night and through the cold and rain, even with all these things against me but nevertheless I have always come to »turn heads«. Now why (how can you) stay in your own village? You have remained here such a long time and for a long time it has been such hard work for me to chase you (or, walk after you). Now I have come to get you and now I will pay your mother and father for you.

Frau, du bist in deinem eigenen Haus geblieben, und jede Nacht eines jeden Tages, eine lange Zeit hindurch, bin ich gekommen, um mit dir »Kopf zu rollen«[2]. Nun bin ich dir gefolgt, wohin immer du gegangen bist. Doch diesmal möchte ich dich mit mir nehmen. Was ist es nun, das dich jetzt bedrückt, daß du in deinem eigenen Dorf bleibst (oder auf deinem eigenen Grund)? Viel zu lange Zeit. Nun, da ich diesmal gekommen bin, bin ich gekommen, um dich zu holen, dir ein Geschenk zu geben und dich von deiner Mutter und deinem Vater zu kaufen. Ich bin es, der dich kaufen wird, und du weißt, daß der Grund hierfür ist, daß ich es bin, der dir ein Geschenk gegeben hat.
Nun, in all dieser Zeit, aus weiter Entfernung, in der Nacht und in

[2] Ich bin gekommen, um um dich zu werben.

der Kälte und im Regen, selbst angesichts all dieser Dinge, die sich mir in den Weg stellten[3], bin ich dennoch immer gekommen, um »Kopf zu rollen«. Warum aber bleibst du in deinem eigenen Dorf? Du bist hier so lange Zeit geblieben, und für so lange Zeit ist es für mich harte Arbeit gewesen, um dich zu werben. Nun bin ich gekommen, um dich zu holen. Nun werde ich deine Mutter und deinen Vater für dich bezahlen.

Es handelt sich um einen improvisierten Gesang des Mannes, der u. a. wegen des einleitenden Appelles interessant ist. Der Mann zählt die Mühen auf, die er bisher aufwandte, er appelliert an Mitleid und baut eine Verpflichtung auf.

Die Liebeslieder, die VICEDOM und TISCHNER und STRAUSS und TISCHNER veröffentlichten, enthalten ähnliche Appelle. So singt ein Mädchen:

Mein Junges, du schöner Bursche!
Du willst, ich soll dir etwas sagen?
Wolltest du mir Armen doch eine kleine Rede sagen!
Wolltest du mich Arme doch ein wenig mit dem Prügel schlagen ...
(STRAUSS und TISCHNER 1969, S. 323).

In diesen ersten Zeilen befinden sich drei bemerkenswerte Wendungen. Zunächst einmal wird der Geliebte als Junges angesprochen (Vogeljunges oder Junges von anderen Tieren). STRAUSS und TISCHNER erwähnen, daß auch Eltern von ihren Kindern als »unsere Jungen« sprechen. Die Genannten deuten es als Erinnerung an den Urahnen der Mi-Gruppe, der als Vogeljunges des mythologischen Vogels aus einem Vogelei kam. Mir scheint eine andere Deutung plausibler. Diminuitive und Namen kleiner Tiere oder von Tierjungen (Mausi, Bärli usw.) werden gerne in der zärtlichen Sprache Verliebter verwendet, und zwar in sehr verschiedenen Kulturen. Es könnte sich hier durchaus um ein Beispiel für dieses Prinzip handeln. Der Appell »mir Armen« gehört zu der bereits im ersten Lied besprochenen Sorte. Schließlich ist die Wendung »mit dem Prügel schlagen« nach STRAUSS und TISCHNER eine Anspielung aufs Sexuelle. Solche Verblümung ist ebenfalls weit verbreitet. Ein wohl univer-

[3] Er meint, daß all jene Dinge, die weiten Entfernungen, die Nacht, die Kälte und der Regen, alle hätten von ihm Besitz ergreifen können. Dies hat eine tiefere abergläubische Bedeutung. Denn die Menschen fürchten sich vor der Nacht, in der böse Geister in Mengen umherschweifen. Daher ist die Tatsache, daß er unter solchen Umständen um sie geworben hat, ein Beweis dafür, wie kühn er ist.

selles Schamgefühl drückt sich darin aus. Die Übersetzung und zugleich Nachdichtungen der Liebeslieder (STRAUSS und TISCHNER 1963, VICEDOM und TISCHNER 1943) belegen übrigens die hohe poetische Gabe dieser Papua-Stämme. So lautet das Lied eines Jünglings:

Kudli Frau-Jungfrau *Mara* wie die *Olka*-Blüte!
So sage mir doch eine kleine Rede!
Du willst, ich soll dir etwas sagen?
Dahinten, dort oben im Baumbestand,
Da höre ich meine schöne Taube gurren.
Ich steige schnell durch die Felsen hoch.
Da fliegt sie mir fort in die Kronen der *Kraep*- und *Koron*-Bäume!
Epae-e waeo-wee Epae-e waeo-wee –
Droben in *Minimb* am Sumpf unterm Bambusgebüsch
Einen schillernden Frosch fing ich und legte ihn hin –
Drunten am Weiher in *Kelta* zum *Moke*-Burschen geht sie *aea!*
Aea olero epaea waea, aea olero epaea waea –
Die Bambusfackel anzündend, will ich zum Froschfang gehen!
Ndi-Kuip Frau-Jungfrau »Frosch«, dich will ich nehmen!
Aea olero epaea waea, aea olero epaea waea –
(Der Name der Jungfrau ist hier *Rok*, »Frosch«)
Ich bin hier in *Makae* und sehe und siehe
Drunten im Tal über dem *Pongönts-Kona*
Weiße Wölkchen am Himmel und Sonnenschein!
Frau-Jungfrau *Kalöp* vom *Pongönts-Kona!*
Nimmt dich der Kapiö Tembang und trägt dich fort?
Ich will kommen und sehen! Ich will dich entreißen! –
Drunten im Tal über dem *Pongönts-Kona*
Weiße Wölkchen am Himmel und Sonnenschein!
Role piru pera wae, role piru pera wae – –

Das Grundmuster des Tanim Hed ist überall gleich, doch gibt es lokale Ausgestaltungen. Bei den Chimbu kommt es im Verlauf eines Amb Kanant zu einem Überkreuzen der Beine (auf Pidgin-English: »carry legs«). Das Mädchen legt seine Beine über die des Mannes oder zwischen sie. In dieser Position können sie noch kopfrollen und nasenreiben, aber im fortgeschrittenen Stadium kommt es vor allem zum Petting; das mag zum Geschlechtsverkehr führen, wenn die Feuer herabgebrannt sind (SIMPSON 1963).

Ich hielt das Ritual zunächst für einen rein kulturellen Bewegungsablauf, da man nichts ähnliches in anderen Kulturen zu finden meint. Erst der Vergleich und die Analyse des Bewegungsablaufes ergaben, daß das Ritual auf angeborenen Elementen aufbaut, die kulturell ausgestaltet und zu einer Einheit zusammengefaßt sind. Die Stirnberührung kommt in der zärtlichen Mutter-Kind-Interaktion überall vor, das Nasenreiben ist ein ritualisiertes Sich-Beschnüffeln (Riechkuß, siehe EIBL-EIBESFELDT 1970a). Es ist in nicht ritualisierter Form universell Bestandteil zärtlicher Interaktionen. Die mit dem Beschnüffeln einhergehenden Kopfpendelbewegungen beobachtet man ebenfalls regelmäßig, wenn Menschen (Mütter und Kinder) Gesicht zu Gesicht einander nähern. Die Pendelbewegungen gehen fast automatisch los. Auch Personen, die Schutz an der Brust eines Mitmenschen suchen, pendeln mit dem Kopf. Die Bewegungen entsprechen durchaus jenen automatischen Bewegungen, mit denen ein Säugling nach der Brust sucht. Auch ist im Falle des Trostsuchenden die Orientierung zur Brust des Partners durchaus gegeben. Er regrediert gewissermaßen auf eine kindliche Stufe und nützt dies (natürlich unbewußt) als Betreuung auslösenden Appell.

Ich vermute, daß das Kopfpendeln Anschlußsuchender in der infantilen Suchbewegung ihre Wurzel hat. Ich werde in dieser Hinsicht durch verschiedene Beobachtungen bestärkt. So filmte ich 1969 eine Waika-Indianerin, die mit meiner Begleiterin Freundschaft schließen wollte. Sie rieb sich in ihren Kontaktbemühungen eingehend an ihr (Abb. 82).

Kapitel 4: Das Palmfruchtfest der Waika

1. Die Reise zu den Gastgebern

Zur Hauptreifezeit der Pijiguao-Palmfrucht *(Guilielma gasipaes)*, etwa zu Beginn unseres Kalenderjahres, feiern die Waika-Indianer (Yanoama) des Oberen Orinoko Feste. Die Dorfgemeinschaften laden einander ein und stiften und bekräftigen so Freundschaften und Bündnisse. Verfeindete Dörfer können sich bei solchen Gelegenheiten versöhnen. Gute Beschreibungen der Feste verdanken wir ZERRIES (1964), BIOCCA (1969) und CHAGNON (1968). – 1969 hatte ich Gelegenheit[1], an zwei Palmfruchtfesten[2] teilzunehmen. Gleich nach unserer Ankunft in Ocamo erfuhren wir, daß die Bewohner des Dorfes mit dem Häuptling einer Einladung der Shibarioteri folgen würden. Da der Häuptling mit meiner Gastgeberin, Frau Goetz, und deren Tochter gut befreundet war, lud man uns ein mitzukommen. Ich werde mich im wesentlichen auf die Beschreibung dieses Festes beschränken, verweise aber zum Vergleich gelegentlich auf das zweite Fest, dessen Verlauf wir bei den Majecohoteri (Platanal) beobachten konnten. Mich interessierte besonders die gruppenbindende Funktion des Palmfruchtfestes, und ich lege in dieser Untersuchung eine ethologische Interpretation einiger Rituale vor. (Zu den theoretischen Grundlagen, auf denen diese Arbeit aufbaut, siehe EIBL-EIBESFELDT 1970a, 1972a.)

Die Reisegruppe, der wir uns anschlossen, zählte 14 Männer, 10 Frauen und zahlreiche Kinder verschiedenen Alters. Alle Männer waren mit Pfeil und Bogen bewaffnet.

Wir fuhren am späten Vormittag des 9. Februar in zwei großen motorisierten Einbäumen der Mission den Ocamo hinauf. Bei Einbruch der Dunkelheit kampierten wir am Ufer und setzten anderntags von 7–10 Uhr vormittags die Flußreise fort. Dann wanderten wir landeinwärts und stießen nach etwa drei Stunden auf zwei geschmückte Männer der Gastgeber. Einer der beiden und unser Häuptling gingen in Hockstellung, umarmten einander, schlugen einander auf die Schultern und begannen heftig gestikulierend in singender Weise ein Zwiegespräch, in dessen Verlauf unser Häuptling erfuhr, daß die Vorbereitungen unserer Gastgeber noch nicht

[1] Frau Dr. Inga STEINVORTH GOETZ ermöglichte diese Reise, indem sie mich in das Untersuchungsgebiet einflog. Ihre Tochter Elke führte mich und half mir bei der Arbeit.

[2] Einen Film über das Palmfruchtfest verdanken wir SCHUSTER (1962).

abgeschlossen seien und wir uns bis zum nächsten Tag gedulden sollten. Wir kampierten daher für eine weitere Nacht im Walde. Im Laufe des Nachmittags brachten uns einige Männer der Shibarioteri gekochte Früchte der Pijiguao-Palme, geräucherte Vögel, Affen und Krokodilstücke. Nach dieser Bewirtung begannen unsere Leute, große Palmblätter zu sammeln und fein aufzufasern. Das gehörte bereits zur Festvorbereitung, denn sie verwendeten diese Wedel später beim Eintanz.

Am anderen Morgen wanderten wir bis zum Dorf der Shibarioteri. In der Bananenpflanzung vor dem Dorf bewirteten uns unsere Gastgeber zum zweiten Mal. Sie hatten eine Bodenfläche mit Bananenblättern gedeckt und darauf Pijiguao-Früchte und geräucherte Jagdbeute ausgebreitet (Abb. 90). Wir bedienten uns; dann schmückten sich unsere Begleiter.

Frauen und Männer bemalten ihren Körper mit Wellenlinien und Kringeln: einige Männer färbten ihr Gesicht schwarz und klebten weißen Vogelflaum mit der kautschukartigen Milch eines Baumes in ihr Kopfhaar. Viele trugen um die Oberarme Muskelbinden aus schwarzem Gefieder, in die sie weiße Reiher- und rote Papageienfedern steckten. Das betonte ihre Schultern in auffälliger Weise. Auch die Kinder wurden bemalt. Ein geschmückter Krieger wurde von unserem Häuptling voraus ins Dorf geschickt, um unsere Ankunft anzumelden. Was er dabei tat, konnten wir nicht sehen, da wir erst nach ihm eintrafen. Ich sah einen solchen Auftritt jedoch später bei den Aratatoteri. Dort hatte Frau Goetz um ein Fest gebeten, ohne sonst weitere Anweisungen zu geben. Bei diesem vorgeführten Fest – auf das ich mich im übrigen in dieser Arbeit nicht beziehe – wurde auch die Ankunft des ersten Gastes dargestellt: Er stellte sich in vollem Schmuck auf dem Dorfplatz auf und sang gestikulierend die verschiedensten Tiernamen. Man brachte ihm dann eine Kalebasse Bananensuppe, die er trank.

2. Das Fest

Wir kamen gleich nach dem ersten Gast in das Dorf der Shibarioteri und zogen uns in einen uns zugewiesenen Sektor des Gemeinschaftsdaches zurück. (Das Dorf der Shibarioteri besteht aus vier langen, einen zentralen Platz umstehenden Pultdächern. Diese Pultdächer haben ein nur wenig herabgezogenes Innendach, so daß freier Einblick in die ganze Dorfgemeinschaft möglich ist.) Vor den Stützpfosten der Dächer standen geschmückte Krieger, die sich auf

Pfeil und Bogen stützten. Sie begrüßten die Gäste mit lautem Hej, Hej, Hej-Geschrei, in das die übrigen Dorfbewohner einstimmten. Darunter mengte sich noch ein schwer beschreibbares Geheul.

Die Gäste betraten das Dorf zunächst einzeln, und zwar die Männer zuerst. Jeder tanzte eine Runde um den zentralen Dorfplatz, wobei er mit den Füßen einen einfachen Rhythmus stampfte. Die Tänzer wendeten ihren Körper nach links und rechts und zeigten sich so von allen Seiten. Einige streckten in betonter Weise ihre Brust heraus und hielten den Kopf erhoben bis leicht zurückgeneigt und trugen dabei eine Miene zur Schau, die wir als hochmütig interpretieren würden (Abb. 91). Die Tänzer liefen immer einige Schritte geradeaus, dann drehten sie sich mit stampfenden Schritten auf der Stelle. Beim Aufsetzen scharrten die Füße kräftig am Boden, eine Betonung der kraftvollen Bewegung. Zugleich keuchten sie im Rhythmus der Schritte laut – eine weitere akustische Unterstreichung ihrer Kraft. In den Händen trugen sie Palmwedel oder Pfeil und Bogen, seltener beides. Sie präsentierten Waffen und Palmwedel auf verschiedene Weise. Es gab Tänzer, die nur ein oder zwei Palmwedel trugen und diese hoben und senkten. Gelegentlich legten sie die Wedel auf den Boden und umtanzten sie mit erhobenen Händen und wiederholten dies an verschiedenen Orten. Dann gab es Tänzer, die nur ihren Pfeil und Bogen schwenkten, gelegentlich auch auf die Zuschauer zielten, ohne allerdings den Bogen zu spannen. Solche Waffenträger wurden oft von kleinen Kindern begleitet, die Blattwedel schwenkend mittanzten (Abb. 91, 92). Wir werden diesen beschwichtigenden Appell über das Kind in der Diskussion (S. 241) erörtern. Hier sei nur darauf hingewiesen, daß ein aggressives Imponieren leicht Aggressionen erweckt, die, wo freundliche Kontaktaufnahme erwünscht ist, beschwichtigt werden müssen. Appelle über das Kind sind da besonders wirksam und werden in ähnlicher Weise auch bei verschiedenen Kulturen vorgenommen (Eibl-Eibesfeldt 1970a). Die beschwichtigenden Appelle wurden auch mit Hilfe der grünen Wedel vorgetragen, die hier, wie interessanterweise auch bei vielen anderen Völkern, Friedenszeichen sind. Dies geschah, indem zum Beispiel Waffenträger und Palmwedelträger abwechselnd eintanzten. Mitunter tanzten sie auch gleichzeitig und dann oft im Gegensinne um den Dorfplatz (Abb. 93, 94). Schließlich gab es Tänzer, die in einer Hand Waffen, in der anderen Palmwedel zeigten.

Nach dem Eintanz der Männer tanzte eine Mädchengruppe mit Männern und zuletzt noch einmal alle Gäste gemeinsam eine Runde. Nunmehr verteilten sich die Gäste auf die verschiedenen Familien

Abb. 90. Bewirtung vor dem Dorf der Gastgeber. (Aus einem 16-mm-Film des Verfassers.)

Abb. 91. Eintanz des Häuptlings von Odamo in das Dorf der einladenden Shibarioteri. Man beachte die Imponierhaltung des Mannes. Das mittanzende Kind beschwichtigt. (Aus einem 16-mm-Film des Verfassers.)

Abb. 92. Junger Krieger mit Waffen, Blattwedel und mittanzendem Kind. (Aus einem 16-mm-Film des Verfassers.)

Abb. 93. Mit Blattwedeln tanzende Kinder. (Aus einem 16-mm-Film des Verfassers.)

Abb. 94. Krieger, mit Blattwedeln tanzend. (Aus einem 16-mm Film des Verfassers.)

Abb. 95. Nach dem Eintanz ruhende Gäste. (Aus einem 16-mm-Film des Verfassers.)

und spannten in deren Wohnsektoren ihre Hängematten auf. Manche legten sich auch in fremde Hängematten. Dort ruhten sie zunächst, ohne viel Anteilnahme zu zeigen (Abb. 95). Der ganze Eintanz hatte 1½ Stunden gedauert.

Eine kleine Gruppe von Männern begann *yopo* zu schnupfen. Sie bliesen sich das bräunliche Schnupfpulver, das von den Waika *ebena* genannt wird, gegenseitig mit Rohren in die Nasenlöcher (Abb. 96). Der Empfänger des Pulvers zuckte dabei wie von einem Schlag getroffen zusammen, raufte und kratzte sich in zusammengekrümmter Haltung das Haupthaar, würgte und einige übergaben sich. Gleichzeitig setzte eine starke Speichel- und Nasenschleimabsonderung ein. Nach dem Abklingen des Schocks saßen die Schnupfer eine Weile apathisch da, bis die Rauschgiftwirkung einsetzte und die Berauschten monoton singend auf und ab schreitend zu tanzen begannen. Dabei hoben sie oft die Arme (Abb. 97a, b). Padre Cocco erklärte mir, daß die Berauschten ein gesteigertes Selbstgefühl erlebten. Sie würden ihre Umwelt kleiner, sich selbst jedoch riesenhaft empfinden. Zerries (1964), Biocca (1966), Steinvorth Goetz (1970) und Chagnon (1968) haben ausführlich über diese Gewohnheit berichtet. Die Männer schnupfen nicht nur anläßlich von Festen. Im berauschten Zustand werden Krankenheilungen und Geisterbeschwörungen vorgenommen.

Am späten Nachmittag hatten sich auch die Gastgeber geschmückt. Sie tanzten eine halbe Stunde lang vor den Gästen, und zwar in Gruppen. Bei den Majecohoteri sah ich, daß die Gastgeber beim Rundtanz den Gästen die Geschenke, die sie ihnen geben wollten, einzeln vorführten.

Mittlerweile hatten die Gastgeber eine Bananensuppe gekocht und in einen großen Baumrindentrog gefüllt. Daraus bedienten sich nun Gäste und Gastgeber, und zwar nur die Männer (Abb. 98). Diese Phase des zwanglosen Beisammenseins endete mit dem Einbruch der Dämmerung. Die Männer beider Dörfer begannen, Haumesser, Äxte und Pfeile schwingend um das Dorf zu tanzen, und zwar diesmal unter den Dächern hindurch. Nach Zerries (1964) handelt es sich um eine Art Geistervertreibung. Die offensichtlichen Drohgebärden sprechen dafür. Kurz darauf versammelten sich Gastgeber und Gäste zur gemeinsamen Totenklage. Weinend und wehklagend stapften Männer und Frauen um den zentralen Dorfplatz. Einige hielten die Kalebassen mit Totenasche[3] in den Händen.

[3] Man verbrennt die Toten, sammelt die verbliebenen Knochen, zerstößt sie und bewahrt sie in Kalebassen für die Zeremonie des Trauerns und Aschetrinkens auf. Einzelheiten dazu berichtet Zerries (1964).

Abb. 96. Ebena-Schnupfende. Der rechts Sitzende bläst dem Linken das Pulver in die Nase. (Aus einem 16-mm-Film des Verfassers.)

a

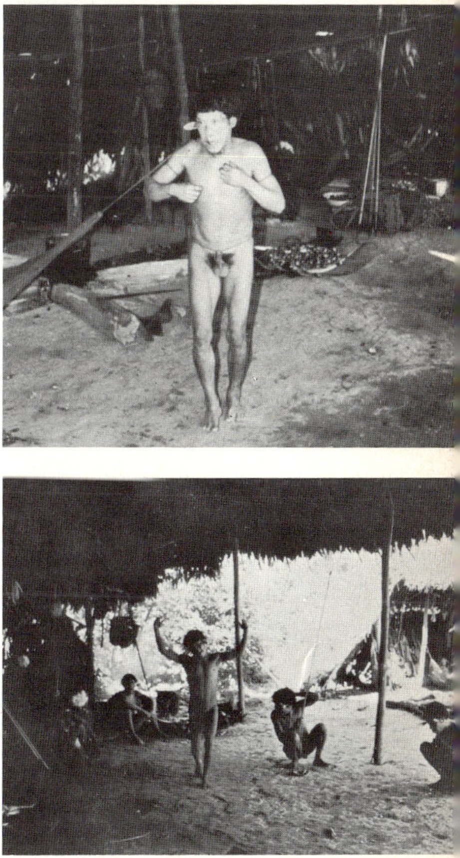

b

Abb. 97. Berauschte, tanzend. (Aus einem 16-mm-Film des Verfassers.)

Abb. 98. Die Gäste schöpfen Bananensuppe aus dem Rindentrog. (Aus einem 16-mm-Film des Verfassers.)

Zuletzt kauerten sie sich an einem Platz nieder und klagten etwa 20 Minuten. Selbst einige der Männer weinten so, daß ihnen die Tränen über die Wangen liefen.

Nachts sangen die Männer ihre Kontrakte. Bei dieser *uayamou* genannten Zeremonie deklamieren zwei Männer einander gegenüberhockend in singendem Vortrag Texte, in denen sie ihr Anliegen vortragen. Der Wechselgesang beginnt damit, daß ein Gast aus seiner Hängematte steigt und spricht. Der angesprochene Gastgeber verläßt daraufhin ebenfalls seine Hängematte. Aus einem kurzen Wechselgespräch entwickelt sich ein zunehmend hektischer Sprechgesang, der immer unverständlicher wird. Zuletzt rufen die Sänger einander nur noch Wortfetzen zu. Meist singt der eine Sätze und Worte, der andere antwortet nach jedem Satz mit einem zustimmenden Gemurmel, gelegentlich auch mit einem Wort. Der Inhalt dieser Gesänge ist im wesentlichen ein Fordern und sich gegenseitiges Beschenken. Padre Berno von der Salesianer-Mission Mawaka übersetzte mir freundlicherweise einen Teil eines Wechselgesanges, den ich beim zweiten Fest in Platanal (Majecohoteri) aufnahm. Ein Gast aus Patanoueteri unterhielt sich mit seinem Gastgeber. Der Gast fängt an, und der Gastgeber antwortet auf jeden Satz mit einem

Abb. 99. Der Häuptling hält eine Kalebasse mit Knochenasche in der Hand. (Aus einem 16-mm-Film des Verfassers.)

Abb. 100. Klagende Frau mit einem Körbchen Totenasche. (Aus einem 16-mm-Film des Verfassers.)

Abb. 101. Mimik der in Abb. 100 gezeigten klagenden Frau. (Aus einem 16-mm-Film des Verfassers.)

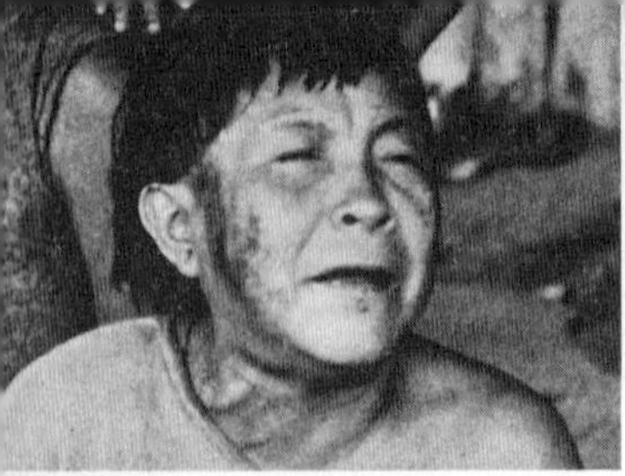

a

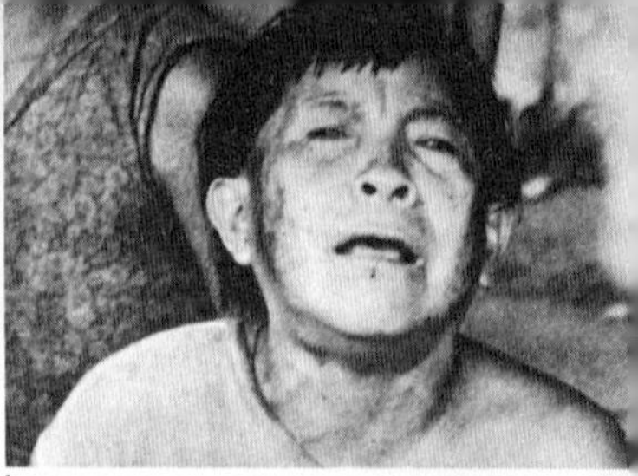

b

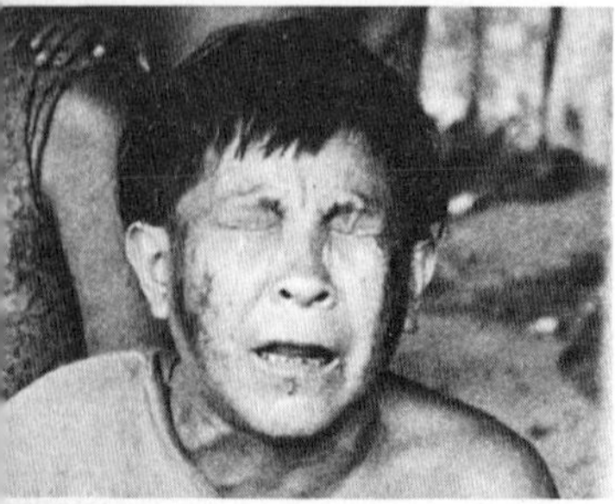

c

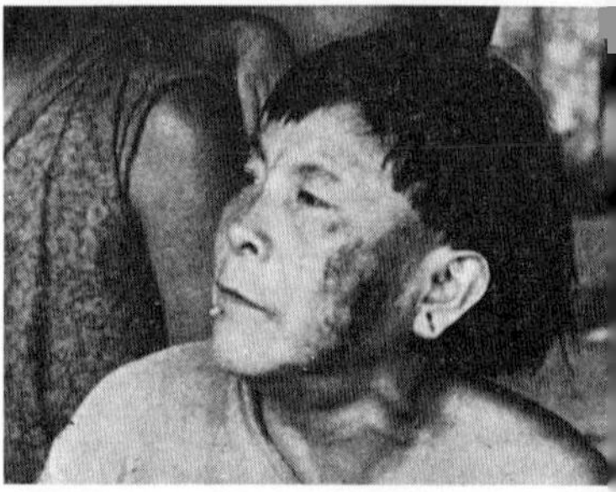

d

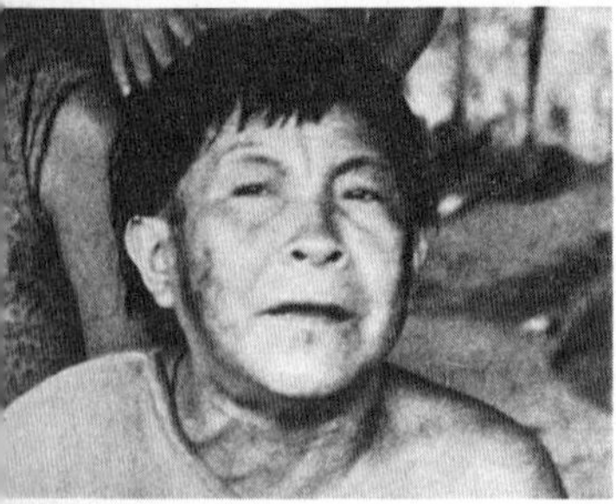

e

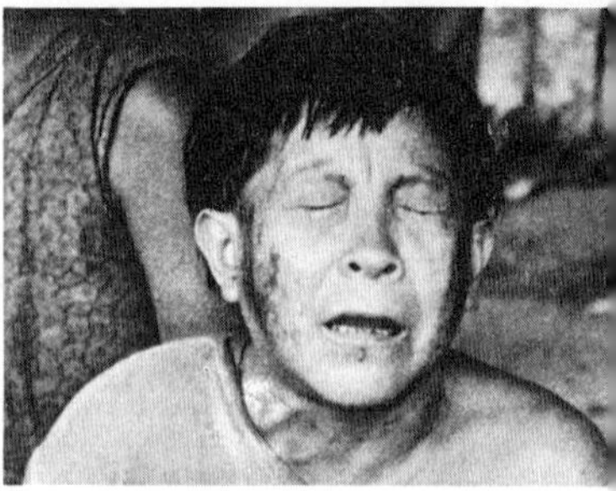

f

bestätigenden Zuruf oder einem schnell wiederholten hm-hm-Gemurmel.

1. »Ich werde sprechen. Wir sind Freunde, ich sage die Wahrheit. Wir sind arm, weil wir weit weg wohnen, ihr seid reich, weil ihr in der Nähe der ausländischen Mission lebt. Hier sind die Napeyomas, die Salesianischen Nonnen, und der Nape, der Laienbruder Iglesias. Die geben euch viele Sachen. Wir haben niemanden, von dem wir Sachen verlangen können; die dagegen geben euch Macheten, Töpfe, Hängematten, Kleider, Glasperlen.« – Pause –
2. »Zu uns Patanoueteri sind die Pissasaiteri gekommen und wir

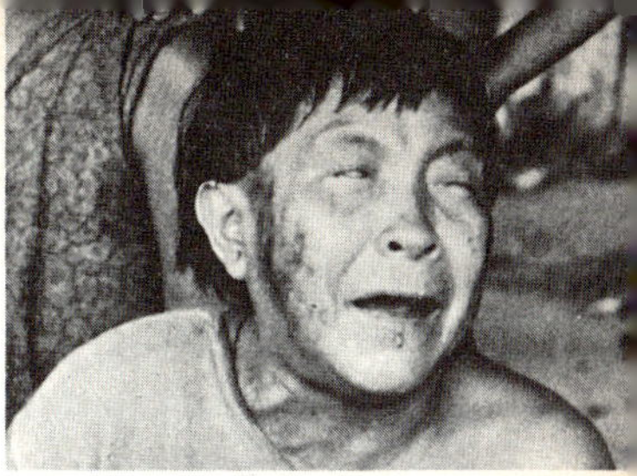

g

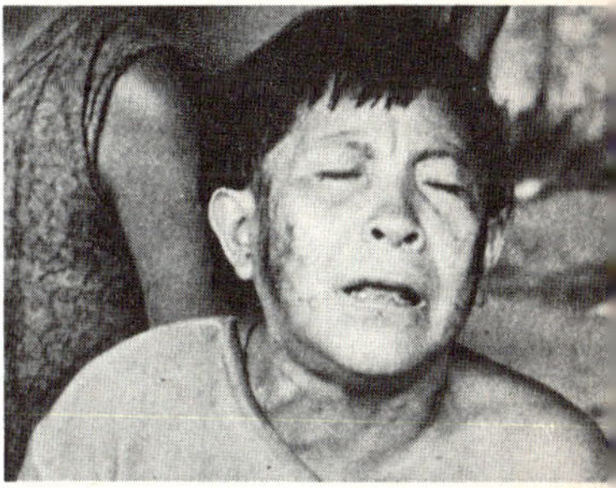

h

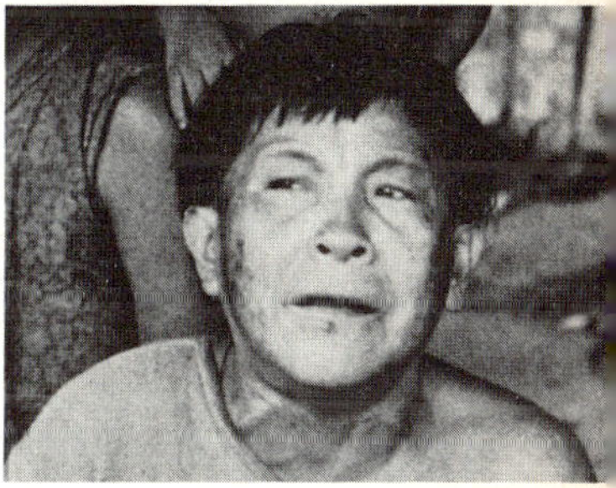

i

Abb. 102. Trauernde. Die Frau preßt Tränen aus, scheint jedoch emotionell weniger engagiert als die in Abb. 100, 101 gezeigte trauernde Frau. Als etwas ihre Aufmerksamkeit erregt, sieht sie sogleich interessiert und ohne Ausdruck der Trauer dorthin. (Die aus einem 16-mm-Film, 48 Bilder/Sekunde, des Verfassers kopierte Reihe zeigt die Aufnahmen 1, 64, 91, 109, 140, 163, 169 und 186.)

wurden bepfeilt. Die sind sehr böse und schlecht. Haben einen Mann von uns getötet und meine Frau. Darüber bin ich sehr traurig und bin sehr böse.
Du bist ein Freund, verschaffe mir eine Machete, welche dir der Laienbruder verschafft und Töpfe, welche du von den Nonnen bekommst.«

3. »Ich habe keinen Hund und ich bin sehr ärgerlich darüber. Ihr habt viele. Ich brauche einen für die Tapir-Jagd. Deshalb verlange ich es von dir. Gib mir, ich zahle dir, so werde ich Tapire jagen können.«
4. »Ich möchte nicht mehr von hier fort, weil ihr meine Freunde

a

b

Abb. 103 (a-b). Kontraktsingen auf dem Dorfplatz zum Abschluß des Festes. Man sieht mehrere kontraktsingende Männerpaare. Im Vordergrund links der Häuptling der in Abb. 91 gezeigten Besuchergruppe. (Aus einem 16-mm-Film des Verfassers.)

seid. Ich bleibe in euren Häusern, welche im Wald sind. Gib mir einen Hund, auch wenn er mager ist, ich werde ihm zu fressen geben und werde Tapire jagen mit ihm. Du hast viele und außerdem hast du Hündinnen, welche Junge bekommen werden. Gib mir also einen Hund.«

5. Als sich beide umarmen, antwortete der Angesungene:
»Ich verspreche dir, ich gebe dir ein Stück Tapir, da ich ja Hunde habe, um neue zu jagen. So kannst du Platano (Bananen) mit Fleisch essen. Auch werde ich dir den Hund geben, damit ihr später jagen könnt und Bananen, Fleisch und Pijiguao essen könnt.«
Zum Tausch verlange er Stäbchen *(rajaca)* und Bambus, um Pfeile machen zu können, denn sie hätten viele Feinde und könnten dann alle Freunde zum Kämpfen schicken.

Das Tonband geht zwar weiter, es wurde aber nicht weiter übersetzt. Die Wechselgesänge dauern bisweilen eine halbe Stunde, und

Abb. 104. Vor der Geschenkeverteilung. Auf Bananenblättern werden geräucherte Gürteltiere und andere Jagdbeute für die Gäste ausgelegt.

sie verändern dabei, wie gesagt, ihren Charakter, bis nur noch ein hektisches Zurufen von Worten bleibt. Schließlich sagen beide eine höfliche Formel: »Es war ein gutes Gespräch, ein schönes Gespräch«, und krabbeln in die Hängematte zurück. Es kann ein anderer sich in das Gespräch einmischen und damit den Gesang übernehmen. Oft beginnen aber an einer anderen Stelle zwei mit dem Gespräch. So geht es fast pausenlos die Nacht hindurch. Auf diese Weise werden auf persönlicher Basis Freundschaften gestiftet und gefestigt.

Am anderen Morgen um 8.30 Uhr versammelte sich eine Gruppe von Frauen und Männern zum Trinken der Totenasche. Die Gruppe kauerte um den Medizinmann, von einigen umstehenden Kriegern nach außen abgeschirmt. Mehrere Frauen hielten eine Kalebasse mit Totenasche in der Hand. Sämtliche Frauen weinten und schluchzten laut, und jene mit den Kalebassen beklagten singend und mit tränenüberströmtem Gesicht die Toten. Padre Berno übersetzte mir Beispiele solcher Klagen, die etwa lauten: »Oh, mein Kind, warum bist du fortgegangen, jetzt habe ich niemanden, den ich mit bunten Federn schmücken kann.« Beim Jammern wandten die Frauen ihr Gesicht zum Himmel und hoben die Hände in einer Gebärde der Verzweiflung. Dann übergaben sie die Kalebasse mit der Totenasche dem Medizinmann. Der erhob sich, umarmte die Kalebasse und weinte ebenfalls laut. Dabei trat er von einem Bein aufs andere, als würde er auf der Stelle tanzen. Halb singend rief er den Geist des Verstorbenen, ohne allerdings je dessen Namen zu nennen. Dann öffnete er den Behälter, schüttete von der Asche in eine Kalebasse mit Bananenmilch und reichte sie einem Krieger, der die Schüssel stehend austrank. Danach kamen andere an die Reihe (Abb. 99–101).

Nicht alle Trauernden waren gleich stark beteiligt. Eine alte Frau zum Beispiel klagte zwar laut, doch hatte man den Eindruck, daß sie die Tränen bewußt auspreßte (Abb. 102 a). Sie blieb ihrer Umgebung aufmerksam zugewandt und ließ sich in ihrer Trauer schnell ablenken (Abb. 102 d–f). Ich filmte einen Teil dieser Zeremonie, bis mich ein Waika mit einem Pfeil bedrohte. Daraufhin legte ich meine Kamera weg und betätschelte lächelnd und das Grußwort *shori* sagend seine Waden, was ihn wieder freundlich stimmte.

Nach der Totentrauer verteilten sich die Männer in kleinen Gruppen auf dem Dorfplatz. Einige schnupften *yopo*. Ziemlich unvermittelt kam dann Bewegung in die Gruppen, und die Männer krochen wild gestikulierend in hockender Stellung oder gingen aufrecht die Waffen schwenkend durch die überdachten Wohnungen, wie bei der Geistervertreibung am Vortag. Dann aber sonderten sich Zweiergruppen ab, die zum Dorfplatz zurückkehrten und wie nachts in Wechselgesängen Versprechungen austauschten und einander dabei umarmten. Da alle gleichzeitig gestikulierten und sangen, ergab dies ein bewegtes Bild (Abb. 103 a, b).

Unterdessen hatten die Frauen einen Platz mit Bananenblättern ausgelegt und darauf als Geschenke Körbe mit Pijiguao-Früchten, geräucherten Affen, Vögeln, Gürteltieren und dergleichen abgestellt (Abb. 104). Nach der Geschenkeverteilung forderten die Gastgeber Gegengeschenke und erhielten Stoffstreifen, Töpfe, Macheten und auch alle jene Kleinigkeiten, mit denen wir unsere Gefährten auf der Reise beschenkt hatten. Dieser Austausch beschloß das Fest, und wir verließen geschlossen die Shibarioteri.

3. Versuche einer ethologischen Interpretation des Festes

A. Allgemeines über die bandstiftende Funktion des Festes

Feste dienen der Gruppenbindung. Das Palmfruchtfest macht da keine Ausnahme; alle Beschreiber stellen diese Funktion heraus. Man schließt Freundschaften von Dorf zu Dorf und auf individueller Basis und man bekräftigt bestehende Bindungen. Dazu betont man zunächst einmal seine friedliche Absicht. Die eintanzenden Männer kommen entweder waffenlos, mit Blattwedeln in den Händen oder sie bringen ein Kind mit und beschwichtigen auf diese Weise. Man fragt sich allerdings, warum so viele mit den Waffen prahlen, wenn dies dann besonderer Beschwichtigung bedarf. Vergleichen wir mit anderen Völkern, dann finden wir, daß bei sozialer Kontaktaufnahme sehr oft geprahlt wird. Man schießt Salut, präsentiert Waffen und gibt sich in diesen Selbstdarstellungen fest und wehrhaft, wohl weil man sich als wertvoller Partner und Kampfgefährte zeigen will. Selbst unser Händedruck enthält Kräfteprahlen.

Zu den erwähnten freundlich stimmenden Appellen über das Kind gibt es zahlreiche Parallelen in anderen Kulturen. Wenn Australier den Kontakt mit den gefürchteten Weißen suchten, dann schoben sie ein Kind vor sich her (BASEDOW 1906). Bei uns begrüßt man hohe Politiker über Kinder. (Weitere Beispiele bei EIBL-EIBESFELDT 1970a, 1972a.) Das Kind ist Träger einer Reihe von Signalen, auf die wir wahrscheinlich angeborenermaßen freundlich reagieren (LORENZ 1943), und bietet sich daher zum Friedenstiften an[4].

Daß man bei freundlichen Zusammenkünften einander bewirtet und beschenkt, dürfte zu den weltweit verbreiteten Sitten gehören. Sowohl Familienfeste als auch Gruppenfeste werden durch gemeinsames Speisen gefeiert, und die bindende Funktion solcher Mahlzeiten ist bis in religiöse Riten nachzuweisen. Das Schenken von Dingen ist möglicherweise vom Essensgeschenk abgeleitet, wie die häufige Verknüpfung von beiden vermuten läßt. Extrem ritualisierte Beschenkungen sind schließlich Versprechungen.

Im Tierreich ist Bandstiftung über gegenseitige Fütterung weit verbreitet, allerdings nur bei Tieren, die Brutpflege betreiben. Vergleichende Untersuchungen ergaben, daß es sich bei solch freundlichem Füttern meist um emanzipiertes Brutpflegefüttern handelt, das als bandstiftendes Ritual von den Erwachsenen eingesetzt wird. Das Zärtlichkeitsfüttern und der Schnabelflirt vieler Singvögel wären Beispiele dafür. Bei verschiedenen Säugetieren wurde die Mund-zu-Mund-Fütterung der Brutpflege zu verschiedenen kußartigen Zärtlichkeitsgebärden ritualisiert (WICKLER 1969, EIBL-EIBESFELDT 1970a, b, 1972a). Auch der menschliche Kuß dürfte so entstanden sein.

Darüber hinaus haben wir Menschen das Darreichen von Nahrung zur allgemein freundlichen Geste erhoben. In dieser Funktion setzen bereits Kleinkinder spontan dieses Verhalten ein. Sie reichen Nahrung und Geschenke, wenn sie sich mit einer Person anfreunden wollen, ferner, wenn sie ängstlich sind und jemand zu beschwichtigen suchen. Ein dreijähriges Mädchen, das mit seinen Eltern bei mir zu Gast weilte, verhielt sich während des Essens sehr reserviert und beobachtend. Als wir beim Kaffee saßen, kam es spontan auf mich zu, nahm ein Keks vom Tisch und bot es mir strahlend an. Das Kind wiederholte das und zeigte immer große Freude, wenn ich die Gabe übernahm. Von da ab war es völlig zutraulich. Ein dreieinhalbjähri-

[4] Erwachsene Säuger verwenden kindliche Signale, z. B. Jungenrufe, wenn sie Artgenossen freundlich stimmen wollen. Auch Menschen greifen auf kindliche Signale zurück.

ger Bub, der sich vor dem Weihnachtsmann ängstigte, gab diesem spontan sein Spielzeugauto. Ein zehnjähriges, leicht debiles Mädchen, das gerne mit seiner Lehrerin malen wollte und meine Anwesenheit als störend empfand, verabschiedete mich, indem es mir spontan ein Spielzeug in die Hand drückte und die Hand schüttelte.

Daß man mit Nahrung und Geschenken freundlich stimmt, könnte gelernt sein. Schließlich erfahren Kinder in allen Kulturen elterliche Fürsorge dieser Art: Sie werden gefüttert und empfinden dies sicher als freundlichen Akt. Diese Erfahrung könnten sie nützen, wenn es darauf ankommt, selbst freundlich zu stimmen. Zu denken gibt jedoch, daß selbst Kleinstkinder und Schwachsinnige spontan Nahrungsbrocken und Spielzeuge überreichen, wenn sie Kontakt suchen. Überlegungen dürften da kaum vorliegen. Wir müssen zumindest mit der Möglichkeit rechnen, daß stammesgeschichtliche Anpassungen (EIBL-EIBESFELDT 1970a) diesem Verhalten zugrunde liegen. Zur Klärung dieser Frage bedarf es noch sorgfältiger Untersuchungen der Ontogenese zärtlicher Verhaltensweisen.

Beim Palmfruchtfest der Waika spielen das Bewirten und der Geschenketausch sicher eine hervorragende Rolle. Wir beobachteten jedoch auch andere Riten der Bindung. Dazu gehört zum Beispiel die gemeinsame Trauer. Man teilt Freud und Leid und fühlt sich so verbunden. Anteilnahme durch Mittrauern zeigt dem Bekümmerten, daß er nicht allein ist, und das ist für ihn von größter Bedeutung, da er ja unter dem Verlust der Partnerbindung leidet.

Als bindendes Ritual kann man ferner die gemeinsame Geistervertreibung ansehen. Die Gruppe schließt sich zu gemeinsamer Aggression gegen den vermeintlichen Feind zusammen, und dergleichen verbindet bekanntlich. Hervorzuheben sind schließlich die Rituale gemeinsamen Tuns (z. B. Tänze). Bereits Kleinkinder entwickeln solche von sich aus, was auf eine angeborene Disposition hinweist. Sie erfinden ein Spielchen oder machen eine vorgemachte Bewegung nach und fordern die Familienangehörigen auf mitzutun. Das Wort »auch« als Aufforderung mitzumachen war eines der ersten Worte, welches mein kleiner Enkel sprach.

Vergleicht man Feste in verschiedenen Kulturen und bei verschiedenen Anlässen, dann kann man über kulturelle und funktionsbedingte Abwandlungen hinweg wieder die gleichen Strukturelemente nachweisen, gleich ob es sich um ein Familien- oder ein Volksfest handelt, um ein Trauerritual auf Neu-Guinea oder ein Schützenfest in Bayern. Wir werden die Elemente der Selbstdarstellung (Imponieren), der Beschwichtigung, der Anteilnahme (Trauer, Freude), der Bewirtung, des Geschenketausches und des gemeinsamen Tuns vorfinden und auch einen grundsätzlich ähnlichen strukturellen Aufbau. Gewiß wird je nach dem besonderen Charakter des Festes das eine oder andere Element besonders betont – bei Stammesfesten etwa treten aggressive Elemente in den Vordergrund, während sie bei Familienfesten eine geringe Rolle spielen –, aber der grundsätzliche Aufbau ist recht ähnlich.

Vor kurzem filmte ich ein Trauerritual in Neu-Guinea. Bei Mt. Hagen hatte es einen Stammeskampf gegeben, und nun trauerte man um die Gefallenen. Im Zentrum eines weiten Platzes hatten sich die Angehörigen der Toten versammelt. Sie klagten und weinten. Die Trauergäste – Männer und Frauen, über und über mit gelbem Lehm beschmiert – umschritten die Trauergruppe. Sie priesen in Trauergesängen die Taten und vorzüglichen Eigenschaften der Toten; manchen hatten die Tränen dunkle Spuren in die gelbe Gesichtsbemalung gezeichnet. Die Dokumentation der Einigkeit erschütterte mich tief. Die Männer trugen in ihren Händen Speere, die Frauen grüne Zweige einer *Cordylina*, aus der auch ihre Schurze angefertigt waren.

Immer wieder kamen in kleinen Gruppen neue Trauergäste an. Sie wurden jedesmal mit auffälligem Zeremoniell begrüßt: Die bereits anwesenden männlichen Trauergäste formierten sich unter der Führung einer oder zweier Männer zu einem Trupp, der, von den Zeremonienmeistern angeführt, rufend und die Speere schwingend gegen die Ankommenden vorstürmte. Hinter ihnen kamen die Frauen und schwangen ihre grünen Wedel. Man umkreiste die Ankommenden und führte sie zur Trauergruppe. Die Elemente des Drohgrußes und der Beschwichtigung traten bei diesem Empfang klar in Erscheinung.

Bei der Trauergruppe angekommen, stellten sich die Besucher laut klagend und das Kopf- und Barthaar raufend auf. Manche weinten, so daß die Tränen über die Wangen perlten. Das bewirkte einen neuen Ausbruch der Verzweiflung bei den Angehörigen der Toten. Schließlich umarmten und betätschelten die Trauergäste die Hinterbliebenen.

Viele der Gäste brachten Lebensmittel. Im weiteren Verlauf des Festes hielten ranghohe Männer Reden. Einige bezogen sich auf den Stammeszwist. Sie gaben ihre Version und ermunterten zur Rache. Das taten übrigens auch die Frauen in ihren Gesängen. Sie sangen unter anderem, »wenn wir Männer wären, dann könnten wir Rache nehmen, aber leider sind wir nur Frauen und können nur singen ...«

Zuletzt beschenkten die Trauergäste die Angehörigen der Toten.

Trauerfeste enden mit einem Totenmahl. Ich nahm daran nicht teil, doch erfuhr ich, daß das Gepränge je nach dem Rang des Toten wechselt.

Vergleichen wir dazu ein Trauerritual in Mitteleuropa, dann werden wir die gleichen Strukturelemente entdecken. Verwandte und Freunde kommen zu den Angehörigen der Verstorbenen, um ihre Anteilnahme zu bezeugen. Man drückt Beileid aus und das ist sicher ein Hauptanliegen, aber keineswegs das Ausschließliche! Man nützt die Gelegenheit zur Selbstdarstellung. Man demonstriert Reichtum und Macht und gewinnt damit an Ansehen. Man hält Trauerreden und versammelt sich schließlich zum Trauermahl. Im oberösterreichischen Mühlviertel wurde früher jedem der Gäste eine eigens zu diesem Zwecke gebackene Semmel (Weißbrot) mitgegeben, die man »B'scheid« nannte. Die Gabe war für jene Angehörigen und Freunde gedacht, die aus irgendeinem Grunde an der Trauerfeier nicht teilnehmen konnten. Umgekehrt kamen auch die Gäste mit Gaben. Sie brachten Blumen und Kränze und ließen schließlich auch in der Messe fürbitten.

Nun mag einer vorbringen, gewiß, Trauerrituale mögen einander ähneln; vergleiche man aber etwa ein Schützenfest oder eine Hochzeit mit einem Trauerfest, dann könne man doch kaum eine Ähnlichkeit feststellen. Der oberflächliche Eindruck täuscht. Gewiß wechselt der äußere Rahmen. Aber auch bei einer Hochzeitsfeier im Mühlviertel finden wir die uns schon bekannten Strukturelemente. Man stellt sich im Hochzeitszug zur Schau, beschenkt einander, bewirtet die Gäste und teilt den Hochzeitskuchen, und schließlich gedenken die Vermählten der toten Anverwandten, indem sie deren Gräber besuchen. – Ein Schützenfest beginnt ebenfalls mit einem Aufmarsch. In schmucken Trachten stellt man sich beim Umzug zur Schau. Man zeigt die Fahnen und versucht die Gäste aus den benachbarten Dörfern möglichst in der Darbietung zu übertrumpfen. Man gedenkt der Toten am Heldenmal, man wetteifert am Schießstand, und schließlich tafelt und trinkt man gemeinsam und unterhält sich bei Musik und Tanz.

Die Strukturelemente gruppenbindender Rituale bleiben stets die gleichen. Verschieden ist bloß die kulturelle Ausgestaltung, mit deren Hilfe sich die ethnischen Gruppen in Kontrastbetonung voneinander absetzen.

B. Das Kontraktsingen und die bindende Funktion des Zwiegesprächs

Von besonderem Interesse sind die zu Wechselgesängen ritualisierten Gespräche der Waika-Indianer. »Gib mir, ich gebe dir« ist ein wesentlicher Inhalt dieses Gesprächs. Am Beginn allerdings erzählt der Gast zunächst von seinem Mißgeschick – von der Ermordung seiner Frau durch die Pissasaiteri (S. 237) – und erweckt damit Anteilnahme. Die verbal gezogenen Register unterscheiden sich nicht wesentlich von jenen, die auch wir in Zwiegesprächen ziehen. Sicher sollte man der kulturenvergleichenden Untersuchung von Gesprächen unter den Gesichtspunkten ihrer bindenden Funktion mehr Aufmerksamkeit schenken als bisher. Welche Register zieht man im freundlichen Zwiegespräch, worauf kommt es an? Untersucht man unsere Zwiegespräche, dann stellt man z. B. fest, daß überall Harmonie erstrebt wird. Die Gesprächspartner haben gewisse Erwartungen und sind bemüht, ihnen zu entsprechen und keine Mißklänge aufkommen zu lassen. Erzählt z. B. einer, daß er ein bestimmtes Leiden habe, dann entgegnen wir sogleich, daß ein Freund an Ähnlichem gelitten habe. So versichern wir ihm: »Du bist kein Außenseiter.« Wir prüfen die Festigkeit einer Partnerbindung durch Neckereien. Mißverständnisse bemühen wir zu klären, und dabei scheint auch sachlicher Informationsaustausch eine Rolle zu spielen: Wir orientieren uns über die Erlebnisse, die unser Partner während unserer Abwesenheit hatte, damit wir immer eine gemeinsame Bezugsbasis finden. Wir wollen die Erinnerungen des anderen anzapfen und gemeinsam Erlebtes wachrufen, kurz, immer Einheit demonstrieren können. Mangelnde Anteilnahme aktiviert mitleidauslösende Appelle. Wir erzählen von Leiden, geben uns traurig oder auch kindlich. Mädchen suchen in solchen Situationen gerne Rat bei ihrem Partner, auch wenn sie ihn gar nicht brauchen. Sie subordinieren sich so und aktivieren den Beschützer im Partner. Wir suchen im Gespräch Zustimmung, und bleibt etwa das erwartete Zunicken aus, dann werden wir unruhig. Wir suchen Anerkennung, Zärtlichkeit, Mitleid. Und das sind letztlich Informationen darüber, ob man mit dem Partner noch synchronisiert ist, oder ob sich eine Auseinanderentwicklung anbahnt. Und immer, aber besonders zu Beginn einer Bekanntschaft, tasten wir die Interessen des anderen ab, um eine gemeinsame Basis zu finden. Dann erst »versteht man sich«. Dazu paßt man auch sein Niveau an das des Partners an, was im Gespräch Erwachsener mit Kleinstkindern besonders auffällt.

Ich bin im Augenblick dabei, die »Bindungsgespräche« kulturenvergleichend zu untersuchen. Es scheint, als gäbe es Appelle, die in diesen Gesprächen als »Universalien« wiederkehren. Sollten weitere Untersuchungen dies bestätigen, dann stellt sich die Frage, wie diese Gemeinsamkeiten zu deuten sind. Handelt es sich um Denkzwänge, denen stammesgeschichtliche Anpassungen zugrunde liegen? Ich vermute es, denn die Appelle sind – soweit bekannt – im Prinzip die gleichen, die wir bei anderen höheren Wirbeltieren finden. Es handelt sich beim Menschen um ins Verbale übersetzte Infantilismen, Betreuungs-, Brutfürsorge- und Imponierhandlungen, um nur einige der Register zu nennen, die Sprechende ziehen. Die Appelle werden ferner bereits von Kleinkindern benützt, in einem Alter, in dem Raffinesse nicht zu erwarten ist. Die Antworten der Kinder kommen mit großer Spontaneität.

Sehr merkwürdig ist die bei den Waika vorliegende Ritualisierung der Dialoge zu Gesängen. Mit fortschreitender Dauer entwickelt sich das Gespräch zu einem Wechselgesang, in dessen Verlauf die Indianer einander nur mehr unverständliche Wortfetzen zurufen. Dies geschieht in einer perfekten Abstimmung. Sachliche Mitteilungen werden in dieser Phase des Kontraktsingens nicht mehr ausgetauscht. Es bleibt allein die soziale Mitteilung, daß man einig ist. Daß man dies so dokumentiert, könnte auf einer angeborenen Disposition beruhen. BLURTON-JONES (1972) berichtet von Lalldialogen spielender Kinder im vorsprachlichen Alter. Sie fordern auch Erwachsene zu solchen Dialogen auf, und solch stimmlicher Kontakt beruhigt. Ich vermute, daß diese Wirkung auf eine sehr alte Wurzel zurückgeht. Spielen Kinder allein in einem Zimmer, dann versuchen sie stimmlichen Kontakt mit der Mutter im Nebenzimmer zu halten. Man kann dann immer das anfragende »Mutti?« und das beruhigende »Jaa« hören. Das läuft wie ein Wechselgesang ab. Unterbleibt die Antwort, dann wird das Kind sogleich unruhig und sucht nach der Mutter. Bei einer Reihe von Säugern und Vögeln beobachten wir funktionell[5] entsprechende »Stimmfühlungslaute«. Beim Menschen könnte man von einem »Stimmfühlungsgespräch« sprechen. Diese in der Mutter-Kind-Beziehung aufscheinende Form des Dialogs ist vielleicht eine Wurzel des Bindungsgesprächs der Erwachsenen.

Beim Wechselsingen kommt es zu einer zunehmenden Koordination der Partner. Man singt zuletzt *einen* Gesang und das dürfte ein weiteres verbreitetes Mittel sein, Einigkeit zu dokumentieren. Das mag als Prinzip unserem mehrstimmigen Singen zugrunde liegen. Das Wort »Einklang« drückt bezeichnenderweise auch soziale Harmonie aus.

[5] Für den Nichtbiologen muß ich betonen, daß es sich hier um funktionelle Entsprechungen handelt, die auf keinerlei verwandtschaftlichen Zusammenhang hinweisen müssen. Die Parallelen entwickelten sich unabhängig voneinander. Sie sind dennoch aufschlußreich. WICKLER hat diesen Aspekt ausführlich diskutiert.

Wir haben in den vorangegangenen Kapiteln versucht, die beobachteten Riten nach Funktion und Ursprung zu deuten. Wir ordneten die Verhaltensweisen nach dem Auftreten in bestimmten Zusammenhängen und verglichen sie mit solchen, die man in entsprechenden Situationen bei anderen Völkern beobachten kann. Ein solches korrelationsanalytisches Vorgehen bewährt sich vor allem dann, wenn man darum bemüht ist, die funktionelle Bedeutung eines Rituals zu erhellen. Hier hilft die direkte Frage, warum die Betreffenden etwas täten, nicht immer weiter, da die Leute es oft nicht wissen und falsche Antworten geben. Fragt man hierzulande Leute, warum sie beim Grüßen an den Hutrand tippen oder den Handschuh ausziehen, dann wird man finden, daß die wenigsten über Funktion und Ursprung dieser alltäglichen Verhaltensweisen Aufschluß geben können. Das bedeutet sicher nicht, daß wir die Befragung als Methode des Informationserwerbs ablehnen, sie ist nur nicht immer für unsere Zwecke geeignet.

Neben der Frage nach der speziellen Funktion bestimmter Riten, z. B. im Dienste der Bindung und Aggressionsbeschwichtigung, bemühten wir uns um Hinweise über den Ursprung der Riten. Verhaltensmuster, die als »Universalien« auftreten, können unter anderem auf gemeinsamen Jugenderfahrungen beruhen, die in allen Kulturen in gleicher Weise gemacht werden. Es gibt aber auch solche, die uns als stammesgeschichtliche Anpassungen angeboren sind. Das gilt z. B. für viele unserer Ausdrucksbewegungen (Lachen, Weinen). Hier ist der Nachweis des Angeborenseins sowohl durch den Kulturenvergleich als auch durch das Studium taubblind Geborener erbracht worden (Eibl-Eibesfeldt 1973).

Nicht nur motorische Abläufe können in diesem Sinne »angeboren« sein. (Angeboren sind natürlich nicht die Bewegungen, sondern der genetische Kode, der als Rezept die Entwicklung jener neuronaler und motorischer Strukturen steuert, die einem Verhalten zugrunde liegen.) Es gibt auch andere Vorprogrammierungen, die unser Verhalten beeinflussen, z. B. angeborene Auslösemechanismen, die unsere Wahrnehmung in bestimmter Weise festlegen. Sie können bewirken, daß Menschen verschiedener Kulturen Ähnliches gestalten oder ähnliche Appelle vortragen.

Neben dem Kulturenvergleich zogen wir gelegentlich auch den Tiervergleich zur Deutung gewisser Erscheinungen heran. Um Mißverständnisse zu vermeiden, sei jedoch hervorgehoben, daß festgestellte Ähnlichkeiten keineswegs notwendigerweise die Annahme eines verwandtschaftlichen Zusammenhangs implizieren. Viele Tiere entwickelten ähnliche Anpassungen unabhängig voneinander in Anpassung an eine ähnliche Umweltanforderung. Daß z. B. viele Singvögel aus dem Brutpflegeverhalten einen Schnabelflirt als Werbezeremonie entwickelten, ist eine interessante Parallele zur Schnauzenzärtlichkeit vieler Säuger, die ebenfalls aus dem Brutpflegeverhalten stammt. Da Vögel und Säuger jedoch das Brutpflegeverhalten unabhängig voneinander entwickelten, liegt ein genetischer Zusammenhang nicht vor[6]. Dennoch sind solche Prinzipähnlichkeiten aufschlußreich, da sie zeigen, daß bestimmte Aufgaben immer wieder in ähnlicher Weise gelöst werden.

Die Forschung nach den biologischen Wurzeln kulturellen Verhaltens ist eben erst in Angriff genommen worden. Da wir um unser stammesgeschichtliches Gewordensein wissen, ist es vernünftig, die Frage nach möglichen stammesgeschichtlichen Determinanten zu stellen. Mit der biologischen Erforschung menschlicher Riten eröffnet sich ein reizvolles weites Arbeitsfeld, das interdisziplinäre Zusammenarbeit fördern wird.

[6] Verwandt im Sinne von homolog dürfte dagegen der vom Brutpflegefüttern abgeleitete Kuß bei Schimpanse und Mensch sein.

IV. Buch: Das stammesgeschichtliche Erbe im Kultischen am Beispiel der Wächterfiguren und Amulette

Im Verkehr mit Geistern und Göttern verhält sich der Mensch, als unterhielte er sich mit seinesgleichen. Will er sie besänftigen, dann opfert er ihnen Speisen, Wohlgerüche und schöne Dinge. Will er sich vor bösen Geistern schützen, dann droht er ihnen. Unter anderem werden dazu Wächterfiguren auf dem Felde und im Hause aufgestellt. Zum persönlichen Schutz trägt man ferner oft kleine Figürchen als Amulette.

Vergleicht man die Figuren, dann stellt man über die Kulturen hinweg einige überraschende Gemeinsamkeiten fest. Sie zeigen unter anderem oft Drohmiene, abweisende Handgebärden und phallisches Präsentieren. Die dem Altertumskundler und Ethnologen schon seit langem bekannte Sitte, phallische Wächterfiguren aufzustellen, wurde von WICKLER erstmals zum Wachesitzen der Affen in Beziehung gesetzt, ein Verhalten, das der Reviermarkierung dient und bei dem die Zurschaustellung der oft auffällig gefärbten männlichen Geschlechtsorgane eine wichtige Rolle spielt. Weitere Untersuchungen haben die Deutung erhärtet, daß es sich hier um ein stammesgeschichtlich sehr altes Erbe handelt, das beim Menschen die Gestaltung der Kultgegenstände mitbestimmt (FEHLING 1972). Bemerkenswert ist, daß diese Erkenntnis den Tiervergleich voraussetzte, da beim Menschen das phallische Präsentierverhalten einer Rudimentation unterliegt und daher im aktuellen Verhaltensvollzug nur selten zu beobachten ist.

Kapitel 1: Die ethologische Deutung einiger Wächterfiguren auf Bali

(Als Mitarbeiter dieses Beitrages zeichnet W. WICKLER)

Die Männchen verschiedener Alt- und Neuweltaffen stellen beim Imponieren in auffälliger Weise Penis und Skrotum zur Schau. Männliche Totenkopfäffchen präsentieren ihre Genitalien in einer Art Rangdemonstration (PLOOG und Mitarbeiter 1963). Innerhalb der Gruppe imponieren ranghohe Männchen gegen rangniedere, indem sie in auffälliger Weise ein Bein abspreizen und den leicht aufgerichteten Penis zeigen. Es handelt sich um eine aggressiv motivierte Rangdemonstration, die sich offenbar durch Ritualisierung vom geschlechtlichen Verhalten emanzipierte. Phallisches Imponieren wurde mittlerweile als Drohgebärde vieler Neu- und Altweltaffen beschrieben. Bei Pavianen und Meerkatzen übernehmen einige Männchen die Rolle des Wächters: Während ihre Gruppengefährten fressen, sitzen sie mit dem Rücken zur Gruppe als lebende Grenzpfähle und stellen mit leicht gespreizten Beinen ihre Geschlechtsorgane zur Schau (Abb. 105). Diese sind oft sehr bunt gefärbt, ganz offensichtlich im Dienste der Signalgebung. Das Wachesitzen ist schon seit längerem bekannt, doch wurde es im allgemeinen als gegen Freßfeinde gemünzt interpretiert. WICKLER (1966) hat darauf hingewiesen, daß es sich hier um ein an Artgenossen gerichtetes Verhalten handelt. Die Wachesitzenden weisen Mitglieder fremder Gruppen ab. Nähern sich solche, dann wird das Präsentieren der Wachesitzenden durch Erektion und Penisbewegungen auffälliger.

Das Verhalten läßt sich als ritualisierte Aufreitdrohung deuten. Bei sehr vielen Säugern ist Aufreiten Rangdemonstration, und sie hat sich bei einer Reihe von Arten in dieser neuen Funktion auch von der ursprünglichen sexuellen Motivation weitgehend abgelöst. So gehört z. B. beim Mantelpavian das Aufreiten zum Grußritual innerhalb der Gruppe. Männchen, die sich einem Ranghöheren nähern, präsentieren nach Art der Weibchen, indem sie ihm die Kehrseite zudrehen. Der so Begrüßte reitet dann oft kurz auf seinen Artgenossen auf (WICKLER 1967a).

Ausgangspunkt für diese Ritualisierung war wohl eine aggressive Motivationswurzel des Aufreitverhaltens. Bei verschiedenen Affen, die Wuterektion und Wutkopulation zeigen, ist diese noch durchaus nachweisbar. Sie ist ferner auch beim Menschen ausgeprägt, wie unter anderem die Vergewaltigungsorgien in Kriegszeiten zeigen.

Diese Motivationswurzel war wohl als »Präadaption« Ausgangspunkt für die Ritualisierung des Aufreitverhaltens zu phallischen Droh- und Imponiergesten.

WICKLER wies nun darauf hin, daß phallisches Imponieren auch beim Menschen nachweisbar ist: vielleicht in den sehr auffälligen Penisstulpen, der männlichen Genitalbekleidung einiger Naturvölker; mit Sicherheit an phallischen Figuren wie den Hermen des alten Griechenland oder den ganz gleichartigen hölzernen Figuren aus Timor, Celebes, Borneo, Nias und den Nikobaren, die dort noch heute als Hauswächter gegen Dämonen und andere Geister dienen. Sie und vor allem die Hermen wurden häufig als Fruchtbarkeitssymbole gedeutet; die ihnen von den betreffenden Völkern zugedachten Aufgaben zeigen aber, daß es sich um soziale Drohsymbole handelt (WICKLER 1966, 1967b). Oft sind die Genitalien dieser Figuren ursprünglich ähnlich bunt wie die Genitalien mancher Altweltaffen. Phallische Figuren sehr ähnlicher Ausführung sind von vielen anderen Kulturen bekannt, doch weiß man zuwenig über ihre Funktion, da meist nur der Fundort, nicht aber die näheren Umstände der Aufstellung bekannt sind. Bei einem Besuch der Insel Bali konnte der Erstautor verschiedene phallische Figuren sammeln, die in Gärten und in Häusern aufgestellt waren und dort als Wächter dienten. Sie tragen ferner als »gefrorenen Ausdruck« eine bemerkenswerte Mimik und Gestik zur Schau.

1. Wächterfiguren auf Bali

Süd-Bali stand nur kurze Zeit unter europäischer Herrschaft (1906–1942) und hat daher im wesentlichen seinen balinesischen Charakter bewahrt. Der Hinduismus prägt das Alltagsleben. Zahlreiche Tempel zeugen ebenso von einem regen religiösen Leben wie die zur Tagesordnung gehörenden Opferriten und Tempelfeste, die wohl keinem Reisenden entgehen. Die balinesische Steinmetz- und Schnitzkunst ist gut bekannt, soweit sie sich mit der hinduistischen Symbolik befaßt. Die gutgeschnitzten und bemalten Holzfiguren sind in jedem größeren Museum zu finden, und verschiedene kunstwissenschaftliche Sammelwerke enthalten Abbildungen davon. Weniger bekannt sind dagegen Schnitzereien und Steinfiguren, die einer älteren Kulturschicht anzugehören scheinen und keinen Hindu-Einfluß erkennen lassen. Sie erinnern vielmehr in vielen Zügen an die Kunst der Dajaks, Bataker und Polynesier. Das gilt vor allem für die Gesichter, die auf den Alarmtrommeln eingeschnitzt sind, und für verschiedene holzgeschnitzte Wächterstatuen. COVARUBIAS (1965) verweist auf sie, ohne sie weiter zu beschreiben. Eine monographische Bearbeitung steht unseres Wissens aus.

Die archaischen Figuren wurden vor allem im Landinnern (Batur, Sebatu, Pudjung, Tegalalang und Taro) geschnitzt und verbreiteten sich von dort über den Südteil der Insel. In Sebatu, Pudjung, Tegalalang und Taro sind noch heute Schnitzer tätig, die Holzfiguren archaischen Typs herstellen. Sie werden seit dem Wiedererblühen des Tourismus nach dem Zweiten Weltkrieg in großer Zahl in den Andenkenläden zum Verkauf angeboten und nur noch gelegentlich als Wächter (s. u.) verwendet, zeigen jedoch immer noch den altertümlichen Typ und sind daher nicht uninteressant. Im allgemeinen sind die Figuren künstlerisch wenig wertvoll, doch gibt es durchaus originelle Schnitzer alter Schule. Am bekanntesten ist der heute über 60 Jahre alte TJOKOT, der aus Batur stammt und jetzt in der Nähe von Sebatu wirkt (Abb. 106).

Der Erstautor bekam 1965 zum ersten Mal phallische Statuetten zu Gesicht, achtete aber zunächst nicht weiter darauf. Erst WICKLERS Arbeit machte ihn auf die interessante Problematik aufmerksam, und er nützte seinen zweiten Aufenthalt 1967[1] dazu, solche Figuren zu sammeln und ihrem ursprünglichen Zweck nachzuforschen. Er lebte in Sanur in der Familie des Dorfpriesters, dessen Sohn Ida Bagus Garia ihm als Dolmetscher half.

Von ihm erfuhr er zunächst, daß die phallischen Figuren als Mömmedi (Memmédi) bezeichnet werden. Sie haben böse Geister abzuwehren und schwarze Magie zu bekämpfen. Sie werden vor allem in den Feldern aufgestellt; im Hause aufgestellte bezeichnet man als Wächter oder Tumbal. (Tumbal heißen auch Figuren, die nicht dem archaischen Typus angehören, ferner auch Darstellungen auf Fähnchen, die man über den Eingang hängt.) Das Wort bedeutet Hauswächter. Handelt es sich um eine Fìgur, wird sie auch als Togog bezeichnet.

Die Figuren erhalten ihre magische Kraft durch eine besondere Zeremonie, die ein Priester vornimmt. Die phallischen Figuren kommen allerdings mehr und mehr aus dem Gebrauch.

[1] Der A.-v.-GWINNER-Stiftung danke ich für die Gewährung eines Reisestipendiums, der Österreichischen und der Deutschen Botschaft in Djakarta für freundliche Hilfe im Lande.

a

b

Abb. 105 (a-b). Bei Sanur gefundene Wächterfiguren; (a) Höhe 46 cm, (b) Höhe 42 cm.

Die in Sanur in einem Garten gefundenen Wächterfiguren (Abb. 105 a, b) sind sehr sorgfältig gearbeitet. Die erste Figur zeigt einen stehenden Mann mit erigiertem Phallus und an die Seiten gepreßten Händen. Das Gesicht zeigt eine Drohmiene; doch handelt es sich nicht um das aggressive Drohen, bei dem die Mundwinkel geöffnet und leicht herabgezogen werden, sondern um ein Zeigen der oberen Schneidezähne, was auf den Beschauer eher defensiv-beißbereit als aggressiv wirkt. Die kugelig herausgearbeiteten Augen wirken starr, und die Stirn ist über der Nasenwurzel vorgewölbt, wie bei einem, der drohend die Stirne runzelt, doch ohne Vertikalfalten. Zwischen den Beinen des Stehenden ruht ein weiteres Gesicht mit besonders gut gelungenem drohenden Ausdruck von Stirn und Augenpartie. Der dazugehörende kleinere Körper zeigt seine erhobene Analregion auf der Rückseite der Statue.

Die zweite Statue zeigt zwei vollständige, übereinander hockende Gestalten, beide mit Drohgesicht und erigiertem Phallus. Die Gesichtszüge gleichen im Prinzip jenen der ersten Statue. Die Statue ist zuoberst flach abgeschlossen, so daß man Blumenopfer auf ihr darbieten kann. Sie verbindet damit eine drohende und eine beschwichtigende Funktion.

Die dritte Statue der Sammlung (Abb. 106) ist neu und stammt vom bereits erwähnten Künstler Tjokot. Sie stellt einen Sitzenden mit erigiertem Phallus dar. Die Drohmimik folgt im Prinzip dem bereits beschriebenen Muster.

Bemerkenswert ist eine vierte Statue (Abb. 107) aus Pudjung. Die kleine Figur aus einem Winkel eines Hauses ist von einem hohen, hutartigen Gebilde gekrönt. In diesem Falle scheint der Phallus als menschliche Figur gestaltet, wobei der hohe Hut die *Glans penis* darstellen dürfte.

Derartige Ritualisierungen sind uns auch von anderen Kulturen bekannt. Hutkrempen sonst nackter Gestalten, ein Ringwulst oder eine Kerbe unterhalb der abgerundeten Spitze werden allgemein als stilisierte *Corona glandis* aufgefaßt. Das Gesicht dieser Figur (Abb. 107) zeigt wiederum nur die oberen Schneidezähne.

Eine weitere sehr interessante, etwa 20 cm hohe Figur aus dem gleichen Gebiet ging leider beim Transport verloren. Sie kombinierte ein nach vorn gerichtetes Drohgesicht des schon erwähnten Typus mit phallischem und analem Imponieren: Der erigierte Penis erreichte die halbe Höhe der Figur; er war rot bemalt, das Skrotum grün. Schließlich wies auch die Analregion nach vorne, was durch eine sehr merkwürdige Haltung der Figur erzielt wurde: Sie stand nämlich auf den Händen, aber nicht kopfabwärts, und die Beine waren so weit vor- und hochgeklappt, daß die Fersen wieder auf den Schultern ruhten (Abb. 111b).

Von Tjokot besitzt der Erstautor überdies eine Wächterfigur mit einem sehr ausdrucksvollen Drohgesicht, das eine mächtige Nase ziert – möglicherweise auch ein Phallus-Symbol. Diese Statue zeigt ferner zwei erhobene, mit den Innenflächen nach vorne gekehrte Hände (Abb. 108). Diese Geste des »Halt« ist abwehrend, vielleicht aber auch beschwichtigend zugleich, denn sie ist formal gewissen Grußgebärden ähnlich. Wir finden dieses Element auch auf anderen, kleinen Figuren unbekannter Bedeutung, die heute in Sebatu für Touristen hergestellt werden (Abb. 109). Dieselbe Handhal-

Abb. 106, links. Von Tjokot geschnitzter Wächter. Höhe 44 cm. (Foto: Verfasser.)

Abb. 107, rechts. Wächter aus Pudjung. Höhe 28,3 cm. (Foto: Verfasser.)

Abb. 108, links. Von Tjokot geschnitzter Wächter. Höhe 33,7 cm. (Foto: Verfasser.)

Abb. 109, rechts. Für den Handel mit Touristen geschnitzte Figur archaischen Typs. Höhe 25,7 cm. (Foto: Verfasser.)

tung zeigt auch eine weibliche Wächterfigur (Abb. 110), die der Erstautor auf Kondul (Nikobaren) sammelte. Sie weist überdies mit dem vorgestreckten Daumen einer Hand nach vorne, eine ebenfalls verbreitete phallische Gebärde. Diese Figur diente dazu, die Geister der Verstorbenen aus den Hütten zu weisen.

3. Deutung der Ausdruckselemente

Immer wiederkehrende Ausdruckselemente der Wächterfiguren sind: ein Drohgesicht, phallisches Imponieren, anales Drohen und eine offene, hochgehaltene Hand.

1. Funktion und Ursprung phallischen Drohens diskutierten wir einleitend. Die abweisende Wirkung dürfte durch die Tatsache erwiesen sein, daß die phallischen Figuren auf Bali als Wächter dienen. In diesen Zusammenhang gehört, daß auf den Reisfeldern in der Umgebung Sanurs mannshohe Vogelscheuchen aus Stroh standen, die horizontal vorragende erigierte Phalli zeigten (Abb. 113). Es ist klar, daß die Phalli die Vögel nicht schrecken, sondern ihnen eher als Landeplatz dienen können. Dieses Signal ist also sicher nicht an die Vögel gerichtet, sondern an diejenigen Dämonen oder Geister, die man für die Vogelplage verantwortlich macht und die man regelmäßig – auch wenn es nicht die Geister Verstorbener sind – wie Artgenossen behandelt (WICKLER 1966). Daher können solche Figuren zwar indirekt der Fruchtbarkeit des Feldes (entsprechend auch des Hauses) dienen, indem sie sich drohend gegen die Gefahren für die Fruchtbarkeit wenden; Symbole der Fruchtbarkeit aber sind sie nicht.

2. Die erhobene offene Hand wird als Halt-Zeichen auch in unserer Kultur oft verwendet. In Südtirol werden die Zugänge zu den Weinbergen zur Zeit der Traubenreife durch eine aufgesteckte rote Hand gesichert, die sogenannte »Saltner-Pratzn« (v. HÖRMANN 1905). Geisterabweisende Hände findet man als »Hexenhände« auf Marterln an Kreuzwegen. Eine solche aus Eisen geschmiedete Hand

Abb. 110. Weibliche Wächterfigur von Kondul (Nikobaren). Höhe 47 cm. (Foto: Verfasser.)

Abb. 111. (a) Anal-Genitalpräsentieren des *Hapale-jacchus*-Männchens. (b) Wächterfigur aus Pudjung nach einer Skizze. (c) Kalendervignette, 16. Jahrhundert. (d) Romanisches »Lecksfüdle« am Ostgiebel des Langhauses der Pfarrkirche zur Faurndau, Kr. Göppingen (um 1250). ((c) und (d) nach SCHRAMM; Zeichnungen H. KACHER, aus EIBL-EIBESFELDT 1972 a).

findet sich z. B. an einem Marterl in der Ziegelofengasse in Klosterneuburg bei Wien. ANDREE (1878) erwähnt, daß die zur Hochzeit geschmückte Tripolitanerin, um sich vor dem bösen Blick zu schützen, das Chamza macht, welches darin besteht, die Hände mit der nach außen gekehrten Handfläche vor sich zu halten; deshalb trägt sie auch an Zierat eine Menge goldener Chamzas. Viele ähnliche Beispiele belegen klar die abwehrende Funktion dieser Geste.

3. Den Ursprung der analen Drohung kennen wir nicht. Wir wissen nur, daß die Gebärde weit verbreitet ist. Im mittelalterlichen Europa wies man in verächtlicher Drohung dem Gegner sein entblößtes Hinterteil; man tut es heute noch in Neu-Guinea. Beispiele für die Darstellung des Analdrohens zur Abwehr von Geistern oder Unheil (Abb. 111c, d) bringt SCHRAMM (1967). Formal ähnliche Bewegungen und Stellungen finden wir bei verschiedenen Primaten als Präsentieren. Es ist meist eine Gebärde der Unterwerfung; das Weißbüscheläffchen *(Hapale jacchus)* allerdings richtet Anal- und Genitalpräsentieren verbunden nach hinten als Demonstration der Ranghöhe (Abb. 111a). Solange die Verbindung zwischen diesen Formen des Präsentierens mit verschiedener Bedeutung bei Affen nicht geklärt ist, wird offenbleiben, auf welche dieser beiden möglichen Wurzeln das anale Drohen des Menschen zurückgeht. Vielleicht findet sich bei ihm sogar beides nebeneinander, die mehr aggressive Form (ins Sprachliche ritualisiert im Götz-Zitat) und die zur Unterwerfung dienende, die auch von Ranghöheren erzwungen werden kann (WICKLER 1967a, b). Drastische Beispiele dafür, daß selbst hochgestellte Persönlichkeiten noch im 18. Jahrhundert in ohnmächtigem Zorn dem Gegenstand ihres Zorns die blanken Hinterbacken wiesen, findet man bei KLEINPAUL (1888).

Es gibt noch eine andere Möglichkeit der Deutung, die allerdings erst durch weitere Beobachtungen untermauert werden müßte. Viele Säuger markieren mit Kot. Diese Duftmarken verkünden einen Revieranspruch, warnen und lösen, wie verschiedene Untersuchungen zeigen, unter Umständen Aggressionen aus (MYKYTOWICZ 1966, EIBL-EIBESFELDT 1972a). Wieweit beim Menschen ein solches Verhalten nachweisbar ist, wäre noch zu prüfen. Hinweise darauf gibt es. Einbrecher defäkieren oft in den von ihnen heimgesuchten Wohnungen; das Absetzen eines solchen »Wächters« soll Glück bringen. Besatzungstruppen zeigten 1945 ein ähnliches Verhaltensmuster. Auf Samoa erzählte Derek FREEMAN dem Erstautor, er hätte erlebt, daß man einem Manne, der sich etwas zuschulden kommen ließ, den Aufenthalt im Dorfe dadurch zu »vergrausen« versuchte, daß man ihm nachts auf die Schwelle seiner Hütte defäkierte. Es wäre also auch möglich, daß die anale Drohung auf eine Defäkierdrohung zurückgeht. Neuere Beobachtungen an Buschleuten (S. 142ff.) belegen, daß das spöttische Gesäßweisen aus zwei Wurzeln herzuleiten ist.

Kapitel 2: Männliche und weibliche Schutzamulette im modernen Japan

In den verschiedensten Kulturen der Alten und Neuen Welt findet man phallische Figuren, die der Abwehr böser Geister und der Markierung von Gebietsgrenzen dienen. Sie können in Hauseingängen, Fensternischen, auf Feldern oder an Wegkreuzungen stehen. Aus unserem Kulturbereich sind vor allem die Hermen des alten Griechenland bekannt, weniger dagegen die Tatsache, daß wir solche phallische Figuren auch in alten Kirchen und Kreuzgängen finden können (St. Remy, Frankreich; Lorch, Deutschland; San Pietro in Groppina; Arezzo, Italien, Abb. 112). Vergleichbare Figuren kennt man aus Indonesien (Bali), Neu-Guinea, Polynesien, Melanesien, Afrika und Südamerika.

Die Gebilde wurden ursprünglich oft als Fruchtbarkeitsdämonen gedeutet. Erst die Primatenforschung wies auf neue Wege der Deutung hin. PLOOG und Mitarbeiter (1963) beobachteten am Totenkopfäffchen *(Saimiri)* phallisches Imponieren. Bei Meerkatzen und anderen Altweltaffen sitzen einige Männchen mit dem Rücken zu ihrer Gruppe Wache gegen gruppenfremde Artgenossen. Auch sie zeigen dabei ihre oft auffällig gefärbten Geschlechtsorgane (WICKLER 1966, 1967a). Das Verhalten ist nicht (zumindest nicht vorwiegend) sexuell motiviert, hat aber wohl stammesgeschichtlich eine seiner Wurzeln im männlichen Sexualverhalten. Bei vielen Säugern besteht die Rangdemonstration in einem kurzen Aufreiten eines Ranghohen auf einen Rangniederen. Das männliche Genitalpräsentieren könnte man als zur Geste ritualisierte Aufreitdrohung auffassen (EIBL-EIBESFELDT 1972a).

Im Verhalten des Menschen ist phallisches Imponieren in der Tracht von Naturvölkern und Kulturvölkern nachweisbar. Direktes Aufreiten als aggressive Demonstration ist verschiedentlich beschrieben worden. Im Juli 1962 wurde der französische Konsul in Algier von den siegreichen Algeriern öffentlich durch eine Vergewaltigung geschmäht. Das Oppositionsblatt »Minute« nahm in der Nummer 385 (28. 8. 1969, S. 4) auf diesen damals mehrere Jahre zurückliegenden Vorfall Bezug, der 1962 in verschiedenen Oppositionsblättern erwähnt wurde. Dringt ein ungarischer Hirtenjunge in das Revier einer anderen Gruppe ein, dann wird er von den dort Heimischen vergewaltigt (A. FESTETICZ, mündlich). KOSINSKI erwähnt in einem Roman ähnliches von polnischen Hirtenjungen. Die

Aggressivität des Phallischen äußert sich heute noch in gewissen Verwünschungen. So sagen die Araber: »Den Phallus in dein Auge« – wobei Auge als Synonym für Anus oder Vulva aufzufassen ist (HANSMANN und KRISS-RETTENBECK 1966).

Aggressives Aufreiten, Umklammern von hinten und aus der Hüfte geführte Stöße beobachtet man sehr oft bei Jungen, die sich spielerisch balgen. Ein dreizehnjähriger, seit dem ersten Lebensjahr taubblinder Junge umarmte einen Mann, den wir ihm vorstellten, und bedachte ihn mit einem kräftigen Stoß aus der Hüfte.

Von diesem offenbar recht alten Dominanzverhalten leitet sich eine Reihe von Bräuchen ab. Zunächst einmal dienten phallische Darstellungen im alten Griechenland und Rom zum Schutz gegen dämonische Mächte. Auf einem Mosaikboden in Pompeji findet sich neben phallischen Symbolen die Verwünschung »Geh zum Henker« (HANSMANN und KRISS-RETTENBECK 1966). Die Genannten zitieren auch eine Beobachtung von WAGNER, der erlebte, wie eines Nachts in Cagliari (Sardinien) alle freistehenden Mauerflächen von irgend jemanden mit meterlangen Phalli bemalt wurden. Als er seinen Hausherrn darauf aufmerksam machte und meinte, dies wäre

Abb. 112. Rechts: Herme aus dem griechischen Altertum (aus WICKLER 1966); Mitte: Gähnteufel unter der Kanzel der romanischen Kirche in Lorch (Deutschland); links: phallische Figur am Kapitell einer Säule im Kreuzgang des Klosters von St. Remy (Frankreich). (Zeichnungen: H. KACHER, aus EIBL-EIBESFELDT 1972a).

doch recht unpassend, bemerkte jener, daß dies doch nichts schaden könnte, da ja dadurch die bösen Blicke abgelenkt würden.

Nach ROUMAJON (zit. nach WICKLER 1969) gehört es zu den Aufnahmeriten gewisser Pariser Jugendbanden, daß der Neuling vom Anführer der Gruppe anal koitiert wird. Ähnliches klingt in den Aufnahmeriten einer Burschenschaft der Cornell-Universität (USA) an. Die Applikanden bilden einen Kreis mit dem Gesicht nach innen. Hinter jedem von ihnen steht ein Senior. Die nackten Applikanden müssen sich nun im nunmehr verdunkelten Raum tief vor den Senioren verbeugen, wobei sie jenen die Kehrseite präsentieren. Sie strecken ihre linke Hand nach hinten aus, um einen Nagel zurückzubekommen, den sie zuvor mit Vaseline eingefettet und den Senioren überreicht hatten. Sie bekommen aber statt dessen eine Bierdose, das Licht geht an und ein Gelage beginnt (TIGER 1969).

Die Beobachtungen zeigen, daß in verschiedenen menschlichen Riten primatenhafte Züge des Dominanzverhaltens (Aufreiten, phallisches Drohen) und des Unterwerfungsverhaltens (Präsentieren der Kehrseite) nachweisbar sind, besonders deutlich auch in den oben erwähnten Wächterfiguren. Da man allerdings erst seit kurzem auf diese Zusammenhänge aufmerksam wurde, ist unser Wissen um die phallischen Figuren recht lückenhaft. Wir kennen meist nur die Figuren, seltener den Standort oder die nachweisliche Funktion.

Auf einer neuerlichen Reise nach Japan konnte ich eine Reihe von Amuletten sammeln, die als Schutzamulette und Glücksbringer deklariert und heute noch verkauft werden, z. B. als Anhänger für Autoschlüssel. Man kann sie an bestimmten Tempeln und manche auch in Läden kaufen. Sie zeigen offen oder in Schreinchen verborgen Darstellungen der männlichen Geschlechtsorgane. Daneben gibt es auch Amulette mit Abbildungen der weiblichen Scham. Beide Typen wollen wir im folgenden beschreiben und interpretieren.

1. Die phallischen Amulette

Viele der phallischen Kulte Japans sind als Fruchtbarkeitszeremonien zu deuten. Dies gilt insbesondere für das alljährliche Frühlingsfest am Tagata-Shinto-Schrein (Aichi). Der wesentliche Teil der Zeremonie besteht darin, daß man einen großen hölzernen Phallus und andere kleinere Phallusfiguren zu einem weiblichen Heiligtum im Tagata-Schrein trägt. Wenn die Prozession im Heiligtum ankommt, beten Volk und Priester um eine gute Ernte und opfern (NUMAZAWA 1959).

Abb. 113. Oben: Dämonenabweisende Figur von Bali, von vorne und von der Seite gesehen. Die Figur dient zugleich als Tischchen für Opfergaben (nach einem auf Bali gesammelten Exemplar des Verfassers); rechts innen: Vogelscheuche auf einem Reisfeld von Bali (nach einer Aufnahme des Verfassers); rechts außen: Wächterfigur von Borneo (aus W. WICKLER 1966).

Neben solchen offensichtlichen Fruchtbarkeitsriten gibt es jedoch phallische Zauberpraktiken, die zum Schutz vor Unglück ausgeübt werden. Man stellt in Japan Phalli am Wassereingang der Reisfelder auf, in der Meinung, damit schädliche Insekten von den Feldern fernzuhalten (NUMAZAWA 1959), ein Brauch, der sehr an die phallischen »Vogelscheuchen« auf den Reisfeldern Balis erinnert (EIBL-EIBESFELDT und WICKLER 1968) (siehe auch Abb. 113). In Izumo und an einigen anderen Orten werden bei Fruchtbarkeitsfesten Pfeile in die Felder gesteckt, die nach CASAL (1963) »zweifellos« ein Substitut für eine Penisfigur sind.

Die Schutzfunktion des Phallischen bei den Japanern geht auch aus einer Reihe von anderen Bräuchen hervor. So mußten sich bei gefährlichen Sturmfluten und Überschwemmungen die Bewohner in abwehrender Reihe aufstellen und den Kimono auseinanderziehen, um die Geschlechtsorgane zu zeigen. Daran beteiligten sich

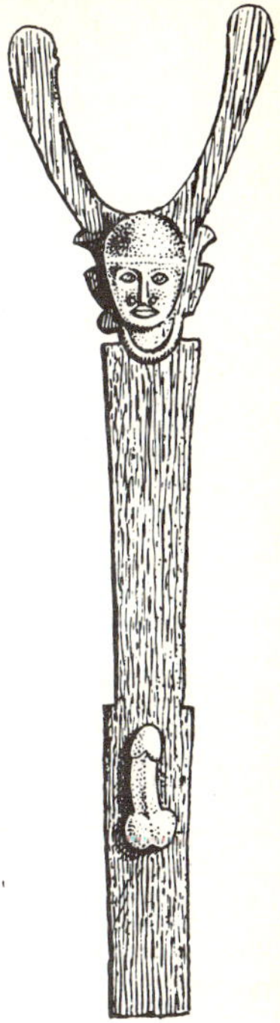

aber auch Frauen (s. u.). Bei Krankheit eines Kindes pflegte man im Kinderzimmer die Unterhosen (Momohiki) des Vaters aufzuhängen, die von der Emanation der Geschlechtsteile durchdrungen sind, um die bösen Geister zu verscheuchen, »denn böse Geister fürchten den männlichen Dolch, den Penis« (CASAL 1963, S. 76).

Am Tagata-Schrein kann man männliche und weibliche Amulette kaufen, die ausdrücklich als Schutzamulette deklariert werden. Sie schützen vor Krankheiten, Armut, Unfällen, Mißernten und bringen generell Glück. Auf den Pappdöschen, in denen diese Objekte angeboten werden, steht außer dem Namen des Schreins auf japanisch – »Good luck charm against evil, foremost strange festival and harvest festival 15th March annually«[1].

[1] Herrn K. IZAWA und Herrn H. MORSBACH danke ich herzlich für die Übersetzung der Texte und Hilfe bei der Sammlung der Amulette.

Abb. 114. Präsentierendes Totenkopfäffchen und Wache sitzender Mantelpavian. (Nach D. PLOOG und Mitarb. 1963 und W. WICKLER 1966).

Die 2 bis 3 cm hohen Amulette sind meist aus Holz geschnitzt, einige auch aus Kunststoff angefertigt. Sie stellen kleine Tiere, Kästchen, Muscheln, Flaschenkürbisse oder auch geschnitzte Gesichter mit Drohmiene dar. An der Rückseite befindet sich meist ein Schieber. Öffnet man ihn, dann findet man in einem kleinen Schrein einen oft golden bemalten Penis aus Kunststoff oder Holz. Bei den Kunststoffamuletten ist der Penis meist unterseits mit einem Gewinde eingeschraubt (Abb. 115, 116). Das in Abb. 115 dargestellte Amulett wurde ausdrücklich als Schutzamulett gegen Automobilunfälle angeboten. Interessant ist, daß dieses Amulett ein Drohgesicht zeigt. Es vereint also die gleichen Elemente auf kleinstem Raume, die wir bei den dämonenabweisenden Figuren auf Bali beobachten können. Ferner sind die Amulette oft mit eingravierten Kreisen geschmückt, die ihrem Ursprunge nach Drohaugen sein könnten (s. dazu KOENIG 1970). Die Tierfiguren stellen einen kleinen Bären oder Biber dar. Man findet sie auch in den Gärten als Steinfiguren, wohl ebenfalls in der Funktion als Wächter. Die als Flaschenkürbisse geschnitzten Amulette zeigen schon in der äußeren Form das phallische Element; der Flaschenkürbis wird dem Phallus oft gleichgesetzt. Die Muschel ist dagegen das symbolische Substitut für die weibliche Scham. Bemerkenswerterweise gibt es nun Flaschenkürbisamulette, die in

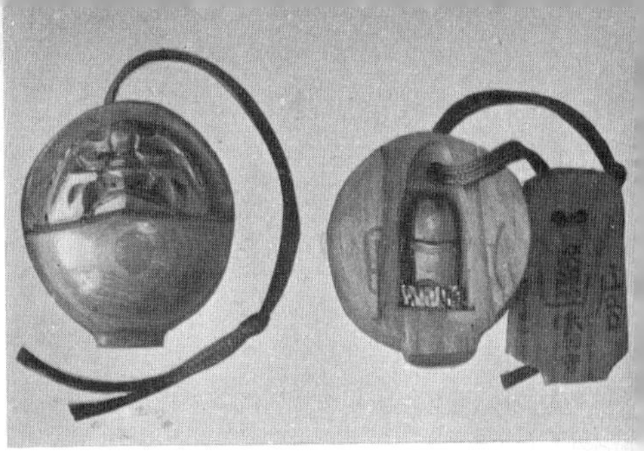

Abb. 115. Japanisches Amulett. Links: Vorderseite mit drohendem Gesicht; rechts: Rückseite mit geöffnetem Schieber, den Schrein mit Phallus zeigend. Höhe der Figur 26 mm. (Foto: Verfasser.)

ihrem Schreinchen eine Vulva verbergen, und muschelförmige Amulette, in denen ein Penis verborgen ist (Abb. 117, 118). In beiden Fällen wird so Männliches und Weibliches kombiniert. Von 19 gesammelten Amuletten zeigten zwei diese Kombination. Eine Deutung wollen wir im folgenden Abschnitt vornehmen.

Als Glücksbringer werden an den Tempeln auch $2^1/_2$ cm lange Bronzephalli verkauft. Man trägt sie im Täschchen oder in der Börse mit sich (Abb. 119). In früheren Zeiten wurden Nachbildungen des männlichen Gliedes (Engis) aus Papier und Ton am Neujahrstag auf den Straßen verkauft. Sie waren meist mit Zuckerwerk gefüllt. Die Verkäufer trugen die Okame-Maske (s. u.). Heute ersetzt man die Engi mehr und mehr durch das Matsutake – den Glückspilz. Der Pilz vertritt mit seiner Ähnlichkeit den Phallus als Symbol (KRAUSS und SATOW 1965). Vergleichbares gibt es in anderen Kulturen. (WICKLER 1969, Abb. 120). Die Abstammung unseres »Glückpilzes« konnte ich bisher nicht klären.

2. *Die weiblichen Amulette*

Während die phallischen Amulette den bösen Geistern drohen und sie somit verscheuchen, wirken die weiblichen Amulette nach dem Prinzip der Beschwichtigung, oft in Kombination mit einer Drohung[2]. So zeigt ein beim Tagata-Schrein erworbenes weibliches Amulett einen holzgeschnitzten drohenden Tierkopf. Öffnet man das Maul, dann kann man am Gaumen die Darstellung einer weibli-

[2] Die Kombination von Beschwichtigen und Drohen finden wir auch auf der dämonenabweisenden Figur von Bali. Die Figur zeigt zwar Drohmiene und phallisches Drohen, ihr oberster Abschluß ist jedoch ein Opfertischchen, auf dem man den Geistern Blumen anbietet.

a

b

Abb. 116. (a) phallisches Bärchen; (b) phallisches Amulett in Gefäßform. In beiden Fällen ist der Phallus einschraubbar im Amulett versenkt. Beide Amulette zeigen Augenflecke als Dekor. Höhe der Figuren: (a) 21 mm, (b) 20 mm. (Foto: Verfasser.)

chen Scham sehen (Abb. 121a, b). Ein in einem Laden in Tokio erworbener Autoschlüsselanhänger zeigt eine Teufelsfratze (europäischer Einfluß?) und auf der Rückseite des Teufelskopfes einen weiblichen Unterkörper in einer Pose, die man als sexuelles Sich-Anbieten deuten darf (Abb. 122a, b). Man beschwichtigt hier, indem man sich den Geistern sexuell darbietet. Bernatzik photographierte eine entsprechende Gebärde bei tanzenden Mädchen der Salomonen (Abb. 123).

Wir erwähnen, daß Japanerinnen bei Unwettern, Überschwemmungen und Sturmfluten ihre Scham ausstellen. Die sogenannte Fica (Faust mit zwischen zweitem und drittem Finger durchgesteckten Daumen) ist ein Symbol für die weibliche Scham und ein auch in Japan üblicher Abwehrzauber.

Als Geste der Unterwerfung und abgeleitet als Grußgebärde kennen wir weibliches Präsentieren von vielen Affen. Auch Männchen drehen dem Ranghohen zur Beschwichtigung die Kehrseite zu, als wären sie Weibchen, und die beschwichtigende Wirkung wird bei

Abb. 117. Amulette in Form von Flaschenkürbissen mit männlichen und weiblichen Darstellungen. Höhe der Figuren 42 mm. (Foto: Verfasser.)

Abb. 118. Amulette in Form von Muscheln mit männlichen und weiblichen Darstellungen. Höhe der Figuren 25 mm. (Foto: Verfasser.)

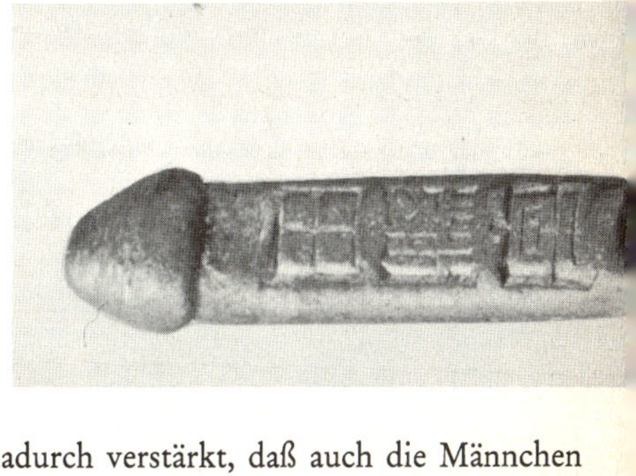

Abb. 119. Glückbringender Bronzephallus für die Geldbörse. Länge 25 mm. (Foto: Verfasser.)

Mantelpavianen noch dadurch verstärkt, daß auch die Männchen rote Gesäßschwellungen aufweisen, offenbar in Nachahmung weiblicher Signale (Wickler 1967). Ob das Weisen der Kehrseite beim Menschen hier eine Wurzel hat, gewissermaßen als ältere Präsentiergebärde noch nachweisbar ist, wäre zu prüfen. Fulbefrauen grüßen, indem sie dem Grußpartner die Kehrseite zuwenden und sich tief

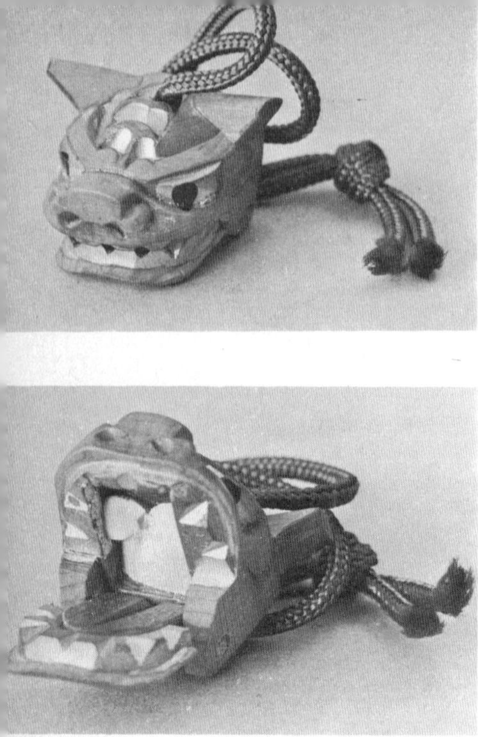

a

b

Abb. 120. Amulett in Gestalt eines Raubtierkopfes. Bei geöffnetem Rachen (b) wird am Gaumen die Darstellung einer weiblichen Scham sichtbar. Länge des Amuletts 22 mm. (Foto: Verfasser.)

Abb. 121. Pilzsteine (aus W. WICKLER 1969).

a

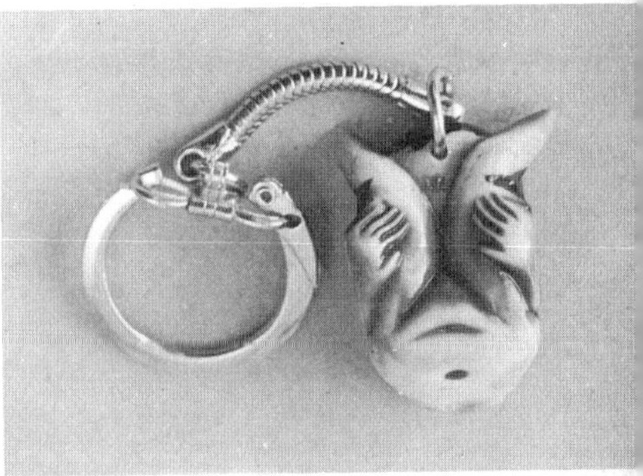

b

Abb. 122. Amulett (Autoschlüsselanhänger), Vorderansicht: Drohende Teufelsfratze. Rückansicht: Präsentierte weibliche Scham. Die Teufelshörner sind zugleich die Beine einer Frau mit auf den Schenkeln ruhenden Händen. Die weisende Handgebärde erinnert an gewisse erotische Tanzstellungen der Südsee (Abb. 123). Höhe des Amuletts 32 mm. (Foto: Verfasser.)

verbeugen (LANG 1926). Im alten Germanien streckten die Frauen bei Unwetter die entblößte Kehrseite zum Tor hinaus, und noch heute kann man an alten Stadt- und Burgtoren entblößte Kehrseiten aus Stein sehen (WICKLER 1969).

Die weiblichen Amulette sind äußerlich oft nach dem Prinzip der phallischen Amulette gestaltet, so z. B. als tierische Figürchen, geschnitzte Gesichter und Muscheln. Öffnet man einen Schieber, dann wird die Scham sichtbar. Ein Amulett zeigt den Sekirei-Dai – den Bachstelzenuntersatz – ein Kissen, das Frauen beim Koitus unter ihre Hinterbacken schieben und das sich auf und ab bewegt, wenn sich die Lage ihres Unterkörpers verändert (Abb. 124). Hier wird den Geistern noch ein Zusatzgerät freundlich angeboten. Sehr verbreitet ist die Okame-Maske. Diese Göttin der Zufriedenheit zeigt ein lächelndes Gesicht mit übermäßig dicken Backen und kleiner Stupsnase (Abb. 125). Nach Ansicht von KRAUSS und SATOW (1965) handelt es sich um die Ansicht der »Hüften« einer Frau von hinten, wobei KRAUSS die Hüften als beschönigenden Ausdruck für »Hintern« verwendet. »Sprachlich schließt sich Okame ungezwungen an Okama an, denn Okama ist gleich Shiri, d. h. Hinterbacken« (KRAUSS l. c. S. 26). Die Okame-Masken werden auch allein als Autoschlüsselanhänger verkauft. Sie sind oft als Glöckchen gestaltet. Auf der Rückseite der Okame-Amulette findet man mitunter ein kreisrundes transparentes Fensterchen, auf das jederseits fünf Striche hinweisen (Abb. 125 b). Man hält sie beim flüchtigen Hinsehen

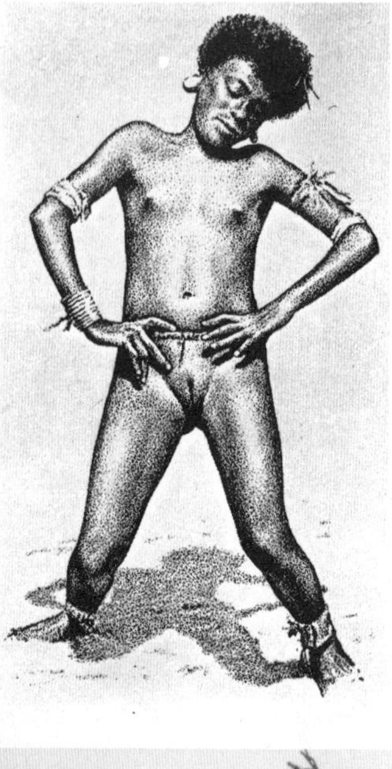

Abb. 123. Tanzendes Mädchen von Owa Raha (Salomonen). (Nach einer Aufnahme von H. BERNATZIK 1944.)

Abb. 124. Amulett mit »Bachstelzenuntersatz« und weiblicher Scham. Länge des Amuletts 30 mm. (Foto: Verfasser.)

a

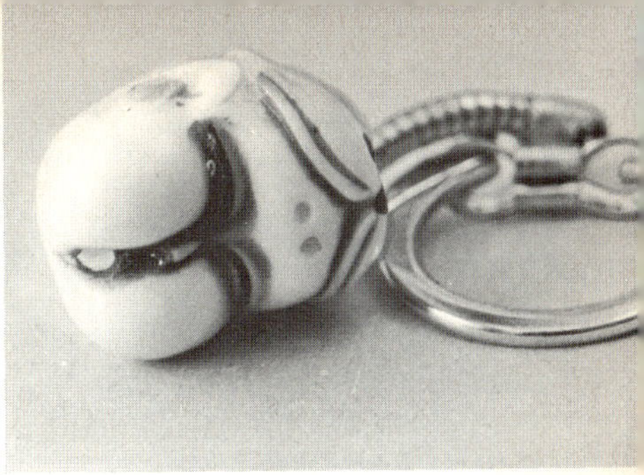

b

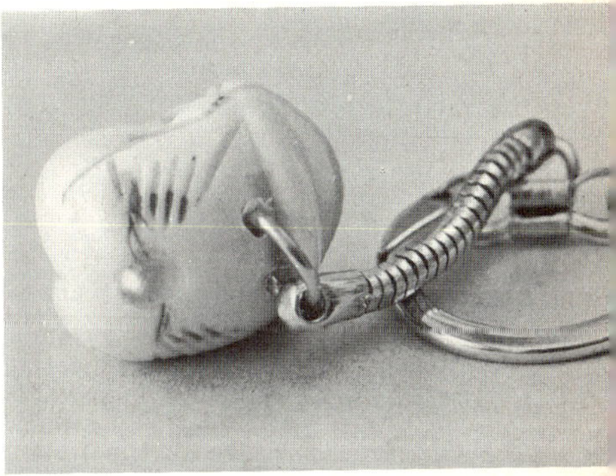

Abb. 125. Autoschlüsselanhänger. Vorderseite: Okame-Maske. Rückseite mit einer Öffnung, auf die stark stilisierte Hände hinweisen. Wahrscheinlich handelt es sich um eine stark stilisierte Weisegebärde, vergleichbar jener auf Abb. 122. Höhe des Amuletts 26 mm. (Foto: Verfasser.)

leicht für Ausläufer einer Haartracht, obgleich keine wirkliche Verbindung zu den Kopfhaaren der Okame zu erkennen ist. Vergleicht man Abb. 125b mit Abb. 122b, dann glaubt man auch in den Strichen auf der Rückseite der Okame-Maske hinweisende, stark stilisierte Finger zu sehen, zumal die »Fingerspitzen« dunkel eingefärbt sind.

Diskussion

Beim Verkehr mit den Geistern zeigt der Mensch sehr oft archaische Verhaltenszüge, die er im Alltag bereits weitgehend abbaute. Das religiöse und magische Leben erweist sich als überaus konservativ, und daher ist das Studium gerade dieser Riten für den biologisch orientierten Verhaltensforscher recht aufschlußreich. Die verblüffenden Ähnlichkeiten etwa der phallischen Figuren in den verschiedenen Kulturen weisen auf gemeinsames stammesgeschichtliches Erbe hin, das wir wahrscheinlich sogar mit einigen anderen Primaten teilen. Ob dieses Erbe als angeborener Auslösemechanismus unsere Wahrnehmung so einfärbt, daß wir überall dazu neigen, für bestimmte Zwecke im Prinzip Gleiches zu gestalten, gilt noch zu klären. Im Motorischen und im Antriebsbereich dürfte das Verhalten einer Rudimentation unterliegen, da es, wie einleitend erwähnt, als direkte Aufreitdrohung nur recht selten vorkommt.

Die kulturenvergleichende Untersuchung religiöser und magischer Bräuche unter den hier skizzierten biologischen Gesichtspunkten ist erst im Anlaufen. Die japanischen Amulette zeigen, in welcher Form sich archaische Verhaltensmuster im modernen Leben erhalten. Da Aberglaube zählebig ist, dürften auch die Autoschlüsselanhänger weiblichen und männlichen Typs noch längere Zeit auf dem Markte bleiben. Auf Bali sah ich noch eine andere Entwicklung angebahnt. Dort kommen die dämonenabweisenden Figuren langsam aus dem Gebrauch. Sie haben jedoch, nunmehr in etwas handlicherem Format, unter den Touristen dankbare Abnehmer gefunden: Sie werden neuerdings für diese geschnitzt, und zwar weiter nach dem alten Muster, nur mit deutlich weniger Sorgfalt. Ob sich eine solche Entwicklung in Japan anbahnt, vermag ich nicht zu sagen.

Die japanischen Amulette haben im europäischen Kulturbereich durchaus ihre Entsprechung. Es gibt phallische Schutzamulette, und auch die schützende Wirkung weiblichen sexuellen Präsentierens findet im europäischen Bereich ihr Gegenstück. Schamweisende Körperhaltungen zeigen sehr viele weibliche Figuren und Amulette der mittelalterlichen Kunst Europas (HANSMANN und KRISS-RETTENBECK 1966). Von der »analen Drohung« müssen diese sexuellen Präsentierhaltungen unterschieden werden.

Schlußwort

Man bezeichnet den Menschen oft als das »Instinktreduktionswesen«. Das stimmt sicher, wenn man damit die Relation des kulturell Tradierten im Verhältnis zum Angeborenen ausdrücken will. Es ist jedoch wahrscheinlich falsch, wenn man dies absolut auffaßt und damit meint, der Mensch bringe im Bereich seines Verhaltens weniger stammesgeschichtliche Anpassungen mit als andere höhere Säuger. Eher sind es deren mehr, man denke etwa an jene stammesgeschichtlichen Anpassungen, die Voraussetzung für unser Sprechenlernen sind. Sicher ist es unwissenschaftlich und leichtfertig, wenn man die Bedeutung des Angeborenen im menschlichen Verhalten als gering abtut, wie das gelegentlich noch manche Forscher tun. In welchem Umfange stammesgeschichtliche Anpassungen menschliches Verhalten vorprogrammieren, weiß kein Mensch. – Die Ideologie des kulturellen Determinismus hat ja bisher gerade die Erforschung der angeborenen Grundlagen menschlichen Verhaltens weitgehend blockiert. – Wir wissen jedoch durch die ethologischen Forschungen der letzten Jahre, daß stammesgeschichtliche Anpassungen vor allem das menschliche Sozialverhalten in entscheidender Weise determinieren (EIBL-EIBESFELDT 1970a, 1972a). In welch differenzierter Weise sie selbst das kulturelle Gestalten des Menschen mitbestimmen, haben wir in den letzten Kapiteln gezeigt. Wollen wir menschliches Verhalten verstehen und danach auch steuern, dann müssen wir die Hauptfragen der Ethologie nach Funktion, auslösenden Reizen, motivierenden Faktoren, Jugendentwicklung und Stammesgeschichte stellen. Gerade der funktionelle und stammesgeschichtliche Aspekt wird aber von den Humanwissenschaften so oft vernachlässigt. Die aus dieser Einseitigkeit erwachsene Ansicht, der Mensch würde nur durch Lernen programmiert, ist falsch, ebenso falsch, als würde einer behaupten, der Mensch sei zur Gänze vorprogrammiert. Einen so extremen Standpunkt hat allerdings kein Biologe je vertreten.

Wir haben auch in dieser Untersuchung wiederholt hervorgehoben, daß der Mensch von Natur ein Kulturwesen ist. Er setzt seine Evolution im kulturellen Bereich fort und ist durch kulturelle Anpassung in der Lage, sich schnell wechselnden Umweltsbedingungen anzupassen. Dazu bringt er aber auch eine Reihe von stammesgeschichtlichen Anpassungen mit, die ihn gewissermaßen zum Kulturwesen vorprogrammieren –, in der Neugier zum Beispiel, einen eigenen Antrieb, der ihn dazu drängt, von sich aus neue Situationen aufzusuchen, um daraus zu lernen. Man nennt ihn deshalb auch mit A. GEHLEN das Neugierwesen (GEHLEN 1969, EIBL-EIBESFELDT 1972a, HASS 1968). Er ist ferner dazu vorprogrammiert, Informationen von Mitmenschen zu übernehmen, wie unter anderem das Anfrageverhalten des Kleinkindes (siehe S. 72) und das Lernen am sozialen Vorbild zeigen.

Zu untersuchen wäre, ob nicht auch die Tugend der Selbstbeherrschung eine angeborene Grundlage hat. Sie ist zweifellos universell, und Kultur beruht auf Selbstbeherrschung. Sie setzt als besondere Fähigkeit voraus, daß der Mensch sein Handeln von seinen Antrieben auch abhängen kann (GEHLEN 1969). Diese Fähigkeit zur Distanzierung, die ein Abwägen erst ermöglicht, ist die eigentliche Wurzel der menschlichen Freiheit. Die ersten Ansätze dazu finden wir im tierischen Spiel (EIBL-EIBESFELDT 1972a). Beim Menschen wächst die Distanzierungsfähigkeit mit der Einsicht in die Gründe seines Handelns. Selbsterkenntnis trägt in diesem Sinne zur Freiheit des Menschen bei. Die Biologie sieht darin ihren entscheidenden Beitrag.

Nachweis der Erstveröffentlichungen

Vorprogrammierung im menschlichen Sozialverhalten
Mitteilungen der Max-Planck-Gesellschaft 1971. 5, 307–338

Stammesgeschichtliche Anpassungen in aggressiven Verhalten des Menschen
Deutsche Vereinigung für gewerblichen Rechtsschutz und Urheberrecht 1973. 75, 223–278

Die Aggression und ihre Sozialisierung bei Jäger- und Sammlervölkern. Erschienen unter dem Titel *»The Myth of the Aggression-free Hunter and Gatherer Society«* in: *Primate Aggression, Territoriality and Xenophobia: A Comparative Approach* von Ralph L. Holloway (Hrsg.) New York (Academic Press)

Zur Ethologie des menschlichen Grußverhaltens: Vergleichende Beobachtungen an Balinesen, Papuas und Samoanern. Z. Tierpsychol., 25, 1968, 727–744

Das Grußverhalten und einige andere Muster freundlicher Kontaktaufnahme der Waika (Yanoáma). Z. Tierpsychol., 29, 1971, 196–213

Das Palmfruchtfest der Waika. Anthropos, 66, 1971, 767–778

Die ethologische Deutung einiger Wächterfiguren auf Bali (zusammen mit W. Wickler). Z. Tierpsychol., 25, 1968, 719–726

Literatur

AMBROSE, J. A. (1960): *The Smiling and Related Responses in Early Human Infancy. An Experimental and Theoretical Study of their Course and Significance. Diss. phil., 2 Bd., Univ. London*

ANDREE, R. (1889): *Ethnographische Parallelen und Vergleiche.* Stuttgart

ANDREW, R. J. (1963): *The Origin and Evolution of the Calls and Facial-Expressions of the Primates.* Behaviour, 20, 1–109

ARDREY, R. (1966): *The Territorial Imperative.* New York (Atheneum), deutsch (1968): *Adam und sein Revier.* Wien (Molden)

BALL, W. und TRONICK, F. (1971): *Infant Responses to Impending Collision: Optical and Real.* Science, Vol. 171, 3973, 818–820

BANDURA, A. und WALTHERS, R. H. (1963): *Social Learning and Personality Development.* New York (Holt, Rinehart and Winston)

BASEDOW, H. (1906): *Anthropological Notes on the Western Coastal Tribes of the Northern Territory of South Australia.* Trans. Roy. Soc. South Australia, 31, 1–62

BENEDICT, R. (1955): *Urformen der Kultur.* Hamburg (Rowohlt)

BERKOWITZ, L. (1962): *Aggression. A Social-Psychological Analysis.* New York/London (McGraw-Hill)

– und CORWIN, R. und HEIRONIMUS, M. (1963): *Film Violence and Subsequent Aggressive Tendencies.* Public Opinion Quarterly, 27, 217–229

BERNATZIK, H. (1944): *Südsee.* Wien[5] (Schroll)

– (1947): *Akha und Meau,* Bd. I. Innsbruck (Wagnersche Univ. Druckerei)

BETTELHEIM, B. (1971): *Kinder der Zukunft.* Wien (Molden)

BIGELOW, R. (1970): *The Dawn Warriors. Man's Evolution Toward Peace.* London (Hutchinson)

– (1971): *Relevance of Ethology to Human Aggressiveness.* Int. Soc. Sci. J., 23, 19–26

BIOCCA, E. (1966): *Viaggi tragli Indi Alto Rio Negro-Alto Orinoco.* 4 Bde., Rom (Consiglio Nazionale delle Ricerche)

– (1969): *Mondo Yanaoma.* Bari (De Donato)

– (1970): *Yanoama: The Narrative of a White Girl Kidnapped by Amazonian Indians.* New York (E. P. Dutton), deutsch (1972): *Yanoama, Ein weißes Mädchen in der Urwaldhölle.* Frankfurt/Main (Ullstein)

BIRDWHISTELL, R. L. (1970): *Kinesics and Context.* Philadelphia (Univ. Pennsylv. Press)

BIRT, Th. (1928): *Das Kulturleben der Griechen und Römer.* Leipzig (Quelle und Meyer)

BISCHOF, N. (1972a): *The Biological Foundations of the Incest Taboo.* Soc. Sci. Inform., 11, 7–36

– (1972b): *Inzuchtbarrieren in Säugetiersozietäten.* Homo, 23, 330–351

BLURTON-JONES, E. (1972): *Ethological Studies of Child Behaviour.* Cambridge (Univ. Press)

BOAS, F. (1895, Neuauflage 1970): *The Social Organization and the Secret Societies of the Kwakiutl Indians.* New York (Johnson's Reprint Corp.)

BOLHÖFER, W. (1912): *Gruß und Abschied in althochdeutscher und mittelhochdeutscher Zeit.* Diss. phil. Univ. Göttingen

BOWER, T. G. (1965): *Stimulus Variables Determining Space Perception in Infants.* Science 149, 88–89

– (1966): *Slant Perception and Shape Constancy in Infants.* Science, 151, 832–834

– (1971): *The Object in the World of the Infant.* Sci. Am., 225 (10). 30–38

BOWLBY, J. (1969): *Attachment and Loss. Vol. I. Attachment.* The Int. Psycho-Analytical Library, 79, London (Hogarth Press)
BROWNLEE, F. (1943): *The Social Organization of the !Kung-Bushmen of the North-Western Kalahari.* Africa, 14, 124–129
BULLOCK, T. H. und HORRIDGE, G. A. (1965): *Structure and Function in the Nervous System of Invertebrates.* Teil I und II. San Francisco (W. H. Freeman)

CALLAN, H. (1970): *Ethology and Society.* Oxford Monographs on Social Anthropology. London (Oxford Univ. Press)
CASAL, U. A. (1963): *Der Phalluskult im alten Japan.* Mitt. Deutsch. Ges. Natur- u. Völkerk. Ostasiens, 44, 72–94
CHAGNON, N. (1968): *Yanomamö, The Fierce People.* New York (Holt, Rinehart and Winston)
COCCO, L. (1972): *Iyëweiteri, Quince años entre los Yanomamos.* Escuela Tecnica Popular Don Bosco Boleita, Caracas
COOK, J. (1784): *A Voyage to the Pacific Ocean (1776–1780).* C. J. KING (ed.) London
COSS, R. G. (1972): *Eye-Like Schemata: Their Effect on Behaviour.* Thesis submitted in Canditature of the Degree of Doctor of Philosophy in Psychology in the University of Reading
COVARUBIAS, M. (1965): *Island of Bali. New York (A. Knopf)*
CULLEN, E. (1960): *Experiments on the Effects of Social Isolation on Reproductive Behaviour in the Three-Spined Stickleback.* Anim. Beh., 8, 235

DARWIN, Ch. (1872): *The Expression of Emotions in Man and Animals.* London (Murray)
DEAG, J. M. und CROOK, J. H. (1971): *Social Behaviour and »Agonistic Buffering« in the Wild Barbary Macaque Macaca sylvana.* Folia primat., 15, 183–200
DENKER, R. (1966): *Aufklärung über Aggression.* Kant, Darwin, Freud, Lorenz. Stuttgart (Kohlhammer)
DeVORE, I. (1965): *Primate Behavior.* New York (Holt, Rinehart u. Winston)
DOLLARD, J., DOOB, L., MILLER, N. und SEARS, R. (1939): *Frustration and Aggression.* New Haven (Yale Univ. Press)
DORNAN, S. S. (1925): *Pygmies and Bushmen of the Kalahari.* London (Seeley, Service & Co.)

EIBL-EIBESFELDT, I. (1955): *Der Kommentkampf der Meerechse (Amblyrhynchus cristatus BELL.) nebst einigen Notizen zur Biologie dieser Art.* Z. Tierpsychol., 12, 49–62. Göttingen (siehe auch wiss. Film Encycl. Cinematogr. E 591. Publ. wiss. Film 1964)
– (1964): *Im Reich der tausend Atolle.* München (Piper)
– (1965): *Nannopterum harrisi (Phalacrocoracidae) – Brutablösung.* Göttingen (Encycl. Cinematogr. E 596. Publ. wiss. Film. 1 A, 303–306)
– (1970 a): *Liebe und Haß. Zur Naturgeschichte elementarer Verhaltensweisen.* München (Piper)
– (1970 b): *Fregata minor (Fregatidae) – Balz.* Göttingen (Encycl. Cinematogr. E 594. Publ. wiss. Film)
– (1971 a): *Eine ethologische Interpretation des Palmfruchtfestes der Waika-Indianer (Yanoama) nebst einigen Bemerkungen über die bindende Funktion von Zwiegesprächen,* Anthropos, 66, (3/4), 767–778
– (1971 b): *Das Humanethologische Filmarchiv der Max-Planck-Gesellschaft.* Homo, 22, 252–256

– (1971 c): *Allgemeine Vorbemerkungen zu den Buschmannfilmen des Humanethologischen Filmarchivs.* Homo, 22, 256–260
– (1971 d): *!Ko-Buschleute (Kalahari) – Schamweisen und Spotten.* Homo, 22, 261–266
– (1971 e): *!Ko-Buschleute (Kalahari) – Aggressives Verhalten von Kindern im vorpubertären Alter, Teil I und II.* Homo, 22, 267–278
– (1972 a): *Grundriß der vergleichenden Verhaltensforschung.* München[3] (Piper)
– (1972 b): *Die !Ko-Buschmanngesellschaft, Gruppenbindung und Aggressionskontrolle.* Monographien zur Humanethologie, Bd. 1. München (Piper)
– (1972 c): *!Ko-Buschleute (Kalahari) – Frauen mit Säuglingen. Liebkosen und Spielen. Teil I und II.* Homo, 23, 285–291
– (1973): *The Expressive Behaviour of the Deaf and Blind Born.* In: M. v. CRANACH und I. VINE (eds.): *Nonverbal Behavior and Expressive Movements.* London (Academic Press)
– (im Druck): *HE 41 !Kung-Buschleute (Kungveld) – Geschwister-Rivalität*
– und H. HASS (1967): *Neue Wege der Humanethologie.* Homo, 18, 13–23
– und W. WICKLER (1968): *Die ethologische Deutung einiger Wächterfiguren auf Bali.* Z. Tierpsychol., 25, 719–726
EKMAN, P. (1971): *Emotions in the Human Face.* New York (Pergamon)
EKMAN, P. und FRIESEN, W. (1971): *Constants across Cultures in the Face and Emotions.* Journal of Personality and Soc. Structure, 17, 124–129
ELEFTHERIOU, B. E. und SCOTT, J. P. (1971): *The Physiology of Aggression and Defeat.* New York (Plenum Press)
ERIKSON, E. H. (1953): *Wachstum und Krisen der gesunden Persönlichkeit.* Stuttgart (Klett)
ESSER, A. H. (1970): *Interactional Hierarchy und Power Structure on a Psychiatric Ward.* In: HUTT, S. J. and HUTT, C. (eds.): *Behavior Studies in Psychiatry.* 25–59. Oxford/New York (Pergamon Press).

FEHLING, D. (1972): *Altertumswissenschaftliche Bemerkungen zu einer ethologischen Entdeckung.* Homo, 23, 281–284
FELIPE, N. J. und SOMMER, R. (1966): *Invasions of Personal Space.* Social Problems, 14, 206–214
FESHBACH, S. (1961): *The Stimulating Versus Cathartic Affects of a Vicarious Aggressive Activity.* J. Abnorm. Soc. Psychol., 63, 381–385
– und SINGER, R. (1971): *Television and Aggression.* San Francisco (Jossey-Bass Publ.)
FREEDMAN, D. G. (1964): *Smiling in Blind Infants and the Issue of Innate vs. Acquired.* J. Child Psychol. Psychiatr., 5, 171–184
– (1965): *Hereditary Control of Early Social Behavior, Determinants of Infant Behavior III.* In: *Determinants of Infant Behavior* (B. M. Foss ed.). London (Methuen)
FREUD, S. (1950): *Gesammelte Werke,* 18 Bde., London (Image Publ. Co.), deutsch (1940–1953): Frankfurt/M. (S. Fischer)

GEHLEN, A. (1940): *Der Mensch, seine Natur und seine Stellung in der Welt.* Berlin
– (1969): *Moral und Hypermoral, eine pluralistische Ethik.* Frankfurt (Athenäum)
GIBBS, F. A. (1951): *Ictal and Non-ictal Psychiatric Disorders in Temporal Lobe Epilepsy.* J. Nerv. Ment. Dis., 113, 522–528

HALL, E. T. (1966): *The Hidden Dimension.* New York (Doubleday)
HAMBURG, D. A. (1971): *Psychobiological Studies of Aggressive Behavior.* Nature, 230, 19–23
HANSMANN, L. und KRISS-RETTENBECK, L. (1966): *Amulett und Talisman.* München (Callwey)

HASS, H. (1968): *Wir Menschen. Das Geheimnis unseres Verhaltens.* Wien (Molden)
HASSENSTEIN, B. (1973): *Verhaltensbiologie des Kindes.* München (Piper)
HEINZ, H.J. (1966): *The Social Organization of the !Ko-Bushmen.* Johannesburg (Univ. of S. Africa)
– (1967): *Conflicts, Tensions and Release of Tensions in a Bushmen Society.* Isma Papers, 23, Inst. for the Study of Man in Africa
– (1972): *Territoriality among the Bushmen in General and the !Ko in Particular.* Anthropos, 67, 405–416
HELMUTH, H. (1967): *Zum Verhalten des Menschen: Die Aggression.* Z. Ethnol., 92, 265–273
HÖRMANN, L.v. (1905): *Der tirolisch-vorarlbergische Weinbau.* Z. Deutsch. u. Österr. Alpenver. XXXVI
HOKANSON, J.E. und SHETLER, S. (1961): *The Effect of Overt Aggression on Physiological Tension Level.* J. Abnorm. Soc. Psychol., 63, 446–448
HOLLITSCHER, W. (1973): *Aggressionstrieb und Krieg.* Symposium des Internationalen Instituts für den Frieden, Wien. Stuttgart (dva)
HOLST, E. v. (1969): *Zur Verhaltensphysiologie bei Tieren und Menschen II.* München (Piper)
– und SAINT PAUL, U.v. (1960): *Vom Wirkungsgefüge der Triebe.* Die Naturwiss., 18, 409–422; jetzt auch in *Zentralnervensystem. Fünf Beiträge zur Verhaltensphysiologie.* München (dtv)
HOOFF, J.A.R.A.M. van (1971): *Aspecten van Het Sociale Gedrag En De Communicatie Bij Homane En Hogere Niet-Humane Primaten* (Aspects of the Social Behaviour and Communication in Human and Higher Non-Human Primates). Rotterdam (Bronder-Offset)
HOWITT, A.W. (1904): *The Native Tribes of Southeast Australia.* London/New York

JOLLY, A. (1972): *The Evolution of Primate Behavior.* New York (Macmillan)
JONES, I.H. (1971): *Stereotyped Aggression in a Group of Australian Western Desert Aborigines.* Brit. J. Med. Psychol.
JOUVET, M. (1972): *Le Discours Biologique.* La Revue de Médecine, 16–17, 1003–1063

KLEINPAUL, R. (1888): *Sprache ohne Worte.* Leipzig (W. Friedrich)
KNEUTGEN, J. (1970): *Eine Musikform und ihre biologische Funktion. Über die Wirkungsweise der Wiegenlieder.* Z. f. experim. und angew. Psychol., 17, 245–265
KOEHLER, O. (1954): *Das Lächeln als angeborene Ausdrucksbewegung.* Z. menschl. Vererb.- und Konstitutionslehre, 32, 330–334
KOENIG, O. (1970): *Kultur und Verhaltensforschung. Einführung in die Kulturethologie.* München (dtv)
KONISHI, M. (1963): *The Role of Auditory Feedback in the Vocal Behavior in the Domestic Fowl.* Z. Tierpsychol., 20, 349–367
– (1964): *Effects of Deafening on Song Development in two Species of Juncos.* Condor, 66, 85–102
– (1965): *Effects of Deafening on Song Development of American Robins and Black-Headed Gorsbeaks.* Z. Tierpsychol., 22, 584–599
KORTLANDT, A. (1972): *New Perspectives on Ape and Human Evolution.* Stichting voor Psychobiologie. Zool. Lab. Amsterdam
KOSINSKI, J. (1966): *The Painted Bird.* New York
KOTZEBUE, O.v. (1825): *Entdeckungsreise in die Südsee und nach der Beringstraße zur Erforschung einer nordöstlichen Durchfahrt.* Unternommen in den Jahren 1815–1818. 2 Bde. Wien (Kaulfuß und Kramer)
KRAUSS, F.S. und SATOW, T. (1965): *Das Geschlechtsleben des japanischen Volkes.* Hanau/Main

Kruijt, J. (1964): *Ontogeny of Social Behavior in Burmese Red Jungle Fowl* (Gallus gallus spadeceus). Behav. Suppl., 12
– (1971): *Early Experience and the Development of Social Behavior in Jungle Fowl.* Psychiatr. Neurol. Neurochir., 74, 7–20
Kunz, H. (1946): *Aggressivität und Zärtlichkeit*
Kuo, Z.Y. (1960/61): *Studies on the Basic Factors in Animal Fighting.* J. Genet. Psychol., 96, 201–239; 97, 181–209

Labarre, W. (1947): *The Cultural Basis of Emotions and Gestures.* J. of Persona 16, 49–68
Lack, D. (1943): *The Life of the Robin.* Cambridge (Univ. Press)
Lagerspetz, K. (1969): *Aggression and Aggressiveness in Laboratory Mice.* In: Garattini, S. und Sigg, E.B. (eds): *Aggressive Behavior.* 77–85, Amsterdam (Excerpta Medica Found.)
Lang, K. (1926): *Die Grußsitten.* Wien, Völkerkunde, 2, 187–205
Lawick-Goodall, J.v. (1967): *My Friends the Wild Chimpanzees.* Nat. Geographic Soc., Washington, deutsch (1971): *Wilde Schimpansen.* Hamburg (Rowohlt)
Lawler, L.B. (1962): *Terpsichore. The Story of the Dance in Ancient Greece.* Dance Perspectives, 13. New York (Johnson's Reprint Corp.)
Lebzelter, V. (1934): *Eingeborenenkulturen von Süd- und Südwestafrika.* Leipzig (Hiersemann)
Lee, R.B. (1968): *What Hunters do for a Living.* In: Lee, R.B. and DeVore, I. (eds.): *Man the Hunter.* 30–48. Chicago (Aldine Publishing Comp.)
– und DeVore, I. (1968): *Man the Hunter.* Chicago (Aldine Publishing Comp.)
LeMagnen, J. (1952): *Les phénomenes olfacto-sexuels chez l'homme.* Arch. Sci. Psychol., 6, 125–160
Lepenies, W. und Nolte, H. (1971): *Kritik der Anthropologie.* München (Hanser)
Lersch, Ph. (1951): *Gesicht und Seele.* München
Livingstone, F.B. (1971): *Auswirkungen des Krieges auf die Biologie der Species Mensch.* In: Fried, M., Harris, M. und Murphy, R. (eds.): *Der Krieg, zur Anthropologie der Aggression und des bewaffneten Konflikts.* Conditia Humana. Frankfurt/Main (S. Fischer)
Lorenz, K. (1943): *Die angeborenen Formen möglicher Erfahrung.* Z. Tierpsychol., 5, 235–409
– (1950): Ganzheit und Teil in der tierischen und menschlichen Gemeinschaft. Studium Generale, 3, 455–499
– (1961): *Phylogenetische Anpassung und adaptive Modifikation des Verhaltens.* Z. Tierpsychol., 18, 139–187
– (1963a): *Das sogenannte Böse.* Wien (Borotha-Schoeler)
– (1969): *Innate Basis of Learning.* In: Pribram, H. (ed.): *On the Biology of Learning.* New York (Harcourt, Brace and World)
– (1970): *The Enmity between Generations and its Probable Ethological Causes.* Studium Generale, 23, 963–997
Lumsden, M. (1970): *The Instinct of Aggression: Science of Ideology?* Futurum, Z. f. Zukunftsforschung, 3, 408–419

Mark, V.H. und Ervin, F.K. (1970): *Violence and the Brain.* New York (Harper and Row)
Marshall, L. (1961): *Sharing, Talking and Giving. Relief of Social Tensions among !Kung-Bushmen.* Africa, 31, 231–249
– (1965): *The !Kung-Bushmen of the Kalahari Desert.* In: Gibbs, J.L. (ed.): Peoples of Africa. New York (Holt, Rinehart and Winston)

MEGITT, M. J. (1962): *Desert People.* Sydney (Angus and Robertson)
MILGRAM, St. (1966): *Einige Bedingungen von Autoritätsgehorsam und seiner Verweigerung.* Z. Exp. u. angew. Psychol., 13, 433–463
MONTAGU, A. (1968): *Man and Aggression.* New York (Oxford Univ. Press)
MOUNTFORD, C. P. (1968): *Winbaraku and the Myth of Parapiri.* Adelaide (Rigby)
MOYER, K. E. (1968/69): *Internal Impulses to Aggression.* Trans. of the New York Academy of Sciences, Series II, 31, 104–114
– (1971 a): *Experimentale Grundlagen eines physiologischen Modells aggressiven Verhaltens.* In: SCHMIDT-MUMMENDY, A. und SCHMIDT, H. D. (eds.): *Aggressives Verhalten.* München (Juventa)
– (1971 b): *The Physiology of Aggression.* Chicago (Markham Press)
MYKLEBUST, H. R. (1956): *The Deaf-Blind-Child.* Perkins School for the Blind, Watertown, Mass.
MYKYTOWICZ, R. (1966): *Observations on Odoriferous and other Glands in the Australian Wild Rabbit,* Oryctolagus cuniculus L. and the Hare, Lepus europaeus CSIRO Wildlife Res. (Canberra), 11, 11–29, 49–64, 65–90

NEVERMANN, H. (1941): *Ein Besuch bei Steinzeitmenschen.* Kosmosbändchen, Stuttgart (Franckh)
NOBLE, G. K. und BRADLEY, H. T. (1933): *The Mating Behavior of Lizards.* Nat. Hist., 34, 1–15
NUMAZAWA, K. (1959): *The Feritility Festival at Tagata Shinto Shrine.* Aichi Prefectur, Japan. Acta Tropica, 16, 193–217

OHM, Th. (1948): *Die Gebetsgebärden der Völker.* Leiden (Brill)
OPP, K. D. (1972): *Verhaltenstheoretische Soziologie.* Hamburg (Rowohlt)

PALLUCK, R. J. und ESSER, A. H. (1971): *Controlled Experimental Modification of Aggressive Behavior in Territories of Severely Retarded Boys.* Am. J. of Mental Deficiency, 76, 23–29
PASSARGE, S. (1907): *Die Buschmänner der Kalahari.* Berlin (Reimer)
PETERSON, N. (1971): *Buluwandi: A Central Australian Ceremony for the Resolution of Conflict.* In: BERNDT, R. M. (ed.): *Australian Aboriginal Anthropology.* Univ. Western Australia Press, 200–215
– (1972): *Totemism Yesterday: Sentiment and Local Organization among the Australian Aborigines.* Man, 7, 12–32
PLACK, A. (1968): *Die Gesellschaft und das Böse.* München[2] (List)
PLOOG, D. W. (1964): *Verhaltensforschung und Psychiatrie.* In: GRUHLE, H. W., JUNG, R., MAYER-GROSS, W. und MÜLLER, M. (eds.): *Psychiatrie der Gegenwart, Teil I. 291–443 Berlin (Springer)*
– und BLITZ, J. und PLOOG, F. (1963): *Studies on Social and Sexual Behavior of the Squirrel Monkey* (Saimiri sciureus). Fol. Primat. 29–66

RASA, O. A. E. (1969): *The Effect of Pair Isolation on Reproductive Success in Etroplus maculatus (Cichlidae).* Z. Tierpsychol., 26, 846–852
– (1971): *Appetence for Aggression in Juvenile Damsel Fish.* Beiheft 7 zur Z. Tierpsychol., Berlin (Parey)
RATTNER, J. (1970): *Aggression und menschliche Natur.* Olten/Schweiz (Walter)
ROEDER, K. D. (1955): *Spontaneous Activity and Behavior.* Sci. Month. Wash., 80, 362–370
ROPER, M. K. (1969): *A Survey of Evidence for Intrahuman Killing in the Pleistocene.* Current Anthropol., 10, 427–459

SACKETT, G.P. (1966): *Monkeys Reared in Isolation with Pictures as Visual Input. Evidence for an Innate Releasing Mechanism.* Science, 154, 1468–1473

SAHLINS, M. D. (1960): The Origin of Society. Sci. Am., 204, 76–87

SALMON, P.J. (1950): *The Deaf Blind.* In: ZAHL, P.A. (ed.) *Blindness.* 224–232

SAUER, F. (1954): *Die Entwicklung der Lautäußerungen vom Ei ab schalldicht gehaltener Dorngrasmücken (Sylvia s. communis Latham).* Z. Tierpsychol., 11, 1–93

SBRZESNY, H. (1973): *Die Spiele der Buschleute unter besonderer Berücksichtigung ihrer sozialen Funktion.* Diss. biol. Univ. München.

SCHALLER, G.B. (1963): *The Mountain Gorilla.* Chicago (Univ. Press)

SCHENKEL, R. (1966): *Zum Problem der Territorialität und des Markierens bei Säugern – am Beispiel des Schwarzen Nashorns und des Löwen.* Z. Tierpsychol., 23, 593–626

SCHJELDERUP, H. (1963): *Einführung in die Psychologie.* Bern (Huber)

SCHJELDERUP-EBBE, Th. (1922): *Beiträge zur Sozialpsychologie des Haushuhns.* Z. Psychol., 88, 225–252

SCHMIDBAUER, W. (1971): *Methodenprobleme der Humanethologie.* Studium Generale, 24, 462–522

– (1972a): *Die sogenannte Aggression.* Hamburg (Hoffmann und Campe)

– (1972b): *Jäger und Sammler.* Planegg (Mchn.) (Selecta)

SCHMIDT-MUMMENDY, A. und SCHMIDT, H.D. (1971): *Aggressives Verhalten.* München (Juventa)

SCHRAMM, H.E. (1967): *LMIA. Des Ritters Götz von Berlichingen denkwürdige Fensterrede.* Gerlingen/Württ. (Koerner)

SCHULTZE-WESTRUM, Th. (1968): *Ergebnisse einer zoologisch-völkerkundlichen Expedition zu den Papuas.* Umschau, 68, 295–300

SCOTT, J.P. (1960): *Aggression.* Chicago (Univ. Press)

SELG, H. (1971): *Zur Aggression verdammt?* Stuttgart (Kohlhammer)

SHEPHER, J. (1971): *Mate Selection Among Second Generation Kibbutz Adolescents and Adults: Incest Avoidance and Negative Imprinting.* Archives of Sexual Behav., 4, 293–307

SIMPSON, C. (1963): *Plumes and Arrows.* Inside New-Guinea. London/Sydney (Angus and Robertson)

SKINNER, B.F. (1971): *Beyond Freedom and Dignity.* New York (A. Knopf)

SORENSON, E.R. und GAJDUSEK, D.C. (1966): *The Study of Child Behavior and Development in primitive cultures.* Pediatrics (Suppl.). 37, 149–243

SPENCER, B. und GILLEN, F.J. (1904): *The Northern Tribes of Central Australia.* London/New York (Academic Press)

SPITZ, R.A. (1968): *Die anaklitische Depression.* In: BITTNER, G. und SCHMID-CORDS, E. (eds.): *Erziehung in früher Kindheit.* München (Piper)

STEINER, J.E. und HORNER, R. (1972): *The human gustofacial response.* Israel J. Med. Sci. 8 (4)

STEINVORTH de GOETZ, I. (1970): *Urijijami! Die Waika-Indianer in den Urwäldern des Oberen Orinoko.* Caracas (Association Cultural Humboldt)

STRAUSS, H. und TISCHNER, H. (1962): *Die Mi-Kultur der Hagenberg-Stämme im östlichen Zentral-Neuguinea.* Hamburg (Cram, de Gruyter)

STREHLOW, T.G. (1970): *Geography and Totemic Landscape in Central Australia:* A Functional Study. In: BERNDT, R.M. (Ed.): *Australian Aboriginal Anthropology* 92–140. Univ. Western Australia Press.

SWEET, W.H., ERVIN, F. und MARK, V.H. (1969): *The Relationship of Violent Behavior to Focal Cerebral Disease.* In: GARATTINI, S. und SIGG, E.B. (eds.): *Aggressive Behavior.* 77–85. Amsterdam (Excerpta Medica Found).

SZONDI, L. (1969): *Gestalten des Bösen.* Bern (Huber)

TELLEGEN, A. und HORN, J.M. (1972): *Primary Aggressive Motivation in Three Inbred Strains of Mice.* J. Comp. and Physiol. Psychol., 2, 297–304

THOMPSON, J. (1941): *Development of Facial Expression of Emotion in Blind and Seeing Children.* Arch. Psychol., New York, 264, 1–47

THOMPSON, T.I. (1963): *Visual Reinforcement in Siamese Fighting Fish.* Science, 141, 55–57

– (1964): *Visual Reinforcement in Fighting Cocks.* J. Exp. Analysis of Behavior, 7, 45–49

TIGER, L. (1969): *Man in Groups.* New York

TINBERGEN, N. (1951): *Instinktlehre.* Berlin (Parey)

– (1959): *Einige Gedanken über »Beschwichtigungsgebärden«.* Z. Tierpsychol., 16, 651–665

TOBIAS, Ph.v. (1964): *Bushmen, Hunters, Gatherers. A Study in Human Ecology.* In: DAVIS, D.H.S. (ed.): *Ecological Studies in Southern Africa.* Chicago (Aldine Publishing Comp.)

VALLOIS, H.V. (1961): *The Social Life of Early Man: The Evidence of Skeletons.* In: WASHBURN, S.L. (Ed.): *Social Life of Early Man.* Chicago (Aldine Publishing Comp.)

VEDDER, H. (1952/53): *Über die Vorgeschichte der Völkerschaften von Südwestafrika.* J. South West Africa Sc. Soc., 9, 45–56

VICEDOM, G.F. (1937): *Ein neu entdecktes Volk in Neuguinea. Völkerkundliche Beobachtungen an der Bevölkerung des Hagen-Berges im ehemaligen deutschen Teil von Neuguinea.* Archiv f. Anthropologie, Bd. 24

VICEDOM, G.F. und TISCHNER, H. (1943/48): *Die Mbowamb, Bd. 1. Die Kultur der Hagenbergstämme.* In: Monographien zur Völkerkunde, Band 1. Hamburg

WADE, W. (1904): *The Blind-Deaf. A Monograph.* Indianapolis (Hocker)

WALTHER, F.R. (1966): *Mit Horn und Huf.* Berlin (Parey)

WARNER, W.L. (1958): *A Black Civilization.* New York (Harper and Row)

WEIDKUHN, P. (1968/69): *Aggressivität und Normativität. Über die Vermittlerrolle der Religion zwischen Herrschaft und Freiheit. Ansätze zu einer kulturanthropologischen Theorie der sozialen Norm.* Anthropol., 63/64, 361–394

WICKLER, W. (1966): *Ursprung und biologische Deutung des Genitalpräsentierens männlicher Primaten.* Z. Tierpsychol., 23, 422–437

– (1967a): *Socio-sexual Signals and their Intraspecific Imitation among Primates.* In: MORRIS, D. (ed.): *Primate Ethology.* London (Weidenfeld und Nicolson)

– (1967b): *Vergleichende Verhaltensforschung und Phylogenetik.* In: HEBERER, G. (ed.): *Die Evolution der Organismen.* Bd. 1. 420–508, Stuttgart³ (Fischer)

– (1969): *Sind wir Sünder? Naturgesetze der Ehe.* München (Droemer)

– (1971): *Die Biologie der zehn Gebote.* München (Piper)

– (1972): *Verhalten und Umwelt.* Hamburg (Hoffmann und Campe)

WILHELM, J.H. (1953): *Die !Kung-Buschleute.* Jahrb. d. Museums für Völkerkunde in Leipzig, 12, 91–189

WILKES, Ch. (1849): *Narrative of the US Exploring Expedition during the Years 1838–1842. 2 Bde*

WOODBURN, J. (1968): Stability and Flexibility in Hadza Residential Groupings. In: LEE, R. B. und DEVORE, I. (Eds.): *Man the Hunter.* Chicago (Aldine Publishing Comp.)

ZASTROW, B.v. und VEDDER, H. (1930): *Die Buschmänner.* In: SCHULTZ-EWERTH, E. und ADAM, L. (Ed.): *Das Eingeborenenrecht: Togo, Kamerun, Südwestafrika, die Südseekolonien.* Stuttgart (Strecker und Schröder)

ZERRIES, O. (1964): *Waika. Die kulturgeschichtliche Stellung der Waika-Indianer des Oberen Orinoko im Rahmen der Völkerkunde Südamerikas.* München (K. Renner)

Sachregister

Namenregister